高等职业院校水务管理专业“十三五”规划教材

水环境监测与评价

主　编　马焕春　熊　鹰
副主编　刘嘉夫　齐　昕　蔡文良
主　审　陈晓耘

西南交通大学出版社
·成都·

内容简介

本书是全国水利水电类高职高专教材，是根据重庆市骨干高等职业院校建设计划水务管理重点建设专业及专业群人才培养方案要求，按照水环境监测与评价课程标准编写完成，内容紧密结合水环境监测与评价行业、企业岗位高技能人才的实际需求，突出了教材的工程实用性和实践性。

本书可作为环境保护专业应用型、技术技能型人才培养教学用书，也可作为环境保护科技人员、管理人员、环保职工的培训教材及参考书。

图书在版编目（CIP）数据

水环境监测与评价 / 马焕春，熊鹰主编. —成都：西南交通大学出版社，2016.12（2023.6 重印）
高等职业院校水务管理专业"十三五"规划教材
ISBN 978-7-5643-5161-8

Ⅰ. ①水… Ⅱ. ①马… ②熊… Ⅲ. ①水环境－环境监测－高等职业教育－教材②水环境－环境质量评价－高等职业教育－教材 Ⅳ. ①X832②X143

中国版本图书馆 CIP 数据核字（2016）第 298544 号

高等职业院校水务管理专业"十三五"规划教材

水环境监测与评价

主编 马焕春 熊鹰

责任编辑	曾荣兵
助理编辑	张秋霞
封面设计	何东琳设计工作室
出版发行	西南交通大学出版社 （四川省成都市二环路北一段 111 号 西南交通大学创新大厦 21 楼）
发行部电话	028-87600564 028-87600533
邮政编码	610031
网址	http://www.xnjdcbs.com
印刷	四川森林印务有限责任公司
成品尺寸	185 mm × 260 mm
印张	15.25
字数	308 千
版次	2016 年 12 月第 1 版
印次	2023 年 6 月第 4 次
书号	ISBN 978-7-5643-5161-8
定价	39.80 元

课件咨询电话：028-81435775
图书如有印装质量问题 本社负责退换

前言

PREFACE

本书是根据《教育部关于全面提高高等职业教育教学质量的若干意见》（教高〔2006〕16号）、《教育部关于推进高等职业教育改革创新引领职业教育科学发展的若干意见》（教职成〔2011〕12号）和重庆市教育委员会、重庆市财政局《关于进一步推进“市级示范性高等职业院校建设计划”实施市级骨干高职院校建设项目的通知》等文件精神，由重庆水利电力职业技术学院市级骨干高等职业院校建设项目水务管理专业“水环境监测与评价”课程组组织编写的水利水电类高职高专教材。

本书以水环境监测与评价的基本原理、技术方法和环境标准为基础，以监测和评价工作过程为突破口，系统地介绍了资料收集与现场调查，监测方案的制定，样品采集、运输、保存，样品的预处理，样品的测定，数据处理，环境监测报告的编制，水环境质量评价的分级，水环境现状调查与评价，水环境影响预测与评价，建设项目环境影响评价等知识。

本书力求概念清晰，监测分析方法步骤清楚，理论上以适度够用为准，不苛求学科的系统性和完整性，力求结合专业培养技能，突出实用性，体现高等职业技术教育的特点，以学生为本，以培养学生应用能力为主线，以工作任务为载体，融“教、学、练、做”为一体。

参加本书编写的人员有：重庆水利电力职业技术学院马焕春、重庆水利电力职业技术学院熊鹰、重庆水利电力职业技术学院蔡文良、重庆水利电力职业技术学院刘嘉夫、重庆水利电力职业技术学院齐昕。全书由马焕春、熊鹰担任主编，陈晓耘担任主审。

由于作者水平有限，不足之处在所难免，敬请各位读者批评指正。

编者

2016年6月

目 录
CONTENTS

知识引入　认识环境监测与评价

学习目标

了解环境监测的定义、内容以及监测的对象；
掌握环境监测过程；
了解环境监测的目的、特点、原则及要求；
了解环境监测的分析方法的种类，能够熟练使用常用的环境监测的分析方法；
掌握环境监测过程中的质量保证和质量控制，能够熟练地应用于水环境监测的整个过程；
了解环境质量评价和环境影响评价的基本类型、方法。

一、环境监测

（一）环境监测的定义与内容

1. 环境监测的定义

环境监测是运用现代科学技术、方法监视和检测代表环境质量和变化趋势的各种数据，并分析其对环境的影响过程与程度。

2. 环境监测的内容

根据环境监测的定义，环境监测的内容主要包括以下五个方面。

（1）通过对环境因子定点、定时、长期监测，为研究环境背景值、环境容量、污染物总量控制、环境目标管理和环境质量预报提供基础数据。

（2）根据污染物的分布特点、迁移规律和影响因素，追踪污染源，预测污染趋势，为控制污染提供依据。

（3）为开展科学研究或为环境质量评价提供依据。

（4）为保护人类健康，保护生态环境，合理使用自然资源，制定环境法规、标准、规划等提供依据。

（5）通过应急监测为正确处理污染事故提供服务。

（二）环境监测的过程

环境监测的过程一般可分为接受任务、明确目的、资料收集与现场调查、监测方案设计、样品的采集、样品的运输和保存、样品的分析测定、数据处理、综合评价和监控反馈等。

（1）接受任务：环境监测任务主要来自于环境保护主管部门的指令，单位、组织或个人的委托，申请和监测机构的安排三个方面。环境监测是一项政府行为和技术性、执法性活动，所以必须要有确切的任务来源依据。

（2）明确目的：根据任务下达者的要求和需求，确定针对性较强的监测工作的具体目的。

（3）资料收集与现场调查：根据任务要求的内容收集相关的资料，开展现场调查研究，以便掌握污染源的性质、来源及其相对位置、排放规律、污染受体的性质、水文、地理、气象等环境条件。

（4）监测方案设计：根据有关技术规范、收集的资料的整理情况以及现场调查结果，认真做好监测方案设计，并据此进行现场布点作业，做好标示和准备工作。

（5）样品的采集：依照设计方案和规定的操作程序，进行样品的采集工作。某些现场需要处置的样品，要按规范要求进行处置包装，并详细记录现场情况和采样实况，相关的采样人员要签字确认。

（6）样品的运输和保存：按照规范方法要求，将采集的样品和记录安全、及时地送往实验室，并注意办好交接手续。

（7）样品的分析测定：根据规定程序和分析方法，对样品进行分析，并记录检测信息。

（8）数据处理：对数据进行处理和统计检验，整理入库。

（9）综合评价：依据有关规定和标准进行综合分析，并结合现场调查资料对检测结果作出合理解释，写出预测分析和对策建议报告。

（10）监控反馈：根据环保部门指令或用户申请，对监测对象进行监督控制，同时对监测结果的意见申诉和对策执行情况进行反馈，以便纠正工作中存在的问题。

（三）环境监测的分类

1. 按监测目的或任务分类

1）监视性监测（又称为例行监测或常规监测）

监视性监测包括对污染源的监测和环境质量的监测，以确定环境质量及污染源状况，评价控制措施的效果、衡量环境标准实施情况和环境保护工作的进展。

这是监测工作中量最大、面最广的工作。

2）特定目的监测（又称为特例监测或应急监测）

（1）污染事故监测：在发生污染事故时及时深入事故地点进行应急监测，确定污染物的种类、扩散方向、速度和污染程度及危害范围，查找污染发生的原因，为控制污染事故提供科学依据。这类监测常采用流动监测（车、船等）、简易监测、低空航测、遥感等手段。

（2）纠纷仲裁监测：主要针对污染事故纠纷、环境执法过程中所产生的矛盾进行监测，提供公证数据。

（3）考核验证监测：包括人员考核、方法验证、新建项目的环境考核评价、排污许可证制度考核监测、"三同时"项目验收监测、污染治理项目竣工时的验收监测。

（4）咨询服务监测：为政府部门、科研机构、生产单位所提供的服务性监测。它的作用是为国家政府部门制定环境保护法规、标准、规划提供基础数据和手段。如建设新企业应进行环境影响评价，需要按评价要求进行监测。

3）研究性监测（又称科研监测）

针对特定目的的科学研究而进行的高层次监测，是通过监测了解污染机理、弄清污染物的迁移变化规律、研究环境受污染的程度，例如环境本底的监测及研究、有毒有害物质对从业人员的影响研究、为监测工作本身服务的科研工作的监测（如统一方法和标准分析方法的研究、标准物质研制、预防监测）等。这类研究往往要求多学科合作进行。

2. 按监测介质对象分类

按监测介质对象不同，环境监测可分为水质监测、空气监测、土壤监测、固体废物监测、生物监测、噪声和振动监测、电磁辐射监测、放射性监测、热监测、光监测、卫生（病原体、病毒、寄生虫等）监测等。

3. 按专业部门分类

按专业部门不同，环境监测可分为气象监测、卫生监测、资源监测等，也可分为化学监测、物理监测、生物监测等。

4. 按监测区域分类

按监测区域不同可将环境监测分为厂区监测和区域监测。

（四）环境监测的基本原则和要求

1. 环境监测的原则

环境监测应遵循“优先监测”的原则。从环境污染物中筛选出潜在危害性大、在环境中出现频率高的污染物作为监测和控制对象。这一筛选过程就是数学上的优先过程，经过优先选择的污染物称为环境优先污染物，简称为优先污染物（priority pollutants）。对优先污染物进行的监测称为优先监测。环境优先污染物具有如下特点：难以降解、在环境中有一定残留水平、出现频率较高、具有生物积累性、三致物质、毒性较大以及现代已有检出方法。

2. 环境监测的要求

（1）代表性。代表性是指在有代表性的时间、地点并按有关要求采集有效样品，使采集的样品能够反映总体的真实情况。

（2）完整性。完整性强调工作总体规划切实完成，即保证按预期计划取得有系统性和连续性的有效样品，而且无缺漏地获得这些样品的检测结果及有关信息。

（3）可比性。可比性不仅要求实验室之间对同一样品的监测结果互相可比，也要求每个实验室对同一个样品的监测结果应该达到相关项目之间的数据可比；相同项目没有特殊情况时，历年同期的数据也是可比的。

（4）准确性。准确性指测定值与真值的符合程度。

（5）精密性。精密性表现为测定值有良好的重复性和再现性。

（五）环境监测分析方法

1. 监测分析方法体系

（1）国家或行业的标准分析方法，其成熟性好和准确度高，是评价其他监测分析方法的基准方法，也是法定的环境污染纠纷仲裁方法。

（2）统一分析方法，是经研究和多个单位的实验验证表明的是成熟的监测分析方法。

（3）试用方法，是指在国内少数单位研究和应用过，或直接从发达国家引进，供监测科研人员试用的方法。

标准分析方法和统一分析方法均可在环境监测与执法中使用，一般可分为化学分析法、仪器分析法和生物监测技术三大类。

① 化学分析法。化学分析法是以特定的化学反应为基础的分析方法，分为质量分析法和容量分析法（酸碱滴定法、配位滴定法、沉淀滴定法、氧化还原滴定

法）。这种方法的主要特点是：a. 准确度高，其相对误差是 0.1% ~ 0.2%；b. 所需的仪器设备简单，分析成本低，设备保养维修方便；c. 灵敏度较低，一般仅适用于高浓度组分的测定，对微量组分则不大适用；d. 选择性差，有时候需要比较复杂的预处理。

② 仪器分析法。仪器分析法是利用被测物质的物理或物理化学性质来进行分析的方法。根据分析原理和仪器的不同，环境监测中常用的有色谱分析法、光学分析法、电化学分析法、放射分析法、质谱分析法等。仪器分析法的共同特点是：a. 灵敏度高，检出限量可降低，适合于微量、痕量和超痕量成分的测定；b. 选择性好，预处理一般都比较简单；c. 操作简便，分析速度快，容易实现自动化；d. 有些仪器可以组合使用，提高了鉴别能力。但是，它与化学方法相比，相对误差较大，一般为 3% ~ 5%（当然个别仪器达 0.1% ~ 1%）。另外，仪器分析中部分仪器的造价很高，进而增加了分析成本，而且大型精密仪器的维护、维修都比较复杂。

③ 生物监测技术。生物监测技术是利用生物个体、种群或群落对环境污染及其随时间变化所产生的反应来显示环境污染状况。例如，根据指示植物叶片上出现的伤害症状，可以对大气污染作出定性和定量的判断；利用水生生物受到的污染物毒害所产生的生理机能变化，测试水质污染状况等。这是一种最直接的方法，也是一种综合的方法。生物监测包括生物体内污染物含量的测定，观察生物在环境中受伤害症状，生物的生理生化反应，生物群落结构和种类变化等技术。

（六）环境监测过程的质量保证和质量控制

环境监测对象成分复杂，含量低，时间、空间上分布广，并且随机多变，不易准确测量。特别是在区域性、国际大规模的环境调查中，常需要在同一时间内，由许多实验室同时参加、同步测定。这就要求各个实验室从采样到结果所提供的数据有规定的准确度和可比性，以便得出正确的结论。由于实验人员的技术水平、仪器设备、地域等存在差异，如果没有一个科学的环境监测质量保证程序，难免出现调查资料互相矛盾、数据不能利用的现象，造成大量人力、物力和财力的浪费。

环境监测质量保证是环境监测中十分重要的技术工作和管理工作。质量保证和质量控制，是一种保证监测数据准确可靠的方法，也是科学管理实验室和监测系统的有效措施，它可以保证数据质量，使环境监测建立在可靠的基础上。

环境监测质量保证是整个监测过程的全面质量管理，包括制订计划，根据需要和可能确定监测指标及数据的质量要求，规定相应的分析监测系统。其内容包括采样、样品预处理、贮存、运输、实验室供应，仪器设备、器皿的选择和校准，试剂、溶剂和基准物质的选用，统一测量方法、质量控制程序，数据的记录和整理，各类人员的要求和技术培训，实验室的清洁度和安全，以及编写有关的文件、指南和手册等。

环境监测质量控制是环境监测质量保证的一个部分，它包括实验室内部质量控制和外部质量控制两个部分。实验室内部质量控制是实验室自我控制质量的常规程序，它能反映分析质量的稳定性，以便及时发现分析中的异常情况，随时采取相应的校正措施。其内容包括空白试验、校准曲线核查、仪器设备的定期标定、平行样品分析、加标样品分析、密码样品分析和编制质量控制图等。外部质量控制通常是由常规监测以外的监测中心站或其他有经验的人员来执行，以便对数据质量进行独立评价，各实验室可以从中发现所存在的系统误差等问题，以便及时校正，提高监测质量。常用的方法有分析标准样品以进行实验室之间的评价和分析测量系统的现场评价等。

二、环境评价

（一）环境质量和环境质量评价

1. 环境质量

环境质量是环境系统客观存在的一种本质属性，并能用定性和定量的方法加以描述的环境系统所处的状态。环境始终处于不停的运动和变化之中，作为由环境状态表示的环境质量，也是处于不停的运动和变化之中。引起环境质量变化的原因主要有两个方面：一方面是人类的生活和生产行为引起环境质量的变化，另一方面是由于自然的原因引起环境质量的变化。

2. 环境质量评价

1）环境质量评价

环境质量评价（environmental quality assessment），是指按照一定的评价标准和评价方法对一定区域范围内的环境质量进行说明、评定和预测。

2）环境质量评价的类型

按地域范围可分为局地的、区域的（如城市的）、海洋的和全球的环境质量评价。

按环境要素可分为大气质量评价、水质评价、土壤质量评价等。

就某一环境要素的质量进行评价，称为单要素评价；就诸要素综合进行评价，称为综合质量评价。

按时间因素可分为环境回顾评价、环境现状评价和环境影响评价。

按参数选择，可分为卫生学参数、生态学参数、地球化学参数、污染物参数、经济学参数、美学参数、热力学参数等质量评价。

3）环境质量评价的方法

最常用的环境质量评价方法是数理统计法和环境质量指数法。

环境质量评价方法基本原理是选择一定数量的评价参数进行统计分析后，按照一定的评价标准进行评价，或转换成在综合加权的基础上进行比较。

（二）环境影响和环境影响评价

1. 环境影响

环境影响是指人类活动（经济活动、政治活动和社会活动）对环境的作用和导致的环境变化以及由此引起的对人类社会和经济的效应。

按影响的来源，可分为直接影响、间接影响和累积影响；按影响效果，环境影响可分为有利影响和不利影响；按影响性质，环境影响可分为可恢复影响和不可恢复影响。另外，环境影响还可分为短期影响和长期影响，地方、区域影响或国家和全球影响，建设阶段影响和运行阶段影响等。

2. 环境影响评价

环境影响评价是我国的一项基本环境保护法律制度。《中华人民共和国环境影响评价法》给出的环境影响评价的法律定义为：指对规划和建设项目实施后可能造成的环境影响进行分析、预测和评估，提出预防或者减轻不良环境影响的对策和措施，进行跟踪监测的方法与制度。

1）环境影响评价的由来

1969 年美国国会通过了《国家环境政策法》，1970 年 1 月 1 日起正式实施，成为世界上第一个把环境影响评价用法律固定下来并建立环境影响评价制度的国家。

2）我国环境影响评价的发展沿革

（1）引入和确立阶段：① 1973 年第一次全国环境保护会议后，环境影响评价的概念开始引入我国；② 1979 年 9 月，《中华人民共和国环境保护法（试行）》颁布，标志着我国的环境影响评价制度正式确立。

（2）规范和建设阶段：① 1981 年颁布《基本建设项目环境保护管理办法》，明确把环境影响评价制度纳入基本建设项目审批程序中；② 1982 年颁布《中华人民共和国海洋环境保护法》，1999 年修订，2000 年 4 月 1 日起实施；③ 1984 年颁布《中华人民共和国水污染防治法》，1996 年 5 月 15 日，第八届全国人民代表大会二次会议再次修正，2008 年 6 月 1 日起实施；④ 1986 年颁布《建设项目环境影响评价证书管理办法（试行）》，在我国开始实行环境影响评价单位的资质管理，1989 年 9 月 2 日，国家环保局重新正式颁布；⑤ 1987 年颁布《中华人民共和国大气污染防治法》，2000 年 4 月 29 日修订，2000 年 9 月 1 日起实施，中华人民共和国第十二届全国人民代表大会常务委员会第十六次会议于 2015 年 8 月 29 日再次修订通过，2016 年 1 月 1 日起施行；⑥ 1989 年 12 月 26 日颁布《中华人民共和国环境保护法》，为行政法规中具体规范环境影响评价制度提供了法律依据和基础。

（3）强化和完善阶段：① 区域环境影响评价（开发区），加强生态影响项目的环境影响评价；② 1998 年 11 月 29 日，国务院 253 号令颁布实施《建设项目环境保护管理条例》，这是建设项目环境管理的第一个行政法规；③ 1999 年 3 月，国家环保总局颁布第 2 号令，公布《建设项目环境影响评价资格证书管理办法》，同年 4 月，《关于公布建设项目环境保护分类管理名录（试行）的通知》公布了分类管理名录；④ 1990 年，国家环保总局与国际金融组织合作，开始对环境影响评价人员进行培训，实行持证上岗制度。

（4）提高和拓展阶段：① 2002 年 10 月 28 日，第九届全国人大常委会通过《中华人民共和国环境影响评价法》，环境影响评价从项目环境影响评价扩展到规划影响评价，2003 年 9 月 1 日正式实施；② 2004 年 2 月，人事部、国家环保总局决定在全国环境影响评价系统建立环境影响评价工程师职业资格制度。

3. 环境影响评价的分类

按照评价对象，环境影响评价可以分为规划环境影响评价和建设项目环境影响评价。

按照环境要素，环境影响评价可以分为大气环境影响评价、地表水环境影响评价、地下水环境影响评价、声环境影响评价、生态环境影响评价和固体废物环境影响评价。

按照时间顺序，环境影响评价一般分为环境质量现状评价、环境影响预测评价和环境影响后评价。

环境影响后评价是在规划或开发建设活动实施后，对环境的实际影响程度进行系统调查和评估。检查对减少环境影响的措施落实程度和效果，验证环境影响评价的结论的正确可靠性，判断评价提出的环保措施的有效性，对一些评价中尚未认识到的影响进行分析研究，并采取补救措施，消除不利影响。

4. 环境影响评价的方法

关于环境影响评价的方法可以归纳很多，主要方法有：列表清单法、矩阵法、网络法、图形叠置法、组合计算辅助法、指数法、环境影响预测模型、环境影响综合评价模型等。

在这些环境影响评价方法中，应用的原理、需要的设备条件及最后结果的表示方式都不一样。在结果的表述中，有的是定量的数据，有的则是定性的描述。

环境影响评价方法正在不断改进，科学性和实用性不断提高。目前已从孤立地处理单个环境参数发展到综合参数之间的联系，从静态地考虑开发行为对环境生态的影响，发展到用动态观点来研究这些影响。

项目一　资料收集与现场调查

学习目标

熟练掌握地表水环境监测资料收集与现场调查的主要内容，并能够熟练应用；
掌握水污染源环境监测资料收集与现场调查的主要内容，并能够熟练应用；
了解地下水环境监测资料收集与现场调查的主要内容；
了解环境监测底质资料收集与现场调查的主要内容。

基础知识

一、地表水资料收集与现场调查

地表水即地球表面上的水，我们把流过或汇集在地球表面上的水，如海洋、河流、湖泊、水库、沟渠中的水等，统称为地表水。

根据水环境监测及评价的任务要求，在制定监测和评价方案之前，应尽可能完备收集欲监测和评价水体及所在区域的有关资料。

（1）水体的水文、气候、地质和地貌资料。如水位、水量、流速及流向的变化，降雨量、蒸发量及历史上的水情，河流的宽度、深度、河床结构及地质状况，湖泊沉积物的特性、间温层分布、等深线等。

（2）水体沿岸城市分布、工业布局、污染源及其排污情况、城市给排水情况等。

（3）水体沿岸的资源现状和水资源的用途、饮用水源分布和重点水源保护区、水体流域土地功能及近期使用计划等。

（4）历年的水质资料等。

（5）水资源的用途、引用水源分布和重点水源保护区。

（6）实施勘察现场的交通情况、河宽、河床结构、岸边标志等。对于湖泊，还需要了解水中生物、沉积物特点、间温层分布、容积、平均深度、等深线和水更新时间等。

（7）收集原有的水质分析资料或在需要设置断面的河段上设若干调查断面进行采样分析。

二、水污染源资料收集与现场调查

水污染源包括工业废水源、生活污水源、医院污水源等。

废水和污水的监测分析也是水环境监测的主要工作之一，因此在采集水样之前，首先也要进行调查研究，收集有关资料，为设计监测方案提供基础资料。

（一）工业废水源

（1）工业概况。工厂名称、地址、企业性质、生产规模等。

（2）调查工业用水情况。工业用水一般分生产用水和管理用水。生产用水主要包括工艺用水、冷却用水、漂白用水等。管理用水主要包括地面与车间冲洗用水、洗浴用水、生活用水等。需要调查清楚工业用水量、循环用水量、废水排放量、设备蒸发量和渗漏损失量。可用水平衡计算和现场测量法估算各种用水量。

（3）调查工业废水类型。工业废水可分为物理污染废水、化学污染废水、生物及生物化学污染废水三种以及混合污染废水。通过对工业流程和原理、工艺水平、能源类型、原材料类型和产品产量等的调查，计算出排水量、废水类型及可能的典型污染物，并确定需要监测的项目。

（4）调查工业废水的排污去向：

① 车间、工厂或地区的排污口数量和位置；

② 调查工业废水直接排入还是通过渠道排入江、河、湖、库、海中，以及是否有排放渗坑。

（二）生活和医院污水源

（1）生活污水源。城镇人口、居民区位置及用水量。城市污水处理厂运行状况、处理量，城市下水道管网布局。

（2）生活垃圾。生活垃圾产生量、位置及处理处置情况。

（3）农业污染源。农业用化肥、农药情况。

（4）医院污水源。医院分布和医疗用水量、排水量。

三、地下水资料收集与现场调查

储存在土壤和岩石空隙（孔隙、裂隙、溶隙）中的水统称为地下水。地下水埋藏在地层不同的深度，相对于地表水而言，流动较慢，水质参数变化慢，一旦受到污染，其恢复也慢，甚至无法恢复。

（1）收集、汇总监测区域的水文、地质、气象等方面的有关资料和以往的监测资料。例如，地质图、剖面图、测绘图、水井的成套参数、含水层、地下水补给、径流和流向，以及温度、湿度、降水量等。

（2）调查监测区域内城市发展、工业分布、资源开发和土地利用情况，尤其是地下工程规模、应用等；了解化肥和农药的施用面积和施用量；查清污水灌溉、排污和纳污情况、地表水污染现状。

（3）测量或查知水位、水深，以确定采水器和泵的类型，以及所需费用和采样程序。

（4）在完成以上调查的基础上，确定主要污染源和污染物，并根据地区特点与地下水的主要类型把地下水分成若干水文地质单元。

四、底质（沉积物）资料收集与现场调查

底质系指江、河、湖、库、海等水体底部表层沉积物质，与水、水生生物构成了一个完整的水环境体系。由于底质中所含的腐殖质、微生物、泥砂及土壤微孔表面的作用，在底质表面发生一系列的沉淀吸附、释放、化合、分解、配位等物理化学和生物转化作用，对水中污染物的自净、降解、迁移、转化等过程起着重要作用，因此底质监测是水环境监测的一部分，在水环境监测中占据着特别重要的地位。

底质能够很好地记录水体污染的历史，反映难降解物质（主要是重金属）的积累情况，以及水体污染的潜在危险。从底质中还可以检测出因浓度过低而在水中不易被检测出的污染物质，特别是能检测出因形态、价态及微生物转化而生成的某些新的污染物质，为发现、解释和研究某些特殊的污染现象提供科学依据。

底质资料收集与现场调查研究参照地表水，重点收集地面水体污染情况资料，以及排入水体污染源的相关资料。

任务一　校园水环境监测调查和资料收集

任务描述

为了评价及预测校园水环境的质量，现在需要了解校园水体的实际情况。

实施方法及步骤

校园环境水样很多，有汇集在校园内的地表水，也有来源于地壳下部的地下水（井水、泉水），此外还有校园排放的废水。在制定方案前应对监测水体周围环境状况进行现场踏勘调查，除调查校园内水污染物排放情况，还应了解校园所在区域有关水污染源及其水质情况，有关受纳水体的水文和水质参数等。另外，还应收集监测水体周围相关的资料，主要是水环境功能区划等。通过踏勘调查及资料收集，应对监测水体的基本情况有清晰的了解，为制定具体的监测方案打好基础。

有关水污染源的调查可按表 1-1 进行。

表 1-1　水污染源调查

污染源名称	用水量/$t \cdot h^{-1}$	排水量/$t \cdot h^{-1}$	排放的主要污染物	废水排放去向
学生生活				
实验室				
食堂				
…				
废水总排放口				

项目二　监测方案的制定

学习目标

熟练掌握地表水采样断面、采样点的布设，并能够熟练应用；

掌握地表水采样时间和采样频次的确定，并能够正确处理同一断面不同采样点的水样；

掌握水污染源采样点的设置及采样时间和频次的确定，并能够熟练应用；

熟悉地下水采样点的设置及采样时间和频次的确定，能够应用；

了解底质采样点的设置及采样时间和频次的确定，能够应用；

了解地表水、地下水、水污染源、底质监测项目，掌握其必测项目。

基础知识

一、地表水监测方案的制定

（一）监测断面和采样点的设置

1. 监测断面的布设原则

监测断面在总体和宏观上须能反映水系或所在区域的水环境质量状况。各断面的具体位置须能反映所在区域环境的污染特征，尽可能以最少的断面获取足够多的有代表性的环境信息；同时还须考虑实际采样的可行性和方便性。

① 对流域或水系要设立背景断面、控制断面（若干）和入海口断面。对行政区域可设背景断面（对水系源头）或入境断面（对过境河流）或对照断面、控制断面（若干）和入海河口断面或出境断面。在各控制断面下游，如果河段有足够长度（至少 10 km），则还应设消减断面。

② 根据水体功能区设置控制监测断面，同一水体功能区至少要设置一个监测断面。

③ 断面位置应避开死水区、回水区、排污口处，尽量选择顺直河段、河床稳定、水流平稳、水面宽阔、无急流、无浅滩处。

④ 监测断面力求与水文测流断面一致，以便利用其水文参数，实现水质监测与水量监测的结合。

⑤ 监测断面的布设应考虑社会经济发展、监测工作的实际状况和需要，要具有相对的长远性。

⑥ 流域同步监测中，根据流域规划和污染源限期达标目标确定监测断面。

⑦ 河道局部整治中，监视整治效果的监测断面，由所在地区环境保护行政主管部门确定。

⑧ 入海河口断面要设置在能反映入海河水水质并临近入海的位置。

2. 监测断面的数量

监测断面设置的数量，应根据掌握水环境质量状况的实际需要，考虑对污染物时空分布和变化规律的了解、优化的基础上，以最少的断面、垂线和测点取得代表性最好的监测数据。

3. 监测断面的设置

（1）河流监测断面的设置。

河流监测断面是指在河流采样时，实施水样采集的整个剖面，分背景断面、对照断面、控制断面和消减断面等。对于江、河、水系或某个河段，一般要求设置三种断面，即对照断面、控制断面和消减断面（见图 2-1）。

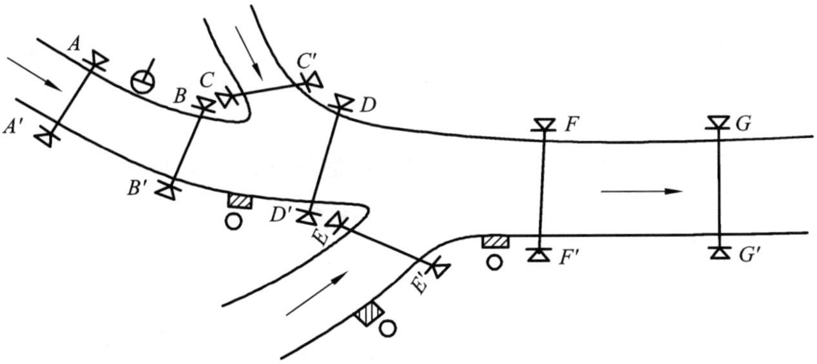

*A—A'*表示对照断面；*G—G'*表示消减断面；*B—B'*、*C—C'*、*D—D'*、*E—E'*、*F—F'*表示控制断面

图 2-1 河流监测断面设置示意图

① 背景断面。背景断面指为评价某一完整水系的污染程度，未受人类生活和生产活动影响，能够提供水环境背景值的断面。背景断面基本上不受人类活动的

影响，远离城市居民区、工业区、农药化肥施放区及主要交通路线。背景断面原则上应设在水系源头处或未受污染的上游河段；如断定断面处于化学异常区，则要在异常区的上下游分别设置。如有较严重的水土流失情况，则设在水土流失区的上游。

② 对照断面。对照断面是指具体判断某一区域水环境污染程度时，位于该区域所有污染源上游处，能够提供这一区域水环境本底值的断面。一个河段一般只设一个对照断面，有主要支流时可酌情增加。

③ 控制断面。控制断面是指为了解水环境受污染程度及其变化情况的断面，反映本地区排放的废水对河段水质的影响，可及时掌握受污染水体的现状和变化动态，一般设在排污口下游 500 ~ 1000 m 处。

控制断面的数量、控制断面与排污区（口）的距离可根据以下因素决定：主要污染区的数量及其间的距离、各污染源的实际情况、主要污染物的迁移转化规律和其他水文特征等。此外，还应考虑对纳污量的控制程度，即由各控制断面所控制的纳污量不应小于该河段总纳污量的 80%。如某河段的各控制断面均有 5 a 以上的监测资料，则可用这些资料进行优化，用优化结论来确定控制断面的位置和数量。

④ 削减断面。削减断面指工业废水或生活污水在水体内流经一定距离而达到最大程度混合，污染物受到稀释、降解，其主要污染物浓度有明显降低的断面。通常设在城市或工业区最后一个排污口下游 1500 m 以外的河段上，此断面污染物浓度显著下降，并且左、中、右三点浓度差异较小。水量小的小河流应视具体情况而定。

⑤ 省（自治区、直辖市）交界断面。省、自治区和直辖市内主要河流的干流，以及一、二级支流的交界断面，这是环境保护管理的重点断面。

⑥ 其他各类断面。

a. 水系的较大支流汇入前的河口处，以及湖泊、水库、主要河流的出入口应设置监测断面；

b. 国际河流出入国境的交界处应设置出境断面和入境断面；

c. 国务院环境保护行政主管部门统一设置省、自治区、直辖市交界断面；

d. 对流程较长的重要河流，为了解水质、水量变化情况，经适当距离后应设置监测断面；

e. 水网地区流向不定的河流，应根据常年主导流向设置监测断面；

f. 对水网地区应视实际情况设置若干控制断面，其控制的径流量之和不应小于总径流量的 80%；

g. 有水工构筑物并受人工控制的河段，视情况分别在闸、坝、堰上下设置断面。如水质无明显差别，可只在闸（坝、堰）上设置监测断面。

h. 要使各监测断面能反映一个水系或一个行政区域的水环境质量；

i. 对于季节性河流和人工控制河流，由于实际情况差异很大，这些河流监测断面的确定、采样的频次与监测项目、监测数据的使用等，由各省、自治区、直辖市环境保护行政主管部门自定。

⑦ 潮汐河流监测断面的布设。

a. 潮汐河流监测断面的布设原则与其他河流相同，设有防潮桥闸的潮汐河流，根据需要在桥闸的上、下游分别设置断面。

b. 根据潮汐河流的水文特征，潮汐河流的对照断面一般设在潮区界以上。若感潮河段潮区界在该城市管辖的区域之外，则在城市河段的上游设置一个对照断面。

c. 潮汐河流的削减断面，一般应设在近入海口处。若入海口处于城市管辖区域外，则设在城市河段的下游。

d. 潮汐河流的断面位置，尽可能与水文断面一致或靠近，以便取得有关的水文数据。

（2）湖泊、水库监测垂线的布设。

① 湖泊、水库通常只设监测垂线，如有特殊情况，可参照河流的有关规定设置监测断面。

② 湖（库）区的不同水域，如进水区、出水区、深水区、浅水区、湖心区、岸边区，按水体类别设置监测垂线。

③ 湖（库）区若无明显功能区别，可用网格法均匀设置监测垂线。

④ 监测垂线上采样点的布设一般与河流的规定相同，但对有可能出现温度分层现象时，应作水温、溶解氧的探索性试验后再定。

⑤ 受污染物影响较大的重要湖泊、水库，应在污染物主要输送路线上设置控制断面。

4. 采样点位的确定

（1）河流采样点的确定。

在设置监测断面以后，应根据水面的宽度确定断面上的采样垂线，再根据采样垂线的深度确定采样点的位置和数目。

在一个监测断面上设置的采样垂线数与各垂线上的采样点数应符合表 2-1 和表 2-2 中的规定。

（2）湖、库采样点的确定。

湖、库采样点位置和数目的确定方法与河流相同。如果存在斜温层，应先测定不同水深处的水温、溶解氧等参数，确定成层情况后再确定垂线上采样点的位置。

各湖、库监测垂线上的采样点数应符合表 2-3 中的规定。

表 2-1　采样垂线数的设置

<table>
<tr><th>水面宽</th><th>垂线数</th><th>说　　明</th></tr>
<tr><td>≤50 m</td><td>一条（中泓）</td><td rowspan="3">① 垂线布设应避开污染带，要测污染带应另加一条；
② 确能证明该断面水质均匀时，可仅设中泓垂线；
③ 凡在该断面要计算污染通量时，必须按本表设置垂线</td></tr>
<tr><td>50～100 m</td><td>两条（近左、右岸有明显水流处，或 1/3 河宽处）</td></tr>
<tr><td>＞100 m</td><td>三条（左、中、右，在主流线上及距两岸不少于 0.5 m，并有明显水流的地方）</td></tr>
</table>

表 2-2　采样垂线上采样点数的设置

<table>
<tr><th>水深</th><th>采样点数</th><th>说　　明</th></tr>
<tr><td>≤5 m</td><td>上层一点</td><td rowspan="3">① 上层指水面下层 0.5 m 处，水深不到 0.5 m 时，在水深 1/2 处；
② 下层指河底以上 0.5 m；
③ 中层指 1/2 水深处；
④ 封冻时在冰下 0.5 m 处采样，水深不到 0.5 m 处时，在水深 1/2 处采样；
⑤ 凡在该断面要计算污染通量时，必须按本表设置采样点</td></tr>
<tr><td>5～10 m</td><td>上、下层两点</td></tr>
<tr><td>＞10 m</td><td>上、中、下三层三点</td></tr>
</table>

表 2-3　湖、库监测垂线上采样点数的设置

<table>
<tr><th>水深</th><th>分层情况</th><th>采样点数</th><th>说　　明</th></tr>
<tr><td>≤5 m</td><td></td><td>一点（水面下 0.5 m）</td><td rowspan="4">① 分层是指湖水温度分层状况；
② 水深不足 1 m 时，在 1/2 水深处设置测点；
③ 有充分数据证实垂线水质均匀时，可酌情减少测点</td></tr>
<tr><td>5～10 m</td><td>不分层</td><td>二点（水面下 0.5 m，水底上 0.5 m）</td></tr>
<tr><td>5～10 m</td><td>分层</td><td>三点（水面下 0.5 m，1/2 斜温层，水底上 0.5 m）</td></tr>
<tr><td>＞10 m</td><td></td><td>除水面下 0.5 m、水底 0.5 m 处外，按每一斜温层分层 1/2 处设置</td></tr>
</table>

选定的监测断面和垂线均应经环境保护行政主管部门审查确认，并在地图上标明准确位置，在岸边设置固定明显的天然标志；如果没有天然标志物，则应设置人工标志物，如竖石柱、打木桩等。同时，用文字说明断面周围环境的详细情况，并配以照片。这些图文资料均存入断面档案。断面一经确认即不准任意变动。确需变动时，须经环境保护行政主管部门同意，重作优化处理与审查确认。

每次采样要严格以标注物为准，使采集的样品取自同一位置上，以保证样品的代表性和可比性。

（二）采样时间与采样频次的确定

为使采集的水样具有代表性，能够反映水质在时间和空间上的变化规律，必须确定合理的采样时间和采样频率，依据不同的水体功能、水文要素和污染源、污染物排放等实际情况，力求以最低的采样频次，取得最有时间代表性的样品，既要满足能反映水质状况的要求，又要切实可行。一般原则有如下几点。

（1）饮用水源地、省（自治区、直辖市）交界断面中需要重点控制的监测断面每月至少采样 1 次。

（2）国控水系、河流、湖、库上的监测断面，逢单月采样 1 次，全年 6 次。

（3）水系的背景断面每年采样 1 次。

（4）受潮汐影响的监测断面的采样，分别在大潮期和小潮期进行。每次采集涨、退潮水样分别测定。涨潮水样应在断面处水面涨平时采样，退潮水样应在水面退平时采样。

（5）如某必测项目连续三年均未检出，并且在断面附近确定无新增排放源，而现有污染源排污量未增的情况下，每年可采样 1 次进行测定。一旦检出，或在断面附近有新的排放源或现有污染源有新增排污量时，即恢复正常采样。

（6）国控监测断面（或垂线）每月采样 1 次，在每月 5 日至 10 日内进行采样。

（7）遇有特殊自然情况，或发生污染事故时，要随时增加采样频次。

（8）在流域污染源限期治理、限期达标排放的计划中和流域受纳污染物的总量削减计划中，以及为此所进行的同步监测。

（9）为配合局部流域的河道整治，及时反映整治的效果，应在一定时期内增加采样频次，具体由整治工程所在地方环境保护行政主管部门制定。

二、水污染源监测方案的制定

（一）采样点的设置

水污染源一般经管道或渠、沟排放，截面面积较小，不需设置断面，直接确定采样点位。

1. 工业废水

（1）在车间或车间处理设备的废水排放口设置采样点，测一类污染物（汞、镉、砷、铅、六价铬、有机氯化合物、强致癌物质等）。

（2）在工厂废水总排放口布设采样点，测二类污染物（悬浮物、硫化物、挥发酚、氰化物、有机磷化合物、石油类、铜、锌、氟、硝基苯类、苯胺类等）。

（3）已有废水处理设施的工厂，在处理设施的排放口布设采样点。为了解废水处理效果，可在进出口分别设置采样点。

（4）在排污渠道上，采样点应设在渠道较直、水量稳定、上游无污水汇入的地方。可在水面下 1/4 ~ 1/2 处采样，作为代表平均浓度水样采集。

（5）某些二类污染物的监测方法尚不成熟，在总排污口处布点采样，由于监测因子干扰物质多，因此，会影响监测的结果。这时，应将采样点移至车间排污口，按废水排放量的比例折算成总排污口废水中的浓度。

2. 生活污水和医院污水

采样点设在污水总排放口。对污水处理厂，应在进、出口分别设置采样点采样监测。

3. 综合排污口和排污渠道采样点的确定

（1）在一个城市的主要排污口或总排污口设点采样。

（2）在污水处理厂的污水进出口处设点采样。

（3）在污水泵站的进水和安全溢流口处设点采样。

（4）在市政排污管线的入水口处布点采样。

（二）采样时间和频次的确定

1. 监督性监测

地方环境监测站对污染源的监督性监测每年不少于 1 次，如被国家或地方环境保护行政主管部门列为年度监测的重点排污单位，则应增加到每年 2 ~ 4 次。因管理或执法的需要所进行的抽查性监测或对企业的加密监测由各级环境保护行政主管部门确定。

我国《环境监测技术规范》中对向国家直接报送数据的废水排放源规定：工业废水每年采样监测 2 ~ 4 次；生活污水每年采样监测 2 次，春、夏季各 1 次；医院污水每年采样监测 4 次，每季度 1 次。

2. 企业自我监测

工业废水按生产周期和生产特点确定监测频率。一般每个生产日至少 3 次。

排污单位为了确认自行监测的采样频次，应在正常生产条件下的一个生产周期内进行加密监测。周期在 8 h 以内的，每小时采 1 次样；周期大于 8 h 的，每 2 h 采 1 次样，但每个生产周期采样次数不少于 3 次。采样的同时测定流量。根据加密监测结果，绘制污水污染物排放曲线（浓度-时间曲线，流量-时间曲线，总量-时间曲线），并与所掌握资料对照，如基本一致，即可据此确定企业自行监测的采样频次。根据管理需要进行污染源调查性监测时，也按此频次采样。

排污单位如有污水处理设施并能正常运转使污水能稳定排放，则污染物排放曲线比较平稳，监督监测可以采瞬时样；对于排放曲线有明显变化的不稳定排放污水，要根据曲线情况分时间单元采样，再组成混合样品。正常情况下，混合样品的单元采样不得少于两次。如排放污水的流量、浓度甚至组分都有明显变化，则在各单元采样时的采样量应与当时的污水流量成比例，以使混合样品更有代表性。

另外，对于污染治理、环境科研、污染源调查和评价等工作中的污水监测，其采样频次可以根据工作方案的要求另行确定。

三、地下水监测方案的制定

由于地质结构复杂，使地下水采样点的设置也变得复杂，自监测井采集的水样只代表与含水层平行和垂直的一小部分，所以，必须合理选择采样点。

（一）采样点的确定

1. 监测点网布设原则

（1）在总体和宏观上应能控制不同的水文地质单元，须能反映所在区域地下水系的环境质量状况和地下水质量空间变化。

（2）监测重点为供水目的的含水层。

（3）监控地下水重点污染区及可能产生污染的地区，监视污染源对地下水的污染程度及动态变化，以反映所在区域地下水的污染特征。

（4）能反映地下水补给源和地下水与地表水的水力联系。

（5）监控地下水水位下降的漏斗区、地面沉降以及本区域的特殊水文地质问题。

（6）考虑工业建设项目、矿山开发、水利工程、石油开发及农业活动等对地下水的影响。

（7）监测点网布设密度的原则为主要供水区密，一般地区稀；城区密，农村稀；地下水污染严重地区密，非污染区稀。尽可能以最少的监测点获取足够多的有代表性的环境信息。

（8）考虑监测结果的代表性和实际采样的可行性、方便性，尽可能从经常使用的民井、生产井以及泉水中选择布设监测点。

（9）监测点网不要轻易变动，尽量保持单井地下水监测工作的连续性。

2. 监测点网布设要求

（1）国控地下水监测点网密度一般不少于每 100 km^2 0.1 眼井，每个县至少应有 1～2 眼井，平原（含盆地）地区一般为每 100 km^2 0.2 眼井，重要水源地或污染严重地区适当加密，沙漠区、山丘区、岩溶山区等可根据需要，选择典型代表区布设监测点。省控、市控地下水监测点网密度可根据监测点网布设原则和应布设监测点（监测井）的要求自定。

（2）在下列地区应布设监测点（监测井）。

① 以地下水为主要供水水源的地区。

② 饮水型地方病（如高氟病）高发地区。

③ 对区域地下水构成影响较大的地区，如污水灌溉区、垃圾堆积处理场地区、地下水回灌区及大型矿山排水地区等。

3. 监测点（监测井）设置方法

（1）背景值监测井的布设。

为了解地下水体未受人为影响条件下的水质状况，需在研究区域的非污染地段设置地下水背景值监测井（对照井）。

根据区域水文地质单元状况和地下水主要补给来源，在污染区外围地下水水流上方垂直水流方向，设置一个或数个背景值监测井。背景值监测井应尽量远离城市居民区、工业区、农药化肥施放区、农灌区及交通要道。

（2）污染控制监测井的布设。

污染源的分布和污染物在地下水中的扩散形式是布设污染控制监测井的首要考虑因素。各地可根据当地地下水流向、污染源分布状况和污染物在地下水中的扩散形式，采取点、面结合的方法布设污染控制监测井，监测重点是供水水源地保护区。

① 渗坑、渗井和固体废物堆放区的污染物在含水层渗透性较大的地区以条带状污染扩散，监测井应沿地下水流向布设，以平行及垂直的监测线进行控制。

② 渗坑、渗井和固体废物堆放区的污染物在含水层渗透性小的地区以点状污染扩散，可在污染源附近按十字形布设监测线进行控制。

③ 当工业废水、生活污水等污染物沿河渠排放或渗漏以带状污染扩散时，应根据河渠的状态、地下水流向和所处的地质条件，采用网格布点法设垂直于河渠的监测线。

④ 污灌区和缺乏卫生设施的居民区生活污水易对周围环境造成大面积垂直的块状污染，应以平行和垂直于地下水流向的方式布设监测点。

⑤ 地下水位下降的漏斗区，主要形成开采漏斗附近的侧向污染扩散，应在漏

斗中心布设监控测点，必要时可穿过漏斗中心按十字形或放射状向外围布设监测线。

⑥ 透水性好的强扩散区或年限已久的老污染源，污染范围可能较大，监测线可适当延长，反之，可只在污染源附近布点。

（3）区域内的代表性泉、自流井、地下长河出口应布设监测点。

（4）为了解地下水与地表水体之间的补（给）排（泄）关系，可根据地下水流向在已设置地表水监测断面的地表水体设置垂直于岸边线的地下水监测线。

（5）选定的监测点（井）应经环境保护行政主管部门审查确认。一经确认，则不准任意变动。确需变动时，须征得环境保护行政主管部门同意，并重新进行审查确认。

4. 监测井的建设与管理

（1）应选用取水层与监测目的层相一致且常年使用的民井、生产井为监测井。监测井一般不专门钻凿，只有在无合适民井、生产井可利用的重污染区才设置专门的监测井。

（2）监测井应符合以下要求。

① 监测井井管应由坚固、耐腐蚀、对地下水水质无污染的材料制成。

② 监测井的深度应根据监测目的、所处含水层类型及其埋深和厚度来确定，尽可能超过已知最大地下水埋深以下 2 m。

③ 监测井顶角斜度每百米井深不得超过 2°。

④ 监测井井管内径不宜小于 0.1 m。

⑤ 滤水段透水性能良好，向井内注入灌水段 1 m 井管容积的水量，水位复原时间不超过 10 min，滤水材料应对地下水水质无污染。

⑥ 监测井目的层与其他含水层之间止水良好，承压水监测井应分层止水，潜水监测井不得穿透潜水含水层下的隔水层的底板。

⑦ 新凿监测井的终孔直径不宜小于 0.25 m，设计动水位以下的含水层段应安装滤水管，反滤层厚度不小于 0.05 m，成井后应进行抽水洗井。

⑧ 监测井应设明显标识牌，井（孔）口应高出地面 0.5 ~ 1.0 m，井（孔）口安装盖（保护帽），孔口地面应采取防渗措施，井周围应有防护栏。监测水量监测井（或自流井）应尽可能安装水量计量装置，泉水出口处应设置测流装置。

（3）水位监测井不得靠近地表水体，而且必须修筑井台，井台应高出地面 0.5 m 以上，用砖石浆砌，并用水泥砂浆护面。人工监测水位的监测井应加设井盖，井口必须设置固定点标志。

（4）在水位监测井附近选择适当建筑物建立水准标志。用以校核井口固定点高程。

（5）监测井应有较完整的地层岩性和井管结构资料，能满足进行常年连续各项监测工作的要求。

（6）监测井的维护管理。

① 应指派专人对监测井的设施进行经常性维护，设施一经损坏，必须及时修复。

② 每两年测量监测井井深，当监测井内淤积物淤没滤水管或井内水深小于 1 m 时，应及时清淤或换井。

③ 每 5 a 对监测井进行一次透水灵敏度试验，当向井内注入灌水段 1 m 井管容积的水量，水位复原时间超过 15 min 时，应进行洗井。

④ 井口固定点标志和孔口保护帽等发生移位或损坏时，必须及时修复。

⑤ 对每个监测井建立基本情况表（见表 2-4），监测井的撤销、变更情况应记入原监测井的基本情况表内，新换监测井应重新建立基本情况表。

表 2-4　地下水监测井基本情况表

<table>
<tr><td colspan="2">监测井编号</td><td colspan="2"></td><td rowspan="3">位置</td><td colspan="4">市（县）________区（乡、镇）________街（村）
________号______方向距离______m</td></tr>
<tr><td colspan="2">监测井名称</td><td colspan="2"></td><td colspan="4" rowspan="2">东经________°________′________″，
北纬________°________′________″</td></tr>
<tr><td colspan="2">监测井类型</td><td colspan="2"></td></tr>
<tr><td colspan="2">成井单位</td><td colspan="2"></td><td>成井日期</td><td colspan="2"></td><td>建立资料日期</td><td></td></tr>
<tr><td colspan="2">井深/m</td><td colspan="2"></td><td>井径/mm</td><td colspan="2"></td><td>井口标高/m</td><td></td></tr>
<tr><td colspan="2">静水位标高/m</td><td colspan="2"></td><td>流域（水系）</td><td colspan="2"></td><td>地面高程/m</td><td></td></tr>
<tr><td colspan="3">地下水类型</td><td colspan="4">地层结构</td><td>监测井地理位置图</td><td>监测井撤销、变更说明</td></tr>
<tr><td>埋藏条件</td><td>含水介质类型</td><td>使用功能</td><td>深度/m</td><td>厚度/m</td><td>地层结构</td><td>岩性描述</td><td rowspan="2"></td><td rowspan="2">年　月　日</td></tr>
<tr><td></td><td></td><td></td><td></td><td></td><td></td><td></td></tr>
</table>

注：“埋藏条件”按滞水、潜水、承压水填写，“含水介质类型”按孔隙水、裂隙水、岩溶水填写。

（二）采样频次和采样时间的确定

1. 确定采样频次和采样时间的原则

（1）依据不同的水文地质条件和地下水监测井使用功能，结合当地污染源、污染物排放实际情况，力求以最低的采样频次，取得最有时间代表性的样品，达到全面反映区域地下水质状况、污染原因和规律的目的。

（2）为反映地表水与地下水的水力联系，地下水采样频次与时间尽可能与地表水相一致。

2. 采样频次和采样时间的确定

（1）背景值监测井和区域性控制的孔隙承压水井每年枯水期采样 1 次。

（2）污染控制监测井逢单月采样 1 次，全年 6 次。

（3）作为生活饮用水集中供水的地下水监测井，每月采样 1 次。

（4）污染控制监测井的某一监测项目如果连续 2 a 均低于控制标准值的 1/5，并且在监测井附近确实无新增污染源，而现有污染源排污量未增的情况下，该项目可每年在枯水期采样 1 次进行监测。一旦监测结果大于控制标准值的 1/5，或在监测井附近有新的污染源或现有污染源新增排污量时，即恢复正常采样频次。

（5）同一水文地质单元的监测井采样时间尽量相对集中，日期跨度不宜过大。

（6）遇到特殊的情况或发生污染事故，可能影响地下水水质时，应随时增加采样频次。

四、底质（沉积物）监测方案的制定

（一）采样点位的确定

底质监测断面的设置原则与地表水采样断面设置相同，其位置尽可能与水质监测断面相重合，以便于将底质的组成及其物理化学性质与水质监测情况进行比较。

（1）底质采样点应尽量与水质采样点一致。底质采样点通常位于水质采样垂线的正下方。当正下方无法采样时，可略作移动，移动的情况应在采样记录表上详细注明。

（2）底质采样点应避开河床冲刷、底质沉积不稳定及水草茂盛、表层底质易受搅动之处。

（3）湖（库）底质采样点一般应设在主要河流及污染源排放口与湖（库）水混合均匀处。

（二）采样时间和频率的确定

由于底质比较稳定，受水文、气象条件影响较小，故采样频率远较水样低，一般每年枯水期采样 1 次，必要时可以在丰水期加采 1 次。

五、监测项目

（一）监测项目的确定原则

（1）选择国家和地方的地表水环境质量标准中要求控制的监测项目。
（2）选择对人和生物危害大、对地表水环境影响范围广的污染物。
（3）选择国家水污染物排放标准中要求控制的监测项目。
（4）所选监测项目有“标准分析方法”“全国统一监测分析方法”。
（5）各地区可根据本地区污染源的特征和水环境保护功能的划分，酌情增加某些选测项目；根据本地区经济发展、监测条件的改善及技术水平的提高，可酌情增加某些污染源和地表水监测项目。

（二）监测项目

1. 地表水的监测项目（见表 2-5）

潮汐河流必测项目增加氯化物。

表 2-5　地表水监测项目

	必测项目	选测项目①
河流	水温、pH、溶解氧、高锰酸盐指数、化学需氧量、BOD、氨氮、总氮、总磷、铜、锌、氟化物、硒、砷、汞、镉、铬（六价）、铅、氰化物、挥发酚、石油类、阴离子表面活性剂、硫化物和粪大肠菌群	总有机碳、甲基汞、其他项目参照表 3-6，根据纳污情况由各级相关环境保护主管部门确定

续表

	必测项目	选测项目①
集中式引用水源地	水温、pH、溶解氧、悬浮物②、高锰酸盐指数、化学需氧量、BOD、氨氮、总氮、总磷、铜、锌、氟化物、铁、锰、硒、砷、汞、镉、铬（六价）、铅、氰化物、挥发酚、石油类、阴离子表面活性剂、硫化物、硫酸盐、氯化物、硝酸盐和粪大肠菌群	三氯甲烷、四氯化碳、三溴甲烷、二氯甲烷、1，2-二氯乙烷、环氧氯丙烷、氯乙烯、1，1-二氯乙烯、1，2-二氯乙烯、三氯乙烯、四氯乙烯、氯丁二烯、六氯丁二烯、苯乙烯、甲醛、乙醛、丙烯醛、三氯乙醛、苯、甲苯、乙苯、二甲苯③、异丙苯、氯苯、1，2-二氯苯、1，4-二氯苯、三氯苯④、四氯苯⑤、六氯苯、硝基苯、二硝基苯⑥、2.4-二硝基苯、2，4，6-三硝基甲苯、硝基氯苯⑦、2，4-二硝基氯苯、2，4-二氯苯酚、2，4，6-三氯苯酚、五氯酚、苯胺、联苯胺、丙烯酰胺、丙烯腈、邻苯二甲酸二丁酯、领苯二甲酸二（2-乙基己基）酯、水合肼、四乙基铅、吡啶、松节油、苦味酸、丁基黄原酸、活性氯、DDT、Y-六氯环乙烷、环氧七氯、对硫磷、甲基对硫磷、马拉硫磷、乐果、敌敌畏、敌百虫、内吸磷、百菌清、甲萘威、溴氰菊酯、阿特拉津、苯并（α）芘、甲基汞、多氯联苯⑧、微囊藻毒素-LR、黄磷、钼、钴、铍、硼、锑、镍、钡、钒、钛、铊
湖泊水库	水温、pH、溶解氧、高锰酸盐指数、化学需氧量、BOD、氨氮、总氮、总磷、铜、锌、氟化物、硒、砷、汞、镉、铬（六价）、铅、氰化物、挥发酚、石油类、阴离子表面活性剂、硫化物和粪大肠菌群	总有机碳、甲基汞、硝酸盐、亚硝酸盐、其他项目参照表 3-6，根据纳污情况由各级相关环境保护部门确定
排污河（渠）	根据纳污情况，参照表 3-6 中工业废水监测项目	

注：① 监测项目中，有的项目监测结果低于检出限，并确认没有新的污染源增加时可减少监测频次，根据各地经济发展情况不同，在有监测能力（配置GC/MS）的地区每年应监测 1 次选测项目；

② 悬浮物浓度在 5 mg/L以下时，测定浊度；

③ 二甲苯指邻二甲苯、间二甲苯和对二甲苯；

④ 三氯苯指 1，2，3-三氯苯、1，2，4-三氯苯和 1，3，5-三氯苯；

⑤ 四氯苯指 1，2，3，4-四氯苯、1，2，3，5-四氯苯和 1，2，4，5-四氯苯；

⑥ 二硝基苯指邻二硝基苯、间二硝基苯和对二硝基苯；

⑦ 硝基氯苯指邻硝基氯苯、间硝基氯苯和对硝基氯苯；

⑧ 多氯联苯指PCB-1016、PCB-1221、PCB-1232、PCB-1242、PCB-1248、PCB-1254和PCB-1260。

2. 工业废水监测项目（见表 2-6）

表 2-6 工业废水监测项目

类型		必测项目	选测项目①
黑色金属矿山（包括磷铁矿、赤铁矿、锰矿等）		pH、悬浮物、重金属②	硫化物、锑、铋、锡、氯化物
钢铁工业（包括选矿、烧结、炼焦、炼铁、炼钢、连铸、轧钢等）		pH、悬浮物、COD、挥发酚、氰化物、油类、六价铬、锌、氨氮	硫化物、氟化物、BOD、铬
选矿药剂		COD、BOD、悬浮物、硫化物、重金属	—
有色金属矿山及冶炼(包括选矿、烧结、电解、精炼等)		pH、COD、悬浮物、氰化物、重金属	硫化物、铍、铝、钒、钴、锑、铋
非金属矿物制品业		pH、悬浮物、COD、BOD、重金属	油类
煤气生产和供应业		pH、悬浮物、COD、BOD、油类、重金属、挥发酚、硫化物	多环芳烃、苯并（α）芘、挥发性卤代烃
火力发电（热电）		pH、悬浮物、硫化物、COD	BOD
电力、蒸汽、热水生产和供应业		pH、悬浮物、硫化物、COD、挥发酚、油类	BOD
煤炭采造业		pH、悬浮物、硫化物	砷、油类、汞、挥发酚、COD、BOD
焦化		COD、悬浮物、挥发酚、氨氮、氰化物、油类、苯并（α）芘	总有机碳
石油开采		COD、BOD、悬浮物、油类、硫化物、挥发性卤代烃、总有机碳	挥发酚、总铬
石油加工及炼焦业		COD、BOD、悬浮物、油类、硫化物、总有机碳、多环芳烃	苯并（α）芘、苯系物、铝、氯化物
化学矿开采	硫铁矿	pH、COD、BOD、硫化物、悬浮物、砷	—

续表

类型		必测项目	选测项目①
化学矿开采	磷矿	pH、氟化物、悬浮物、磷酸盐（P）、黄磷、总磷	—
	汞矿	pH、悬浮物、汞	硫化物、砷
无机原料	硫酸	酸度（或pH）、硫化物、重金属、悬浮物	砷、氟化物、氯化物、铝
	氯碱	碱度（或酸度、pH）、COD、悬浮物	汞
	铬盐	酸度（或碱度、pH）、六价铬、总铬、悬浮物	汞
有机原料		COD、挥发酚、氰化物、悬浮物、总有机碳	苯系物、硝基苯类、总有机碳、有机氯类、邻苯二甲酸酯等
塑料		COD、BOD、油类、总有机碳、硫化物、悬浮物	氯化物、铝
化学纤维		pH、COD、BOD、悬浮物、总有机碳、油类、色度	氯化物、铝
橡胶		COD、BOD、油类、总有机碳、硫化物、六价铬	苯系物、苯并（α）芘、重金属、邻苯二甲酸酯、氯化物等
医药生产		pH、COD、BOD、油类、总有机碳、悬浮物、挥发酚	苯胺类、硝基苯类、氯化物、铝
染料		COD、苯胺类、挥发酚、总有机碳、色度、悬浮物	硝基苯类、硫化物、氯化物
颜料		COD、硫化物、悬浮物、总有机碳、汞、六价铬	色度、重金属
油漆		COD、挥发酚、油类、总有机碳、六价铬、铅	苯系物、硝基苯类
合成洗涤剂		COD、阴离子合成洗涤剂、油类、总磷、黄磷、总有机碳	苯系物、氯化物、铝
合成脂肪酸		pH、COD、悬浮物、总有机碳	油类
聚氯乙烯		pH、COD、BOD、总有机碳、悬浮物、硫化物、总汞、氯乙烯	挥发酚

续表

类　　型		必测项目	选测项目①
感光材料，广播电影电视业		COD、悬浮物、挥发酚、总有机碳、硫化物、银、氰化物	显影剂及其氧化物
其他有机化工		COD、BOD、悬浮物、油类、挥发酚、氰化物、总有机碳	pH、硝基苯类、氯化物
化肥	磷肥	pH、COD、BOD、悬浮物、磷酸盐、氟化物、总磷	砷、油类
	氮肥	COD、BOD、悬浮物、氨氮、挥发酚、总氮、总磷	砷、铜、氰化物、油类
合成氨工业		pH、COD、悬浮物、氨氮、总有机碳、挥发酚、硫化物、氰化物、石油类、总氮	镍
农业	有机磷	COD、BOD、悬浮物、挥发酚、硫化物、有机磷、总磷	总有机碳、油类
	有机氯	COD、BOD、悬浮物、硫化物、挥发酚、有机氯	总有机碳、油类
除草剂工业		pH、COD、悬浮物、总有机碳、百草枯、阿特拉津、吡啶	除草醚、五氯酚、五氯酚钠、2，4-D、丁草胺、绿麦隆、氯化物、铝、苯、二甲苯、氨、氯甲烷、2，2-联吡啶
电镀		pH、碱度、重金属、氰化物	钴、铝、氯化物、油类
烧碱		pH、悬浮物、汞、石棉、活性氯	COD、油类
电气机械及器材制造业		pH、COD、BOD、悬浮物、油类、重金属	总氮、总磷
普通机械制造		COD、BOD、悬浮物、油类、重金属	氰化物
电子仪器、仪表		pH、COD、BOD、氰化物、重金属	氟化物、油类

续表

类型		必测项目	选测项目①
造纸及纸制品业		酸度（或碱度）、COD、BOD、可吸附有机卤化物（AOX）、pH、挥发酚、悬浮物、色度、硫化物	木质素、油类
纺织染整业		pH、色度、COD、BOD、悬浮物、总有机碳、苯胺类、硫化物、六价铬、铜、氨氮	总有机碳、氯化物、油类、二氧化氯
皮革、毛皮、羽绒服及其制品		pH、COD、BOD、悬浮物、硫化物、总铬、六价铬、油类	总氮、总磷
水泥		pH、悬浮物	油类
油毡		COD、BOD、悬浮物、油类、挥发酚	硫化物、苯并（α）芘
玻璃、玻璃纤维		COD、BOD、悬浮物、氰化物、挥发酚、氯化物	铅、油类
陶瓷制造		pH、COD、BOD、悬浮物、重金属	—
石棉（开采与加工）		pH、石棉、悬浮物	挥发酚、油类
木材加工		COD、BOD、悬浮物、挥发酚、pH、甲醛	硫化物
食品加工		pH、COD、BOD、悬浮物、氨氮、硝酸盐氮、动植物油	总有机碳、铝、氯化物、挥发酚、铅、锌、油类、总氮、总磷
屠宰及肉类加工		pH、COD、BOD、悬浮物、动植物油、氨氮、大肠菌群	石油类、细菌总数、总有机碳
饮料制造业		pH、COD、BOD、悬浮物、氨氮、粪大肠菌群	细菌总数、挥发酚、油类、总氮、总磷
兵器工业	弹药装药	pH、COD、BOD、悬浮物、TNT、DNT、RDX	硫化物、重金属、硝基苯类、油类
	火工品	pH、COD、BOD、悬浮物、铅、氰化物、硫氰化物、铁（Ⅱ、Ⅲ）氰络合物	肼、叠氮化物（叠氮化钠生产厂为必测）、油类
	火炸药	pH、COD、BOD、悬浮物、色度、铅、TNT、DNT、硝化甘油（NG）、硝酸盐	油类、总有机碳、氨氮

续表

类　　型	必测项目	选测项目①
航天推进剂	pH、COD、BOD、悬浮物、氨氮、氰化物、甲醛、苯胺类、肼、一甲基肼、偏二甲基肼、三乙胺、二乙烯三胺	油类、总氮、总磷
船舶工业	pH、COD、BOD、悬浮物、油类、氨氮、氰化物、六价铬	总氮、总磷、硝基苯类、挥发性卤代烃
制糖工业	pH、COD、BOD、色度、油类	硫化物、挥发酚
电池	pH、重金属、悬浮物	酸度、碱度、油类
发酵和酿造工业	pH、COD、BOD、悬浮物、色度、总氮、总磷	硫化物、挥发酚、油类、总有机碳
货车洗刷和洗车	pH、COD、BOD、悬浮物、油类、挥发酚	重金属、总氮、总磷
管道运输业	pH、COD、BOD、悬浮物、油类、氨氮	总氮、总磷、总有机碳
宾馆、饭店、游乐场所及公共服务业	pH、COD、BOD、悬浮物、油类、挥发酚、阴离子洗涤剂、氨氮、总氮、总磷	粪大肠菌群、总有机碳、硫化物
绝缘材料	pH、COD、BOD、挥发酚、悬浮物、油类	甲醛、多环芳烃、总有机碳、挥发性卤代烃
卫生用品制造业	pH、COD、悬浮物、油类、挥发酚、总氮、总磷	总有机碳、氨氮
生活污水	pH、COD、BOD、悬浮物、氨氮、挥发酚、油类、总氮、总磷、重金属	氯化物
医院污水	pH、COD、BOD、悬浮物、油类、挥发酚、总氮、总磷、汞、砷、粪大肠菌群、细菌总数	氟化物、氯化物、醛类、总有机碳

注：表中所列必测项目、选测项目的增减，由县级以上环境保护行政主管部门认定。

① 选测项目同表 2-5 注①；

② 重金属系指Hg、Cr、Cr（Ⅵ）、Cu、Pb、Zn、Cd和Ni等，具体监测项目由县级以上环境保护行政主管部门确定。

3. 地下水监测项目

（1）常规监测项目如表 2-7 所示。

表 2-7　地下水常规监测项目

必测项目	选测项目
pH、总硬度、溶解性总固体、氨氮、硝酸盐氮、亚硝酸盐氮、挥发性酚、总氰化物、高锰酸盐指数、氟化物、砷、汞、镉、六价铬、铁、锰、大肠菌群	色、嗅和味、浑浊度、氯化物、硫酸盐、碳酸氢盐、石油类、细菌总数、硒、铍、钡、镍、六氯环乙烷、DDT、总 α 放射性、总 β 放射性、铅、铜、锌、阴离子表面活性剂

（2）特殊项目选测。

① 生活饮用水。可根据《生活饮用水卫生标准》（GB 5749—2006）和卫生部《生活饮用水水质卫生规范》中规定的项目选取。

② 工业用水。工业上用作冷却、冲洗和锅炉用水的地下水，可增测侵蚀性二氧化碳、磷酸盐、硅酸盐等项目。

③ 城郊、农村地下水。考虑施用化肥和农药的影响，可增加有机磷、有机氯农药及凯氏氮等项目。

当地下水用作农田灌溉时，可按《农田灌溉水质标准》（GB 5084—2005）中的规定，选取全盐量等项目。

④ 北方盐碱区和沿海受潮汐影响的地区。可增加电导率、溴化物和碘化物等监测项目。

⑤ 矿泉水。应增加水量、硒、锶、偏硅酸等反映矿泉水质量和特征的特种监测项目。

⑥ 水源性地方病流行地区。应增加地方病成因物质监测项目，如：

a. 在地甲病区，应增测碘化物；

b. 在大骨节病、克山病区，应增测硒、钼等监测项目；

c. 在肝癌、食道癌高发病区，应增测亚硝胺以及增加其他相关有机物、微量元素和重金属含量。

⑦ 地下水受污染地区。根据污染物的种类和浓度，适当增加或减少有关监测项目，如：

a. 放射性污染区应增测总 α 放射性及总 β 放射性监测项目；

b. 对有机物污染地区，应根据有关标准增测相关有机污染物监测项目；

c. 对人为排放热量的热污染源影响区域，可增加溶解氧、水温等监测项目。

⑧ 在区域水位下降漏斗中心地区、重要水源地、缺水地区的易疏干开采地段，应增测水位。

4. 底质监测项目

（1）必测项目：砷、汞、烷基汞、铬、六价铬、铅、镉、铜、锌、硫化物和有机质。

（2）选测项目：有机氯农药、有机磷农药、除草剂、PCBs、烷基汞、苯系物、多环芳烃和邻苯二甲酸酯类。

任务二　校园水环境监测方案的设计

任务描述

为了评价及预测校园水环境的质量，现在需要设计校园水环境监测方案。

实施方法及步骤

1. 明确监测的目的和要求

制定校园水环境监测方案，首先应明确监测任务的目的和要求。一般而言，地表水监测可以分为常规监测、特定目的监测和研究性监测。不同类型的监测，其要求的内容、深度不同，制定方案时应充分考虑。

2. 现场调查及资料收集

根据任务一的要求对校园水环境水体进行现场调查和资料收集，通过踏勘调查及资料收集，应对监测水体的基本情况有清晰的了解，为制定具体的监测方案打好基础。

3. 监测计划

在进行必要调查、资料分析的基础上，制订采样计划是监测方案的重点之一，采样计划应包括以下内容。

（1）采样断面（点位）的布设。采样断面（点位）的布设包括断面（采样点）的位置、采样垂线的设置、具体采样点的确定。

（2）监测项目的确定。监测项目的确定包括具体的监测项目及建议采用的分析测试方法。

（3）采样时间、周期和频次的确定。采样时间指采样的具体日期，采样周期指的是每个周期采样的次数及每次采样的天数，采样频次是指每天采样的次数。

（4）采样方法及水样保存的要求。监测计划中应针对不同的监测项目，明确采样的方法、是否必须现场测定，如需要送样回实验室分析，则必须指出样品保存的方法。

（5）监测计划实施的保证措施，具体应涵盖以下内容。

① 监测人员安排：确定完成监测工作必需的人员配备情况，包括需要多少人、每个人在监测工作中的分工、责任等。

② 监测物资保障：确定采样仪器设备的种类、数量、型号，分析仪器的种类、数量、型号，监测过程中用到的试剂药品种类及数量。

③ 监测工作的交通保障：明确采样路线、交通工具的种类和数量。

④ 监测工作的质量保障：除了上述保障措施外，为了获取准确可靠的监测数据，还需要涉及质量保证的问题，除了前面采样、分析方法方面的保障措施外，数据统计处理方面的要求也应在监测方案中体现。

项目三　样品采集、运输、保存

学习目标

了解水样容器的类型、选择原则，掌握不同水样容器的清洗方法；
熟悉采样前的准备工作要求，能够合理地进行采样前的准备工作；
掌握地表水、水污染源、地下水和底质样品采集的方法及要求，并能够熟练应用；
掌握不同水质指标保存的方法及要求，并且能够熟练应用；
掌握水样运输的方法及要求。

基础知识

一、样品的采集

采样前，要根据监测项目的性质和采样方法的要求，选择适宜材质的盛水容器和采样器，并清洗干净。

（一）采样前的准备

1. 水样容器的选择

（1）容器材质与水样之间不能有相互作用。
（2）容器的材质选择的注意事项。
① 容器不能引起新的玷污。
② 容器器壁不应吸收或吸附某些待测组分。
③ 容器不应与某些待测组分发生反应。
④ 抗极端温度性能好，抗震性能好，其大小、形状和质量适宜。
⑤ 能严密封口，并且易于开启。
⑥ 材料易得，成本较低。

⑦ 容易清洗，并可反复使用。

（3）主要的容器材质。

① 玻璃石英类：软质玻璃（普通玻璃）、硬质玻璃（硼硅玻璃）、高硅氧玻璃和石英。

② 金属类：铂、银、铁、镍、锆等。

③ 非金属类：磁、玛瑙和石墨等。

④ 塑料类：聚乙烯、聚丙烯和聚四氟乙烯等。

其中，实验室较为常用的水样容器材质主要是硬质玻璃和聚乙烯塑料。

2. 容器的准备

1）一般规则

所有的准备都应确保不发生正负干扰，尽可能使用专用容器。如不能使用专用容器，那么最好准备一套容器进行特定污染物的测定，以减少交叉污染。同时，应注意防止以前采集高浓度分析物的容器因洗涤不彻底污染随后采集的低浓度污染物的样品。对于新容器，一般应先用洗涤剂清洗，再用纯水彻底清洗。所用的洗涤剂类型和选用的容器材质要随待测组分来确定。测磷酸盐不能使用含磷洗涤剂，测硫酸盐或铬则不能用铬酸-硫酸洗液，测重金属的玻璃容器及聚乙烯容器通常用盐酸或硝酸（c=1 mol/L）洗净并浸泡 1 ~ 2 d 后用蒸馏水或去离子水冲洗。

2）清洁剂清洗塑料或玻璃容器

清洁剂清洗塑料或玻璃容器的程序如下：① 用水和清洗剂的混合稀释溶液清洗容器和容器帽；② 用实验室用水清洗两次；③ 控干水并盖好容器帽。

3）溶剂洗涤玻璃容器

溶剂洗涤玻璃容器的程序如下：① 用水和清洗剂的混合稀释溶液清洗容器和容器帽；② 用自来水彻底清洗；③ 用实验室用水清洗两次；④ 用丙酮清洗并干燥；⑤ 用与分析方法匹配的溶剂清洗并立即盖好容器帽。

4）酸洗玻璃或塑料容器

酸洗玻璃或塑料容器的程序如下：① 用自来水和清洗剂的混合稀释溶液清洗容器和容器帽；② 用自来水彻底清洗；③ 用 10%硝酸溶液清洗；④ 控干后，注满 10% 硝酸溶液；⑤ 密封，贮存至少 24 h；⑥ 用实验室用水清洗，并立即盖好容器帽。

5）用于测定农药、除草剂等样品的容器的准备

因聚四氟乙烯塑料容器会对分析产生明显的干扰，故一般使用棕色玻璃瓶。按一般规则清洗（即用水及洗涤剂→铬酸-硫酸洗液→蒸馏水）后，在烘箱内 180 °C 下 4 h 烘干，冷却后再用纯化过的已烷或石油醚冲洗数次。

6）用于微生物分析的容器

用于微生物分析的容器及塞子、盖子应经高温灭菌，灭菌温度应确保在此温度下不释放或产生出任何能抑制生物活性、灭活或促进生物生长的化学物质。玻璃容器，按一般清洗原则洗涤，用硝酸浸泡再用蒸馏水冲洗以除去重金属或铬酸盐残留物。在灭菌前可在容器里加入硫代硫酸钠（$Na_2S_2O_3$）以除去余氯对细菌的抑制作用。（以每 125 mL 容器加入 0.1 mL 的 10 mg/L $Na_2S_2O_3$ 计量）

（二）地表水样的采集

1. 采样前的准备

1）确定采样负责人

采样负责人主要负责制定监测方案并组织实施。

2）制定监测方案

采样负责人在制订计划前要充分了解该项监测任务的目的和要求，应对要采样的监测断面周围情况了解清楚，并熟悉采样方法、水样容器的洗涤、样品的保存技术。在有现场测定项目和任务时，还应了解有关现场测定技术。

监测方案应包括确定的采样垂线和采样点位、测定项目和数量、采样质量保证措施、采样时间和路线、采样人员和分工、采样器材和交通工具以及需要进行的现场测定项目和安全保证等。

3）采样器材与现场测定仪器的准备

采样器材主要是采样器和水样容器。关于水样保存及容器洗涤方法见本章相关内容。

洗涤方法系指对已用容器的一般洗涤方法。如新启用容器，则应事先做更充分的清洗，容器应做到定点、定项。

2. 采样方法

1）船只采样

利用船只到指定的地点，按深度要求，把采水器浸入水面下采样（灵活，适用于一般河流和水库的采样，但不容易固定采样地点）。

2）桥梁采样

利用现有的桥梁进行采样。安全、可靠、方便，不受天气和洪水的影响，适合于频繁采样，并能在横向和纵向准确控制采样点位置。

3）涉水采样

较浅的小河和靠近岸边水浅的采样点可涉水采样。

4）索道采样

在地形复杂、险要且地处偏僻处的小河流，可架设索道采样。

3. 常用的采样容器

（1）无色具塞硬质玻璃瓶：玻璃瓶由硼硅酸玻璃制成，其主要成分有二氧化硅（70%～80%）、硼（11%～15%）、铝（2%～4%）。因产品种类不同，有的有微量的砷、锌溶出。玻璃瓶无色透明，便于观察试样及其变化，还可以加热灭菌，但容易破裂，不适合运输。

（2）聚乙烯瓶（或塑料桶）：塑料瓶耐冲击、轻便，但不如玻璃瓶易清洗、检查和校检体积。有吸附磷酸根离子及有机物的倾向，易受有机溶剂的浸蚀，有时会引起藻类繁殖。

（3）特殊成分的试样容器：溶解氧测定需要杜绝气泡，使用能添加封口的溶解氧瓶，油类的测定需要定容采样的广口玻璃瓶，生物及细菌试验需要不透明的非活性玻璃容器。

4. 水样的类型

1）瞬时水样

瞬时水样指从水中不连续地随机（就时间和断面而言）采集的单一样品，一般在一定的时间和地点随机采取。

2）混合水样

混合水样是指在同一采样点于不同时间所采集的瞬时水样的混合水样。

（1）等比例混合水样。

等比例混合水样指在某一时段内，在同一采样点位所采水样量随时间或流量成比例的混合水样。

（2）等时混合水样。

等时混合水样指在某一时段内，在同一采样点位（断面）按等时间间隔所采等体积水样的混合水样。

3）综合水样

综合水样是指把不同采样点同时采集的各个瞬时水样混合后所得到的样品。这种水样在某些情况下更具有实际意义。例如，当为几条废水河、渠建立综合处理厂时，以综合水样取得的水质参数作为设计的依据更为合理。

5. 采样数量

在地表水质监测中通常采集瞬时水样。所需水样量见《水质样品的保存和管理技术规定》（HJ 493—2009）。此采样量已考虑重复分析和质量控制的需要，并留有余地。

在水样采入或装入容器中后，应立即按《水质 样品的保存和管理技术规定》（HJ 493—2009）的要求加入保存剂。

6. 采样注意事项

（1）采样时不可搅动水底的沉积物。

（2）采样时应保证采样点的位置准确。必要时使用定位仪（GPS）定位。

（3）认真填写“水质采样记录表”，用签字笔或硬质铅笔在现场记录，字迹应端正、清晰，保证项目完整。

（4）保证采样按时、准确、安全。

（5）采样结束前，应核对采样计划、记录与水样，如有错误或遗漏，应立即补采或重采。

（6）如采样现场水体很不均匀，无法采到有代表性的样品，则应详细记录不均匀的情况和实际采样情况，供使用该数据者参考，并将此现场情况向环境保护行政主管部门反映。

（7）测定油类的水样，应在水面至 300 mm 采集柱状水样，并单独采样，全部用于测定，并且采样瓶（容器）不能用采集的水样冲洗。

（8）测溶解氧、生化需氧量和有机污染物等项目时，水样必须注满容器，上部不留空间，并有水封口。

（9）如果水样中含沉降性固体（如泥沙等），则应分离除去。分离方法为：将所采水样摇匀后倒入筒形玻璃容器（如 1 ~ 2 L 量筒），静置 30 min，将不含沉降性固体但含有悬浮性固体的水样移入盛样容器并加入保存剂。测定水温、pH、DO、电导率、总悬浮物和油类的水样除外。

（10）测定湖库水的 COD、高锰酸盐指数、叶绿素 a、总氮、总磷时，水样静置 30 min 后，用吸管一次或几次移取水样，吸管进水尖嘴应插至水样表层 50 mm 以下位置，再加保存剂保存。

（11）测定油类、BOD、DO、硫化物、余氯、粪大肠菌群、悬浮物、放射性等项目要单独采样。

7. 采样记录

采样后要立即填写标签和采样记录表，水质采样记录见表 3-1。地表水采样原始记录表见表 3-2。

表 3-1　采样记录

项目名称：

样品描述：

采样地点	样品编号	采样日期	实　　践		pH	温度	其他参量			备注
			采样开始	采样结束						

采样人：　　　　交接人：　　　　复核人：　　　　审核人：

注：备注中应根据实际情况填写水体类型、气象条件（气温、风向、风速、天气状态）、采样点周围环境状况、采样点经纬度、采样点水深、采样层次等。

表 3-2　地表水采样原始记录表

任务名称：　　　　方法依据：

任务编号：　　　　采样日期：　　　　天气：

断面或采样点	采样编号	采样时间	样品分数	水深/m	流速/$m \cdot s^{-1}$	流量/$m^3 \cdot s^{-1}$	现场监测记录									分析项目	样品现场处理情况
							水颜色	水气味	水面油膜	悬浮物	水温/°C	透明度/cm	pH	DO/$mg \cdot L^{-1}$	电导/$\mu s \cdot cm^{-1}$		
备注	DO 仪型号及编号： pH 计型号及编号： 电导率型号及编号：									DO 测定方法依据： pH 测定方法依据： 电导率测定方法依据：							

采样：　　　　记录：　　　　校核：

（三）废水样品的采集

废水一般流量较小，都有固定的排污口，所处位置也不复杂，因此所用采样方法和采样器也比较简单。

1. 废水样品的类型

（1）瞬时废水样：对于生产工艺连续、稳定的工厂，所排放的废水中污染组分及浓度变化不大时，瞬时水样具有较好的代表性。对于某些特殊情况，如废水中污染物质的平均浓度合格，而高峰排放浓度超标，这时也可以间隔适当时间采集瞬时水样，并分别测定，将结果绘制成浓度-时间关系曲线，以得知高峰排放时污染物质的浓度；同时也可计算出平均浓度。

（2）平均废水样：平均混合水样或平均比例混合水样。前者系指每隔相同时间采集等量废水样混合而成的水样，适于废水流量比较稳定的情况；后者系指在废水流量不稳定的情况下，在不同时间依照流量大小按比例采集的混合水样。

（3）单独废水样：尽快测定，废水的 pH、溶解氧、硫化物、细菌学指标、余氯、化学需氧量、油脂类和其他可溶性气体等项目的废水样不宜混合。

2. 采样方法

（1）污水的监测项目按照行业类型有不同要求，在分时间单元采集样品时，测定 pH、COD、BOD、DO、硫化物、油类、有机物、余氯、粪大肠菌群、悬浮物、放射性等项目的样品，不能混合，只能单独采样。

（2）自动采样：采用自动采样器或连续自动定时采样器采集，分为时间比例采样和流量比例采样。当污水排放量较稳定时可采用时间比例采样，否则必须采用流量比例采样。所用的自动采样器必须符合国家环境保护总局颁布的污水采样器技术要求。

（3）实际的采样位置应在采样断面的中心。当水深大于 1 m 时，应在表层下 1/4 深度处采样；水深小于或等于 1 m 时，在水深的 1/2 处采样。

（4）注意事项。

① 用样品容器直接采样时，必须用水样冲洗 3 次后再行采样。但当水面有浮油时，采油的容器不能冲洗。

② 采样时应注意除去水面的杂物、垃圾等漂浮物。

③ 用于测定悬浮物、BOD、硫化物、油类、余氯的水样，必须单独定容采样，全部用于测定。

④ 在选用特殊的专用采样器（如油类采样器）时，应按照该采样器的使用方

法采样，废（污）水自动采水器如图 3-1 所示。

⑤ 采样时应认真填写“污水采样记录表”，表中应有以下内容：污染源名称、监测目的、监测项目、采样点位、采样时间、样品编号、污水性质、污水流量、采样人姓名及其他有关事项等。具体格式可由各省制定。

⑥ 凡需现场监测的项目，应进行现场监测。其他注意事项可参见地表水质监测的采样部分。

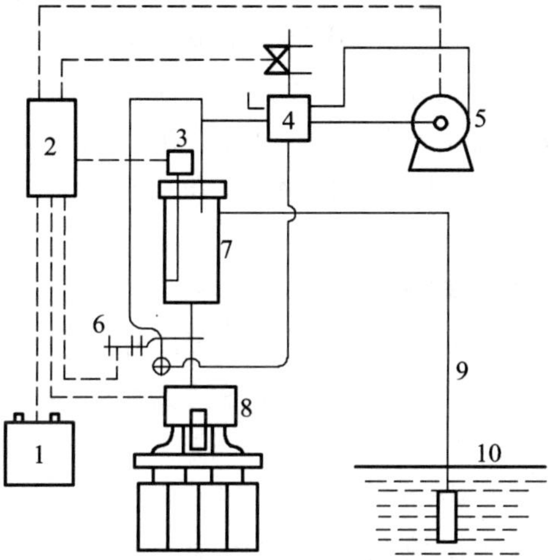

1—蓄电池；2—电子控制箱；3—传感器；4—电磁阀；5—真空泵；6—夹紧阀；7—计量瓶；8—切换器；9—采水管；10—废（污）水池

图 3-1　废（污）水自动采水器

3. 流量的测量

目前，国家对 COD、石油类、氰化物、六价铬、汞、铅、镉和砷等水污染物实施排放总量控制，而流量测量是排污总量监测的关键。

1）流量测量原则

（1）污染源的污水排放渠道，在已知其“流量-时间”排放曲线波动较小，用瞬时流量代表平均流量所引起的误差可以允许时（小于 10%），则在某一时段内的任意时间测得的瞬时流量乘以该时段的时间即该时段的流量。

（2）如排放污水的“流量-时间”排放曲线虽有明显波动，但其波动有固定的规律，可以用该时段中几个等时间间隔的瞬时流量来计算出平均流量，则可定时进行瞬时流量测定，在计算出平均流量后再乘以时间得到流量。

（3）如排放污水的“流量-时间”排放曲线，既有明显波动又无规律可循，则必须连续测定流量，流量对时间的积分即总流量。

2）流量测量方法

（1）污水流量计法：污水流量计的性能指标必须满足污水流量计技术要求。

（2）其他测流量方法。

① 容积法：将污水纳入已知容量的容器中，测定其充满容器所需要的时间，从而计算污水量的方法。本方法简单易行，测量精度较高，适用于计量污水量较小的连续或间歇排放的污水。对于流量小的排放口用此方法。但溢流口与受纳水体应有适当落差或能用导水管形成落差。

② 流速仪法：通过测量排污渠道的过水截面积，以流速仪测量污水流速，计算污水量。适当地选用流速仪，可用于很宽范围的流量测量。多数用于渠道较宽的污水量测量。测量时需要根据渠道深度和宽度确定点位垂直测点数和水平测点数。本方法简单，但易受污水水质影响，难以用于污水量的连续测定。排污截面底部须硬质平滑，截面形状为规则几何形，排污口处需有 3 ~ 5 m 的平直过流水段，且水位高度不小于 0.1 m。

③ 量水槽法：在明渠或涵管内安装量水槽，测量其上游水位可以计量污水量。常用的有巴氏槽。用量水槽测量流量与溢流堰法相比，同样可以获得较高的精度（±2% ~ ±5%）和进行连续自动测量。量水槽法的优点为：水头损失小、壅水高度小、底部冲刷力大，不易沉积杂物。但造价较高，施工要求也较高。

④ 溢流堰法：在固定形状的渠道上安装特定形状的开口堰板，过堰水头与流量有固定关系，据此测量污水流量。根据污水量大小可选择三角堰、矩形堰、梯形堰等。溢流堰法精度较高，在安装液位计后可实行连续自动测量。为进行连续自动测量液位，已有的传感器有浮子式、电容式、超声波式和压力式等。

利用堰板测流时，会因为堰板的安装而造成一定的水头损失。另外，固体沉积物在堰前堆积或藻类等物质在堰板上黏附均会影响测量精度。

在排放口处修建的明渠式测流段要符合流量堰（槽）的技术要求。以上方法均可选用，但在选定方法时，应注意各自的测量范围和所需条件。在以上方法无法使用时，可采用统计法。

⑤ 如污水为管道排放，所使用的电磁式或其他类型的流量计应定期进行计量检定。

（四）地下水样的采集

1. 采样前的准备

1）确定采样负责人

采样负责人负责制定监测方案并组织实施。采样负责人应了解监测任务的目的和要求，并了解采样监测井周围的情况，熟悉地下水采样方法、采样容器的洗涤和样品保存技术。当有现场监测项目和任务时，还应了解有关现场监测技术。

2）制定监测方案

监测方案应包括采样目的、监测井位、监测项目、采样数量、采样时间和路线、采样人员及分工、采样质量保证措施、采样器材和交通工具、需要现场监测的项目、安全保证等。

2. 采样器材与现场监测仪器的准备

1）采样器材

采样器材主要是指采样器和贮样容器。采样器与贮样容器要求同地表水采样要求。

地下水水质采样器分为自动式和人工式两类，自动式用电动泵进行采样，人工式可分为活塞式与隔膜式，可按要求选用。

地下水水质采样器应能在监测井中准确定位，并能取到足够量的代表性水样。

采样器的材质和结构应符合《水质采样器技术要求》中的规定。

2）现场监测仪器

对水位、水量、水温、pH、电导率、浑浊度、色、嗅和味等现场监测项目，应在实验室内准备好所需的仪器设备，安全运输到现场，使用前进行检查，确保性能正常。

3. 采样方法与要求

（1）地下水水质监测通常采集瞬时水样。

（2）对需测水位的井水，在采样前应先测地下水位。

（3）从井中采集水样，必须在充分抽汲后进行，抽汲水量不得少于井内水体积的 2 倍，采样深度应在地下水水面 0.5 m 以下，以保证水样能代表地下水水质。

（4）对于封闭的生产井，可在抽水时从泵房出水管放水阀处采样，采样前应将抽水管中存水放净。

（5）对于自喷的泉水，可在涌口处出水水流的中心采样。采集不自喷泉水时，将停滞在抽水管中的水汲出，新水更替之后，再进行采样。

（6）采样前，除五日生化需氧量、有机物和细菌类监测项目外，先用采样水荡洗采样器和水样容器 2 ~ 3 次。

（7）测定溶解氧、五日生化需氧量和挥发性、半挥发性有机污染物项目的水样，采样时水样必须注满容器，上部不留空隙。但对准备冷冻保存的样品则不能注满容器，否则冷冻之后，会因水样体积膨胀而使容器破裂。测定溶解氧的水样采集后应在现场固定，盖好瓶塞后需用水封口。

（8）测定五日生化需氧量、硫化物、石油类、重金属、细菌类、放射性等项目的水样应分别单独采样。

（9）采集水样后，立即将水样容器瓶盖紧、密封，贴好标签，标签设计可结合各站具体情况，一般应包括监测井号、采样日期和时间、监测项目、采样人等。

（10）用墨水笔在现场填写“地下水采样记录表”，字迹应端正、清晰，各栏内容填写齐全。

（11）采样结束前，应核对监测方案、采样记录与水样，如有错误或漏采，应立即重采或补采。

4. 采样记录

地下水采样记录包括采样现场描述和现场测定项目记录两部分，各省可按表3-3的格式设计全省统一的采样记录表。每个采样人员应认真填写“地下水采样记录表”。

表 3-3 地下水采样记录表

监测站名________________

采样人员________________ 记录人员________________

测井编号	监测井名称	采样日期			采样时间	采样方法	采样深度/m	气温/°C	天气状况	现场测定记录									样品性状	样品瓶数量
		年	月	日						水位/m	水量/$m^3 \cdot s^{-1}$	水温/°C	色	嗅和味	浑浊度	肉眼可见物	pH	电导率/$\mu s \cdot cm^{-1}$		
固定剂加入情况										备注										

（五）底质样品的采集

1. 采样方法

采集表层底质样品一般采用掘式采样器（见图 3-2）或锥式采样器，研究底质污染物垂直分布时，采用管式采样器（见图 3-3）。掘式采样器适用于采样量较大的情况，锥式采样器适用于采样量较小的情况，管式采样器适用于采集柱状样品，以保证底质的分层结构。若水域水深小于 3.0 m 时，可将竹竿粗的一端削成尖头斜面，插入床底采样。当水深小于 0.6 m 时，可用长柄塑料勺直接采集表层底质。

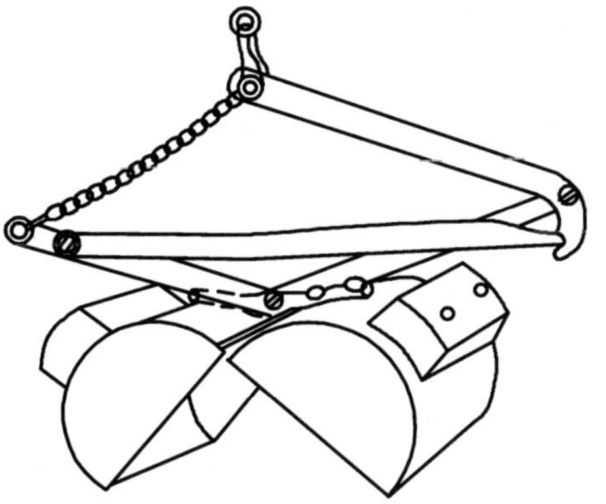

图 3-2 Petersen 掘式沉积物采样器

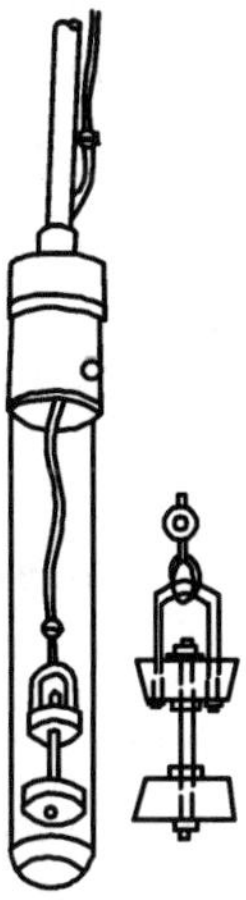

图 3-3 手动活塞管式沉积物采样器

2. 采样量及采样容器

底质采样量视监测项目和目的而定，通常为 1 ~ 2 kg，当样品不易采集或测定项目较少时，可予以酌减。一次的采样量不够时，可在周围采集多次，并将样品混匀。样品中的砾石、贝壳、动植物残体等杂物应予以剔除。在较深水域一般常用掘式采泥器采样。在浅水区或干涸河段用塑料勺或金属铲等即可采样。样品在尽量沥干水分后，用塑料袋包装或用玻璃瓶盛装；供测定有机物的样品，用金属器具采样，置于棕色磨口玻璃瓶中。瓶口不要沾污，以保证磨口塞能塞紧。

水浅时，因船体或采泥器冲击搅动底质，或河床为砂卵石时，应另选采样点重采。采样点不能偏移原设置的断面（点）太远。采样后应对偏移位置作好记录。

采样时底质一般应装满抓斗。采样器向上提升时，如发现样品流失过多，则必须重采。

3. 采样记录及样品交接

样品采集后要及时将样品编号，贴上标签，并将底质的外观性状，如泥质状态、颜色、嗅味、生物现象等情况填入采样记录表。采集的样品和采样记录表运回后一并交实验室，并办理交接手续。

（六）水环境生物监测样品的采集

采集细菌学检验用水样，必须严格按照无菌操作要求进行，防止在运输过程中被污染，并应迅速进行检验。一般从采样到检验不宜超过 2 h，在 10 °C 以下冷藏保存不得超过 6 h。采样方法如下所示。

（1）采集自来水样：首先用酒精灯灼烧水龙头灭菌或用 70% 的酒精消毒，然后放水 3 min，再采集约为采样瓶容积 80%的水量。

（2）采集江、河、湖、库等水样：可将采样瓶沉入水面下 5 ~ 10 cm 处，瓶口朝向水流上游方向，使水样灌入瓶内。需要采集一定深度的水样时，用采水器采集。

二、样品的运输和保存

各种水质的水样，从采集到分析测定这段时间内，由于环境条件的改变，微生物新陈代谢活动和化学作用的影响，会引起水样某些物理参数及化学组分的变化。为将这些变化降低到最低程度，需要尽可能地缩短运输时间，尽快分析测定和采取必要的保护措施，并且有些项目必须在采样现场测定。

（一）水样的运输

采集的水样除供一部分项目的现场监测用外，大部分水样要运到实验室进行监测分析。因此，为保证水样的完整性和代表性，使之不受污染、损坏和丢失，在水样运输过程中应注意下面几点。

（1）根据采样点的地理位置和每个项目分析前最长可保存时间，选用适当的运输方式。

（2）水样运输前应将容器的外（内）盖盖紧。装箱时应用泡沫塑料等分隔，以防破损。同一采样点的样品应装在同一包装箱内，如需分装在两个或几个箱子中时，则需在每个箱内放入相同的现场采样记录表。运输前应检查现场记录上的所有水样是否全部装箱。要用醒目色彩在包装箱顶部和侧面标上“切勿倒置”的标记。

（3）每个水样瓶均需贴上标签，内容有采样点位编号、采样日期和时间、测定项目、保存方法，并写明用何种保存剂。

（4）装有水样的容器必须加以妥善的保存和密封，并装在包装箱内固定，以防在运输途中破损。除了防震、避免日光照射和低温运输外，还要防止新的污染物进入容器和沾污瓶口使水样变质。

（5）在水样运送过程中，应有押运人员，每个水样都要附有一张管理程序管理卡。在转交水样时，转交人和接收人都必须清点和检查水样并在登记卡上签字，注明日期和时间。

（二）水样的保存

各种水质的水样，从采集到分析这段时间内，由于物理的、化学的、生物的作用，会发生不同程度的变化，这些变化使得进行分析时的样品已不再是采样时的样品，为了使这种变化降低到最低程度，必须在采样时对样品加以保护。

1. 水样变化的原因

（1）物理作用：光照、温度、静置或震动、敞露或密封等保存条件及容器材质都会影响水样的性质。如温度升高或强震动会使得一些物质如氧、氰化物及汞等挥发，长期静置会使 $Al(OH)_3$、$CaCO_3$、$Mg_3(PO_4)_2$ 等沉淀。某些容器的内壁能不可逆地吸附或吸收一些有机物或金属化合物等。

（2）化学作用：水样及水样各组分可能发生化学反应，从而改变某些组分的含量与性质。例如空气中的氧能使二价铁、硫化物等氧化，聚合物解聚，单体化合物聚合等。

（3）生物作用：细菌、藻类及其他生物体的新陈代谢会消耗水样中的某些组分，产生一些新组分，改变一些组分的性质，生物作用会对样品中待测的一些项目如溶解氧、二氧化碳、含氮化合物、磷及硅等的含量及浓度产生影响。

2. 水样保存的要求

水样在贮存期内发生变化的程度不但取决于水的类型及水样的化学性和生物学性质，也取决于保存条件、容器材质、运输及气候变化等因素。

这些变化往往非常快，样品常在很短的时间里明显地发生变化，因此必须采取必要的保存措施，并尽快进行分析。保存措施在降低变化的程度或缓慢变化的速度方面是有作用的，但到目前为止，所有的保存措施还不能完全抑制这些变化，而且对于不同类型的水，产生的保存效果也不同，饮用水很容易贮存，因其对生物或化学的作用很不敏感，一般的保存措施可有效贮存地表水和地下水，但对废水则不同。废水性质或废水采样地点不同，其保存的效果也就不同，如采自城市排水管网和污水处理厂的废水其保存效果不同，采自生化处理厂的废水及未经处理的废水其保存效果也不同。

分析项目决定废水样品的保存时间，有的分析项目要求单独取样，有的分析项目要求在现场分析，有些项目的样品能保存较长时间。由于采样地点和样品成分的不同，迄今为止还没有找到适用于一切场合和情况的绝对准则。在不同情况下，存储方法应与使用的分析技术相匹配。

3. 水样保存的方法

1）容器的封存

对需要测定物理-化学分析物的样品，应使水样充满容器至溢流并密封保存，以减少与空气中氧气、二氧化碳的反应干扰及样品运输中的震荡干扰。但当样品需要被冷冻保存时，不应溢满封存。

2）样品的冷藏、冷冻

在大多数情况下，从采集样品后到运输至实验室期间，在 1 ~ 5 °C 冷藏并放至暗处保存，对保存样品就足够了。冷藏并不适于长期保存，对废水的保存时间更短。

−20 °C 的冷冻温度一般能延长贮存期。分析挥发性物质不适用冷冻程序。如果样品包含细胞、细菌或微藻类，在冷冻过程中会发生破裂，损失细胞组分，同样不适用冷冻。冷冻需要掌握冷冻和融化技术。以使样品在融化时能迅速、均匀地恢复其原始状态，用干冰快速冷冻是令人满意的方法。一般选用塑料容器，强烈推荐聚氯乙烯或聚乙烯等塑料容器。

3）添加保存剂

（1）控制溶液 pH。

测定金属离子的水样常用硝酸酸化至 pH 为 1 ~ 2，既可以防止重金属的水解沉淀，又可以防止金属在器壁表面上的吸附，同时在 pH 为 1 ~ 2 的酸性介质中还能抑制生物的活动。用此方法保存，可使大多数金属稳定数周或数月。测定氰化物的水样需加氢氧化钠调至 pH 为 12，测定六价铬的水样应加氢氧化钠调至 pH 为 8，因在酸性介质中，六价铬的氧化电位高，易被还原。保存总铬的水样，则应加硝酸或硫酸至 pH 为 1 ~ 2。

（2）加入抑制剂。

为了抑制生物作用，可在样品中加入抑制剂。如在测氨氮、硝酸盐氮和 COD 的水样中，加氯化汞或加入三氯甲烷、甲苯作防护剂以抑制生物对亚硝酸盐、硝酸盐、铵盐的氧化还原作用。在测酚水样中用磷酸调溶液的 pH，加入硫酸铜以控制苯酚分解菌的活动。

（3）加入氧化剂或还原剂。

水样中痕量汞易被还原，引起汞的挥发性损失，加入硝酸-重铬酸钾溶液可使其维持在高氧化态，汞的稳定性大为改善。

（4）加入还原剂。

测定硫化物的水样，加入抗坏血酸对保存有利。含余氯水样，能氧化氰离子，可使酚类、烃类、苯系物氯化生成相应的衍生物，为此在采样时加入适当的硫代硫酸钠予以还原，除去余氯干扰。样品保存剂如酸、碱或其他试剂在采样前应进行空白试验，其纯度和等级必须达到分析的要求。

加入一些化学试剂可固定水样中的某些待测组分，保存剂可事先加入空瓶中，亦可在采样后立即加入水样中。所加入的保存剂不能干扰待测成分的测定，如有疑义应先做必要的试验。加入保存剂的样品，经过稀释后，在分析计算结果时要充分考虑。但如果加入足够浓的保存剂，因加入体积很小，可以忽略其稀释影响。因固体保存剂会引起局部过热，相应地影响样品，应该避免使用。

所加入的保存剂有可能改变水中组分的化学或物理性质，因此选用保存剂时一定要考虑到对测定项目的影响。如待测项目是溶解态物质，酸化会引起胶体组分和固体的溶解，则必须在过滤后酸化保存。

必须要做保存剂空白试验，特别是对微量元素的检测。要充分考虑加入保存剂所引起待测元素数量的变化。例如，酸类会增加砷、铅、汞的含量。因此，样品中加入保存剂后，应保留做空白实验。

4）生物检测样品的处理保存

用于化学分析的样品和用于生物分析的样品是不同的。加入到生物检测的样品中的化学品能够固定或保存样品，“固定”用于描述保存形态结构，而“保存”用于防止有机质的生物化学或化学退化。

生物检测样品的保存应符合下列标准。

（1）预先了解防腐剂对预防生物有机物损失的效果。

（2）防腐剂至少在保存期间，能够有效地防止有机质的生物退化。

（3）在保存期内，防腐剂应保证能充分研究生物分类群。

4. 过滤和离心

如欲测定水样中组分的全量，采样后应立即加入保存剂，分析测定时充分摇匀后再取样。测定可滤（溶解）态组分的含量，常用 0.45 μm 的微孔滤膜过滤，这样可以除去其中的悬浮物、沉淀、藻类及其他微生物，滤后的水样稳定性好，有利于保存。滤器的选择要注意与分析方法相匹配，用前清洗及避免吸附、吸收损失。一般测有机项目时选用砂芯漏斗和玻璃纤维漏斗，而在测定无机项目时常用 0.45 μm 微孔滤膜过滤。

常用水样保存技术见表 3-4，常用的生物、微生物指标的保存技术见表 3-5。

表 3-4　常用水样保存技术

测试项目/参数	采样容器	保存方法及保存剂用量	可保存时间	最少采样量/mL	容器洗涤方法	备　注
pH	P 或 G		12 h	250	I	尽量现场测定
色度	P 或 G		12 h	250	I	尽量现场测定
浊度	P 或 G		12 h	250	I	尽量现场测定
气味	G	1～5 °C 冷藏	6h	500		大量测定可带离现场

续表

测试项目/参数	采样容器	保存方法及保存剂用量	可保存时间	最少采样量/mL	容器洗涤方法	备注
电导率	P或BG		12 h	250	I	尽量现场测定
悬浮物	P或G	1～5 °C暗处	14 d	500	I	
酸度	P或G	1～5 °C暗处	30 d	500	I	
碱度	P或G	1～5 °C暗处	12 h	500	I	
总固体（总残渣、干残渣）	P或G	1～5 °C冷藏	24 h	100		
化学需氧量	G	用H_2SO_4酸化，pH≤2	2 d	500	I	
	P	-20 °C冷冻	1月	100		最长6 m
高锰酸盐指数	G	1～5 °C冷藏	2 d	500	I	尽快分析
	P	-20 °C冷冻	1月	500		
五日生化需氧量	溶解氧瓶	1～5 °C暗处冷藏	12 h	250	I	
	P	-20 °C冷冻	1月	1000		冷冻最长可保持6 m（质量浓度小于50 mg/L保存1 m）
总有机碳	G	用H_2SO_4酸化，pH≤2；1～5 °C	7 d	250	I	
	P	-20 °C冷冻	1月	100		
溶解氧	溶解氧瓶	加入硫酸锰，碱性KI叠氮化钠溶液，现场固定	24 h	500	I	尽量现场测定
总磷	P或G	用H_2SO_4酸化，HCl酸化至pH≤2	24 h	250	IV	
	P	-20 °C冷冻	1月	250		
溶解磷酸盐	P或G或BG	1～5 °C冷藏	1月	250		采样时现场过滤
	P	-20 °C冷冻	1月	250		
氨氮	P或G	用H_2SO_4酸化，pH≤2	24 h	250	I	
氨类（易释放、离子化）	P或G	用H_2SO_4酸化，pH为1～2；1～5 °C	21 d	500		保存前现场离心
	P	-20 °C冷冻	1月	500		
亚硝酸盐氮	P或G	1～5 °C冷藏避光保存	24 h	250	I	
硝酸盐氮	P或G	1～5 °C冷藏	24 h	250	I	
	P或G	HCl酸化，pH为1～2	7 d	250		
	P	-20 °C冷冻	1月	250		

续表

测试项目/参数	采样容器	保存方法及保存剂用量	可保存时间	最少采样量/mL	容器洗涤方法	备　注
凯氏氮	P 或 BG	用 H_2SO_4 酸化，pH 为 1～2；1～5 °C 避光	1 月	250		
	P	−20 °C 冷冻	1 月	500		
总氮	P 或 G	用 H_2SO_4 酸化，pH 为 1～2	7 d	250	Ⅰ	
	P	−20 °C 冷冻	1 月	500		
硫化物	P 或 G	水样充满容器，1L 水样加 NaOH 至 pH 为 9，加入 5%抗坏血酸 5 mL，饱和 EDTA 3 mL，滴加饱和 $Zn(Ac)_2$，至胶体产生，常温避光	24 h	250	Ⅰ	
硼	P	水样充满容器密封	1 月	100		
总氰化物	P 或 G	加 NaOH 至 pH≥9，1～5 °C 冷藏	7 d，如果硫化物存在，保存 12 h	250	Ⅰ	
F^-	P	1～5 °C，避光	14 d	250	Ⅰ	
Cl^-	P 或 G	1～5 °C，避光	30 d	250	Ⅰ	
Br^-	P 或 G	1～5 °C，避光	14 d	250	Ⅰ	
I^-	P 或 G	NaOH，pH 为 12	14 d	250	Ⅰ	
SO_4^{2-}	P 或 G	1～5 °C，避光	30 d	250	Ⅰ	
PO_4^{3-}	P 或 G	NaOH，H_2SO_4 调节 pH 为 7，$CHCl_3$ 0.5%	7 d	250	Ⅳ	
碘化物	G	1～5 °C 冷藏	1 月	500		
总硅酸盐	P	1～5 °C 冷藏	1 月	100		
硫酸盐	P 或 G	1～5 °C 冷藏	1 月	200		
亚硫酸盐	P 或 G	水样充满容器，100 mL 加 1 mL 2.5%EDTA 溶液，现场固定	2 d	500		
阴离子表面活性剂	P 或 G	1～5 °C 冷藏，用 H_2SO_4 酸化，pH 为 1～2	2 d	500	Ⅳ	不能用溶剂清洗
溴酸盐	P 或 G	1～5 °C	1 月	100		
氯胺	P 或 G	避光	5 min	500		
氯酸盐	P 或 G	1～5 °C 冷藏	7 d	500		
氯化物	P 或 G		1 月	100		
二氧化氯	P 或 G	避光	5 min	500		最后在采集 5 min 内现场分析

续表

测试项目/参数	采样容器	保存方法及保存剂用量	可保存时间	最少采样量/mL	容器洗涤方法	备注
余氯	P或G	避光	5 min	500		最后在采集5 min内现场分析
氟化物	P（聚四氟乙烯除外）		1月	200		
铍	P或G	1 L水样中加入浓$HNO_3$10 mL酸化	14d	250	酸洗Ⅲ	
硼	P	1 L水样中加入浓$HNO_3$10 mL酸化	14d	250	酸洗Ⅰ	
钠	P	1 L水样中加入浓$HNO_3$10 mL酸化	14d	250	Ⅱ	
镁	P	1 L水样中加入浓$HNO_3$10 mL酸化	14d	250	酸洗Ⅱ	
钙	P或G	1 L水样中加入浓$HNO_3$10 mL酸化	14d	250	Ⅱ	
六价铬	P或G	NaOH，pH为8～9	14d	250	酸洗Ⅲ	
铬	P或G	1 L水样中加入浓$HNO_3$10 mL酸化	1月	100	酸洗	
锰	P或G	1 L水样中加入浓$HNO_3$10 mL酸化	14 d	250	Ⅲ	
锌	P	1 L水样中加入浓$HNO_3$10 mL酸化	14 d	250	Ⅲ	
砷	P或G	1 L水样中加入浓HNO_3 10 mL酸化（DDTC法，HCl 2 mL）	14 d	250	Ⅲ	使用氢化物技术分析砷用盐酸
镉	P或G	1 L水样中加入浓HNO_3 10 mL酸化	14 d	250	Ⅲ	如用溶出伏安法测定，可改用1L水样中加浓$HClO_4$ 19 mL
汞	P或G	HCl，1%，如水样为中性，1 L水样中加浓HCl 10 mL	14 d	250	Ⅲ	
铅	P或G	HNO_3，1%，如水样为中性，1 L水样中加浓HNO_3 10 mL	14 d	250	Ⅲ	如用溶出伏安法测定，可改用1L水样中加浓$HClO_4$ 19 mL

续表

测试项目/参数	采样容器	保存方法及保存剂用量	可保存时间	最少采样量/mL	容器洗涤方法	备注
二价铁	P 酸洗或 BG 酸洗	用 HCl 酸化，pH 为 1～2，避免接触空气	7 d	100		
总铁	P 酸洗或 BG 酸洗	用 HNO_3 酸化，pH 为 1～2	1 月	100		
重金属化合物	P 或 BG	用 HNO_3 酸化，pH 为 1～2	1 月	500		最长 6m
油类	溶剂洗	用 H_2SO_4 酸化至 pH≤2	7 d	250	Ⅱ	
酚类	G	1～5 °C 避光。用磷酸调节至 pH≤2，加入抗坏血酸 0.01～0.02g 除去残余氯	24 h	1000	Ⅰ	
可吸附有机卤化物	P 或 G	水样充满容器。用 HNO_3 酸化，pH 为 1～2；1～5 °C 避光保存	5 d	1000		
	P	−20 °C 冷冻	1 月	1000		
挥发性有机物	G	用 1+10HCl 调节至 pH≤2，加入抗坏血酸 0.01～0.02 g，除去残余氯；1～5 °C 避光保存	12 h	1000		
除草剂类	G	加入抗坏血酸 0.01～0.02g，除去残余氯；1～5 °C 避光保存	24 h	1000	Ⅰ	
酸性除草剂	G（带聚四氟乙烯瓶塞或膜）	HCl，pH 为 1～2，1～5 °C 冷藏。如果样品加氯，1000 mL 水样加 80 mg $Na_2S_2O_3·5H_2O$	14 d	1000	萃取样品的同时萃取采样容器	不能用水样冲洗采样容器，不能用水样充满容器
邻苯二甲酸酯类	G	加入抗坏血酸 0.01～0.02 g，除去残余氯；1～5 °C 避光保存	24 h	1000	Ⅰ	
甲醛	G	加入 0.2～0.5g/L 硫代硫酸钠，除去残余氯；1～5 °C 避光保存	24 h	250	Ⅰ	
杀虫剂（包含有机氯、有机磷、有机氮）	G（溶剂洗，带聚四氟乙烯瓶盖）或 P(适用草甘膦)	1～5 °C 冷藏	萃取 5 d	1000～3000 不能用水样冲洗采样容器，不能用水样充满容器		萃取应在采样后 24 h 内完成

续表

测试项目/参数	采样容器	保存方法及保存剂用量	可保存时间	最少采样量/mL	容器洗涤方法	备　注
氨基甲酸酯类杀虫剂	溶剂洗	1～5 °C	14 d	1000		如果样品被加氯，1000 mL 水加 80 mg $Na_2S_2O_3 \cdot 5H_2O$
	P 或 G	-20 °C 冷冻	1 月	1000		
叶绿素	P 或 G	1～5 °C 冷藏	24 h	1000		棕色采样瓶
	P	用乙醇过滤萃取后，-20 °C 冷冻	1 月	1000		
	P	过滤后-80 °C 冷冻	1 月	1000		
肼	G	用 HCl 酸化至 pH 为 1，避光	24 h	500		
碳氢化合物	G 溶剂（如戊烷）萃取	用 HCl 或 H_2SO_4 酸化，pH 为 1～2	1 月	1000		现场萃取不能用水样冲洗采样容器，不能用水样充满容器
单环芳香烃	G（带聚四氟乙烯薄膜）	水样充满容器。用 H_2SO_4 酸化，pH 为 1～2。如果样品加氯，采样前 1000 mL 水加 80 mg$Na_2S_2O_3 \cdot 5H_2O$	7 d	500		
有机金属化合物	G	1～5 °C 冷藏	7 d	500		萃取应带离现场
三卤甲烷类	G（带聚四氟乙烯薄膜的小瓶）	1～5 °C 冷藏，水样充满容器	14 d	100		如果样品加氯，则 100 mL 水加 8 mg $Na_2S_2O_3 \cdot 5H_2O$

注：① P 为聚乙烯瓶（桶），G 为硬质玻璃瓶，BG 为硼硅酸盐玻璃瓶。

② d 表示天，h 表示小时，min 表示分钟。

③ Ⅰ、Ⅱ、Ⅲ、Ⅳ表示四种洗涤方法。四种洗涤方法分别如下所示。

Ⅰ：洗涤剂洗 1 次，自来水洗 3 次，蒸馏水洗 1 次。

Ⅱ：洗涤剂洗 1 次，自来水洗 2 次，（1+3）HNO_3 荡洗 1 次，自来水洗 3 次，蒸馏水洗 1 次。

Ⅲ：洗涤剂洗 1 次，自来水洗 2 次，（1+3）HNO_3 荡洗 1 次，自来水洗 3 次，去离子水洗 1 次。

Ⅳ：铬酸洗液洗 1 次，自来水洗 3 次，蒸馏水洗 1 次。

如果采集污水样品，可省去用蒸馏水、去离子水清洗的步骤。

④ 对于采集微生物和生物的采样容器，须经 160 °C 干热灭菌 2 h。经灭菌的微生物和生物采样容器必须在两周内使用，否则应重新灭菌。经 121 °C 高压蒸汽灭菌 15 min 的采样容器，如不立即使用，应于 60 °C 将瓶内冷凝水烘干，两周内使用。细菌检测项目采样时不能用水样冲洗采样容器，不能采混合水样，应单独采样 2 h 后送实验室分析。

表 3-5　生物、微生物指标的保存技术

待测项目	采样容器	保存方法及保存剂用量	最少采样量/mL	可保存时间	备　　注
一、微生物分析					
细菌总数、大肠菌总数、粪大肠菌、粪链球菌、沙门氏菌、志贺氏菌等	灭菌容器	1～5 °C冷藏		尽快（地表水、污水及饮用水）	取氯化或溴化过的水样时，所用的样品瓶消毒之前，按每 125 mL 加入 0.1 mL 10%（质量分数）的硫代硫酸钠以消除氯或溴对细菌的抑制作用。 对重金属的质量浓度高于 0.01 mg/L 的水样，应在容器消毒前，按每 125 mL 容积加入 0.3 mL 的 15%（质量分数）EDTA
二、生物学分析					
鉴定和计数					
底栖无脊椎动物类——大样品	P或G	加入70%乙醇	1000	1 a	样品中的水应先倒出以达到最大的防腐剂的浓度
	P或G	加入37%甲醛（用硼酸钠或四氮六甲圜调节至中性）用100g/L 福尔马林溶液稀释到 3.7%甲醛（相应的 1～10 的福尔马林稀释液）	1000	3月	
底栖无脊椎动物类——小样品	G	加入防腐溶液，含70%乙醇、37%甲醛和甘油（比例是 100：2：1）	100	不确定	对无脊椎群，如扁形动物，应采用特殊方法，以防止被破坏
藻类	G或P盖紧瓶盖	每 200 份加入 0.5～1 份卢格氏溶液，1～5 °C暗处冷藏	200	6月	碱性卢格氏溶液适用于新鲜水，酸性卢格氏溶液适用于带鞭毛虫的海水。如果褪色，应加入更多的卢格氏溶液
浮游植物	G	见“海藻”	200	6月	暗处
浮游动物	P或G	加入37%甲醛（用硼酸钠调节至中性），稀释至3.7%，海藻加卢格氏溶液	200	1 a	如果褪色，应加入更多的卢格氏溶液

（三）底质样品的保存和运输

底质采样一般与水质采样同时进行，当在同一点位采集完水样后再采集底质样品，其保存与运输的方法与水样相同。

任务三　地表水体水样的采集及保存

任务描述

本节的任务是采集地表水样。

实施方法及步骤

1. 采样前的准备

（1）根据采集水样的要求正确选择和清洗采样容器及盛样容器。
（2）根据水样的要求选择适当的保存剂。

2. 样品的采集、保存

（1）根据监测方案确定监测的断面和点位。
（2）润洗采样及盛样容器。
（3）采集 2 份氨氮水样和 1 份空白水样，水样要注满盛样容器。
（4）加保存剂，加的过程中注意安全及周围环境。
（5）贴好样品标签，具体格式见表 3-6，注意防止浸湿标签。
（6）采样现场数据记录表要现场填写，并且由相关人员当场签字确认。

表 3-6　现场采集样品标签

样品编号：		
监测项目：		
待检（ ）	在检（ ）	已检（ ）

3. 样品运输

（1）要拧紧盛样容器口塞子。
（2）将盛样容器装箱，并且固定。

4. 样品的接收

水样送至实验室时，首先要检查水样是否冷藏，冷藏温度是否保持在 1 ~ 5 °C。其次，要验明标签，清点样品数量，确认无误时签字验收。如果不能立即进行分析，应尽快采取保存措施，防止水样被污染。

项目四　样品的预处理

学习目标

掌握水样消解的方法，针对不同的监测指标能够熟练地选择、应用消解方法；
掌握水样的富集和分离方法，并能够熟练应用；
掌握底质样品的预处理方法，并能够熟练应用。

基础知识

水环境中样品的组分是相当复杂的，并且多数污染组分含量低，存在形态各异，所以在分析测定之前，需要进行适当的预处理，以去除水样中共存的干扰组分，得到适合测定方法要求、浓度的待测组分试样。

一、水样的消解

当测定含有有机物水样中的无机元素时，需要进行消解处理。消解处理的目的是破坏有机物，溶解悬浮固体，将各种价态的欲测元素氧化成单一高价态或转变成易于分离的无机化合物。消解的过程中不能引入影响待测组分测定的成分，也不能够损失待测组分。消解后的水样应清澈、透明、无沉淀。

消解水样的方法有湿式消解法和干灰化法（干式分解法）。

1. 湿式消解法

1）硝酸消解法

硝酸消解适用于较清洁的水样。其方法要点是：取混匀的水样 50 ~ 200 mL 于烧杯中，加入 5 ~ 10 mL 浓硝酸，加热煮沸，蒸发至溶液清澈透明，呈浅灰色或无色。否则，应补加浓硝酸继续消解。蒸至近干时，取下烧杯，稍冷后加入 2%的 HNO_3（或 HCl）20 mL，溶解可溶盐。若有沉淀应过滤，滤液冷至室温后于 50 mL

容量瓶中定容备用。

2）硝酸-高氯酸消解法

两种酸都是强氧化性酸，联合使用可消解含难氧化有机物的水样。方法要点：取适量水样于烧杯或锥形瓶中，加 5 ~ 10 mL 硝酸，加热消解至大部分有机物被分解。取下烧杯，稍冷，加 2 ~ 5 mL 高氯酸，继续加热至开始冒白烟，如试液呈深色，再补加硝酸，继续加热至浓厚白烟将尽（不可蒸至干涸）。取下烧杯冷却，用 2%HNO_3 溶解，如有沉淀，应过滤，滤液冷至室温定容备用。因为高氯酸能与羟基化合物反应生成不稳定的高氯酸酯，有发生爆炸的危险，故先加入硝酸氧化水样中的羟基化合物，稍冷后再加高氯酸处理。

3）硝酸-硫酸消解法

两种酸都有较强的氧化能力，其中硝酸沸点低，而硫酸沸点高，二者结合使用，可提高消解温度和消解效果。常用的硝酸与硫酸的比例为 5∶2。消解时，先将硝酸加入水样中，加热蒸发至小体积，稍冷，再加入硫酸，继续加热蒸发至冒大量白烟，冷却，加适量水，温热溶解可溶盐，若有沉淀应过滤。为提高消解效果，常加入少量过氧化氢。

该方法不适用于处理测定易生成难溶硫酸盐组分（如铅、钡、锶）的水样。

4）硫酸-磷酸消解法

两种酸的沸点都比较高，其中硫酸氧化性较强，磷酸能与一些金属离子如 Fe^{3+} 等配合，故二者结合消解水样，有利于在测定时消除 Fe^{3+}等离子的干扰。

5）硫酸-高锰酸钾消解法

该方法常用于消解测定汞的水样。高锰酸钾是强氧化剂，在中性、碱性、酸性条件下都可以氧化有机物，其氧化产物多为草酸根，但在酸性介质中还可以继续氧化。其消解要点：取适量水样，加适量硫酸和 5%高锰酸钾，混匀后加入煮沸，冷却，滴加盐酸羟胺溶液破坏过量的高锰酸钾。

6）多元消解法

为提高消解效果，在某些情况下需要采用三元以上的酸或氧化剂消解体系。例如，处理测总铬的水样时，用硫酸、磷酸和高锰酸钾消解。

7）碱分解法

当用酸体系消解水样造成易挥发组分损失时，可改用碱分解法，即在水样中加入氢氧化钠和过氧化氢溶液，或者氨水和过氧化氢溶液，加热煮沸至近干，用水或稀碱溶液温热溶解。

2. 干灰化法（干式分解法、高温分解法）

干灰化法处理的过程是：取适量水样于白瓷或石英蒸发皿中，置于水浴上蒸干，移入马弗炉内，在 450 ~ 550 °C 下灼烧到残渣呈灰白色，使有机物完全分解除去。取出蒸发皿，冷却，用适量 2% HNO_3（或 HCl）溶解样品灰分，过滤，滤液定容后供测定。

该方法不适用于处理测定易挥发组分（如砷、汞、镉、硒、锡等）的水样。

二、水样的富集和分离

当水样中的欲测组合含量低于分析方法的检测限时，就必须进行富集或浓缩。当有共存干扰组分时，就必须采取分离或掩蔽措施。富集和分离往往是不可分割、同时进行的。常用的方法有过滤、挥发、蒸馏、溶剂萃取、离子交换、吸附、共沉淀、层析、低温浓缩等，要结合具体情况选择使用。

1. 挥发分离法

挥发分离法是利用某些污染组分挥发度大，或者将欲测组分转变成易挥发物质，然后用惰性气体带出而达到分离的目的，如图 4-1 所示为测定硫化物的挥发分离装置。

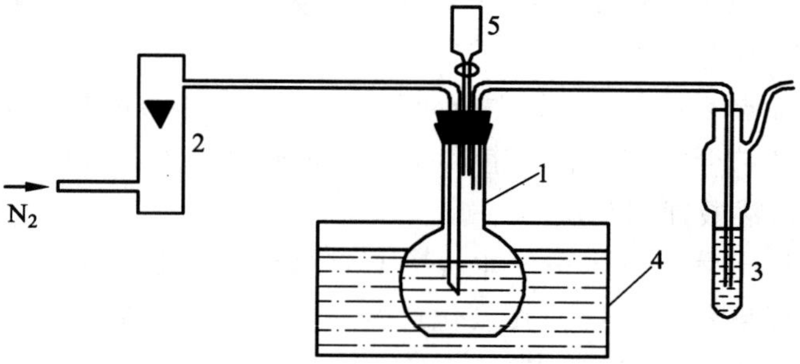

1—500 mL 平底烧瓶（内装水样）；2—流量计；3—吸收管；4—恒温水浴；5—分液漏斗

图 4-1 测定硫化物的挥发分离装置

2. 蒸发浓缩法

蒸发浓缩法是指在电热板上或水浴中加热水样，使水分缓慢蒸发，达到缩小水样体积、浓缩欲测组分的目的。该方法无需化学处理，简单易行，尽管存在缓慢、易吸附损失等缺点，但无更适宜的富集方法时仍可采用。据有关资料介绍，用这种方法浓缩饮用水样，可使铬、锂、钴、铜、锰、铅、铁和钡的浓度提高 30 倍。

3. 顶空法

该方法常用于测定挥发性有机物（VOCs）水样的预处理。例如，测定水样中的挥发性有机物（VOCs）或挥发性无机物（VICs）时，先在密闭的容器中装入水样，容器上部留存一定空间，再将容器置于恒温水浴中，经过一定时间，容器内的气液两相达到平衡。

欲测物在气相中的平衡浓度$[X]_G$和水样中的原始浓度$[X]_L^0$之间的关系：

$$[X]_G = \frac{[X]_L^0}{K+\beta} \tag{4.1}$$

$$K = \frac{[X]_G}{[X]_L} \tag{4.2}$$

$$\beta = \frac{V_G}{V_L} \tag{4.3}$$

式中：K——预测组分在两相中的分配系数；

β——两相体积比；

$[X]_G$——平衡状态下预测物 X 在气相中的浓度；

$[X]_L$——平衡状态下预测物 X 在液相中的浓度；

V_G——气相体积；

V_L——液相体积。

4. 蒸馏法

蒸馏法是利用水样中各污染组分具有不同的沸点而使其彼此分离的方法，分为常压蒸馏、减压蒸馏、水蒸气蒸馏、分馏法等。

当各组分的沸点相差较大，沸点在 40°~150°时用常压蒸馏法。当各组分的沸点大于 150°或沸点小于 150°且易挥发时常用减压蒸馏法。测定水样中的挥发酚、氰化物、氟化物时，均应在酸性介质中进行常压蒸馏分离；测定水样中的氨氮时，需在微碱性介质中常压蒸馏分离。因此，蒸馏具有消解、分离和富集三种作用，各蒸馏装置如图 4-2、图 4-3 所示。

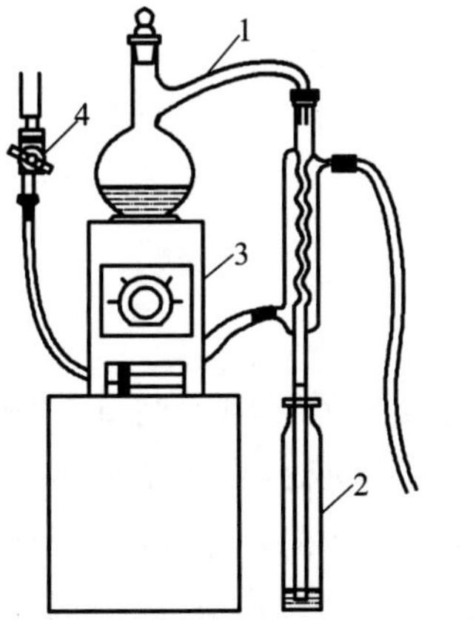

1—500 mL 全玻璃蒸馏器；2—接收瓶；3—电炉；4—水龙头

图 4-2 挥发酚、氰化物的蒸馏装置

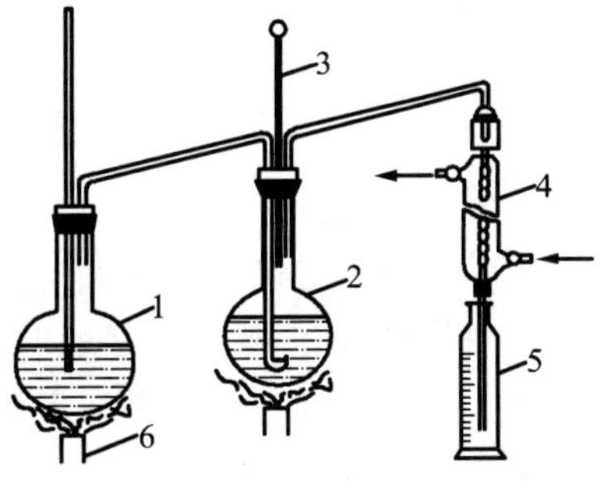

1—水蒸气发生瓶；2—烧瓶（内装水样）3—温度计；4—冷凝器；5—接收瓶；6—热源

图 4-3 氰化物水蒸气蒸馏装置

5. 溶剂萃取法

溶剂萃取法也称液-液萃取法，简称萃取法，是基于物质在互不相溶的两种溶剂中分配系数不同，进行组分的分离和富集，在水相-有机相中的分配系数（K）用式（4.4）表示：

$$K=\frac{\text{有机相中被萃取物质的浓度}}{\text{水相中被萃取物质的浓度}} \tag{4.4}$$

当溶液中某组分的 K 值较大时，则容易进入有机相，而 K 值很小的组分仍留在溶液中。

分配系数（K）中所指待分离组分在两相中存在的形体相同，但实际并非如此，故通常用分配比（D）表示：

$$D=\frac{\sum[A]_{\text{有机相}}}{\sum[A]_{\text{水相}}} \tag{4.5}$$

式中：$\sum[A]_{\text{有机相}}$——待分离组分 A 在有机相中的各种存在形式的总浓度；

$\sum[A]_{\text{水相}}$——待分离组分 A 在水相中的各种存在形式的总浓度。

分配比和分配系数不同，分配比除与一些常数有关以外，还与被萃取物的浓度、溶液的酸度、萃取剂的浓度及萃取温度等因素有关，因此它并不是一个常数。只有在简单的萃取体系中，被萃取物质在两相中存在形式相同时，K 才等于 D。分配比反映萃取体系达到平衡时的实际分配情况，实际价值较大。

被萃取物质在两相中的分配还可以用萃取率（E，%）表示，其表达式为

$$E(\%)=\frac{\text{有机相中被萃取物的量}}{\text{水相和有机相中被萃取物的总量}}\times100\% \tag{4.6}$$

分配比（D）和萃取率（E）的关系如下：

$$E(\%)=\frac{100D}{D+\dfrac{V_{\text{水}}}{V_{\text{有机}}}}\times100\% \tag{4.7}$$

式中：$V_{\text{水}}$——水相体积；

$V_{\text{有机}}$——有机相体积。

当用等体积溶剂进行萃取时，即 $V_{\text{水}}=V_{\text{有机}}$，二者的关系图如图 4-4 所示。当 $D=\infty$ 时，$E=100\%$，一次即可萃取完全；$D=100$ 时，$E=99\%$，一次萃取不完全，需要萃取几次；$D=10$ 时，$E=91\%$，若要求萃取百分率大于 90%，需连续萃取才趋于完全。若要求萃取百分率大于 90%，则 D 必须大于 90，当分配比 D 不高时，一次萃取不能满足分离或测定的要求，此时可采用多次连续萃取的方法来提高萃取率。$D=1$ 时，$E=50\%$，要萃取完全相当困难。

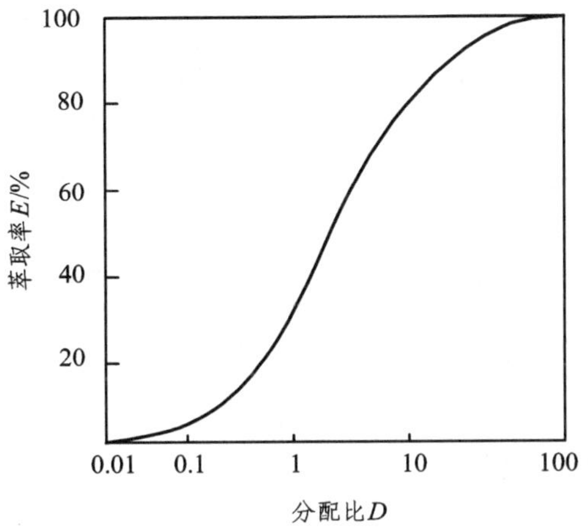

图 4-4　D 与 E 的关系

6. 离子交换法

离子交换法是利用离子交换剂与溶液中的离子发生交换反应进行分离的方法。离子交换剂可分为无机离子交换剂和有机离子交换剂。目前广泛应用的是离子交换树脂。离子交换树脂是可渗透的三维网状高分子聚合物，在网状结构的骨架上含有可电离或可被交换的阳离子或阴离子活性基团。

强酸性阳离子交换树脂含有活性基团$-SO_3H$、$-SO_3Na$、$-CH_2SO_3H$ 等，一般用于富集金属阳离子；弱酸性阳离子交换树脂含有活性基团有$-COOH$、$-OCH_2COOH$、$-C_6H_5OH$ 等弱酸性基团。

强碱性阴离子交换树脂含有活性基团为$-N(CH_3)_3^+X^-$基团，如三甲胺基或二甲基-β-羟基乙基胺基，其中 X^-为 OH^-、Cl^-、NO_3^-等，能在酸性、碱性和中性溶液中与强酸或弱酸阴离子交换，应用广泛；弱碱性阴离子交换树脂包含活性基团为伯胺或仲胺，碱性较弱。

用离子交换树脂进行分离的操作程序包括交换柱的制备、交换、洗脱等过程。

7. 共沉淀法

共沉淀系指溶液中一种难溶化合物在形成沉淀过程中，将共存的某些痕量组分一起载带沉淀出来的现象。共沉淀现象在常量分离和分析中是力图避免的，但却是一种分离富集微量组分的手段。例如，在形成硫酸铜沉淀的过程中，可使水样中浓度低至 0.02 μg/L 的 Hg^+共沉淀出来。

共沉淀的原理基于表面吸附、形成混晶、异电核胶态物质相助作用及包藏等。

8. 吸附法

吸附法是利用多孔性的固体吸附剂将水样中的一种或数种组分吸附于表面，

再用适宜溶剂、加热或吹气等方法将预测组分解吸，达到分离和富集的目的。常用的吸附剂有活性炭、氧化铝、分子筛、大网状树脂等。被吸附富集于吸附剂表面的污染组分，可用有机溶剂或加热解吸出来供测定。例如，国内某单位用国产DA201 大网状树脂富集海水中 10^{-9} 级有机氯农药，用无水乙醇解吸，石油醚萃取两次，经无水硫酸钠脱水后，用气相色谱电子捕获检测器测定，对农药各种异构体均得到满意的分离，其回收率均在 80% 以上，并且重复性好，一次能富集几升至几十升海水。

三、底质样品的预处理

底质样品送交实验室后，应尽快处理和分析，如放置时间较长，应放于-20～+40 °C 的冷冻柜中保存。在处理过程中尽量避免沾污和污染物损失。

（一）脱水

底质中含有大量水分，必须用适当的方法除去，不可直接在日光下曝晒或高温烘干。常用脱水方法有：在阴凉、通风处自然风干（适于待测组分较稳定的样品）；离心分离（适于待测组分易挥发或易发生变化的样品）；真空冷冻干燥（适用于各种类型样品，特别是测定对于光、热、空气不稳定组分的样品）；无水硫酸钠脱水（适于测定油类等有机污染物的样品）。

（二）筛分

将脱水干燥后的底质样品平铺于硬质白纸板上，用玻璃棒等压散（勿破坏自然颗粒）。剔除砾石及动植物残体等杂质，使其通过 20 目筛。筛下样品用四分法缩分至所需量。用玛瑙研钵（或玛瑙碎样机）研磨至全部通过 80～200 目筛，装入棕色广口瓶中，贴上标签备用。但测定汞、砷等易挥发元素及低价铁、硫化物等时，不能用碎样机粉碎，并且仅通过 80 目筛。测定金属元素的试样，使用尼龙材质网筛；测定有机物的试样，使用铜材质网筛。

（三）柱状样品的处理

对于用管式泥芯采样器采集的柱状样品，尽量不要使分层状态破坏，经干燥后，用不锈钢小刀刮去样柱表层，然后按上述表层底质方法处理。如欲了解各沉积阶段污染物质的成分和含量变化，可沿横断面截取不同部位样品分别处理和测定。

（四）底质样品的分解

底质样品的分解方法随检测目的和检测项目不同而异，常用的分解方法有以下几种。

1. 硝酸-氢氟酸-高氯酸（或王水-氢氟酸-高氯酸）分解法

该方法也称全量分解法，是用于测定底质中元素含量水平及随时间变化和空间分布的样品分解。其分解过程是称取一定量样品于聚四氟乙烯烧杯中，加硝酸（或王水）在低温电热板上加热分解有机质。取下稍冷却，加适量氢氟酸煮沸（或加高氯酸继续加热分解并蒸发至发干）。最后，用 1%硝酸煮沸溶解残渣，定容，备用。这样处理得到的试液可测定全量铜、铅、锌、铬、镍、镉等。

2. 硝酸分解法

该方法能溶解出由于水解和悬浮物吸附而沉淀的大部分重金属，适用于了解底质受污染的状况。其分解过程是称取一定量样品于 50 mL 硼硅玻璃管中，加几粒沸石和适量浓硝酸，徐徐加热至沸并回流 15 min，取下冷却，定容，静置过夜，取上清液分析测定。

3. 水浸取法

称取适量样品，置于磨口锥形瓶中，加水，密塞，放在振荡器上振摇 4 h，静置，用干滤纸过滤，滤液供分析测定。该方法适用于了解底质中重金属向水体释放情况的样品分解。

4. 有机溶剂提取法

该方法用于处理测定有机污染组分的底质样品，如测定 666、DDT 等。

任务四　地表水体氨氮水样的预处理

任务描述

采集地表氨氮水样时，若水样带色或浑浊以及含其他一些干扰物质，则影响氨氮的测定。为此，在分析时需作适当的预处理。

实施方法及步骤

1. 除去余氯

若样品中存在余氯，可加入适量的硫代硫酸钠溶液去除，用淀粉-碘化钾试纸检验余氯是否除尽。

2. 絮凝沉淀

样品中加入硫酸锌溶液和氢氧化钠溶液，调节 pH 约为 10.5，混匀，放置使之沉淀，倾取上清液分析。必要时，用经过水冲洗的中速滤纸过滤，弃去初滤液 20 mL。也可对絮凝后样品作离心处理。

3. 预蒸馏

用氨氮蒸馏装置进行预蒸馏，其由 500 mL 凯式烧瓶、氮球、直形冷凝管和导管组成。冷凝管末端可连接一段适宜长度的滴管，使出口尖端浸入吸收液液面下，亦可使用 500 mL 的蒸馏烧瓶。

采用将 50 mL 硼酸溶液移入接收瓶内，确保冷凝管出口在硼酸溶液液面之下。分取 250 mL 样品，移入烧瓶中，加几滴溴百里酚蓝指示剂，必要时，用氢氧化钠溶液或盐酸溶液调节 pH 至 6.0（指示剂呈黄色）~ 7.4（指示剂呈蓝色），加入 0.25 g 轻质氧化镁及数粒玻璃珠，立即连接氮球和冷凝管，加热蒸馏，使馏出液速率约为 10 mL/min，待馏出液达 200 mL 时，停止蒸馏，加水定容至 250 mL。

项目五　样品的测定

子项目一　物理性质的测定

学习目标

了解水的物理性质指标及其性质；
掌握常规指标的监测方法，并能够熟练应用。

基础知识

水体物理性质的测定是水环境监测及水质质量评价的指标之一，包括水温、色度、浊度、残渣、电导率、透明度、矿化度、臭和味道等。

一、水温

1. 测定意义

水温是重要的水质物理指标。水的物理、化学性质与水温有密切的关系。水中溶解性气体（如氧、二氧化碳等）的溶解度，水中生物和微生物活动，非离子氨、盐度、pH 以及碳酸钙饱和度等都受水温变化的影响。

2. 方法选择

水温为现场监测的项目之一，常用的测量仪器有水温计（见图 5-1）和颠倒温度计（见图 5-2），前者用于地表水、污水等浅层水的测量，后者用于湖库等深层水温的测量。此外，还有深水温度计法和热敏电阻温度计法，深水温度计见图 5-3。其中水温度计法、深水温度计法和颠倒温度计法的水温计应定期由计量检定部门进行校核。

图 5-1　水温计

图 5-2　颠倒温度计

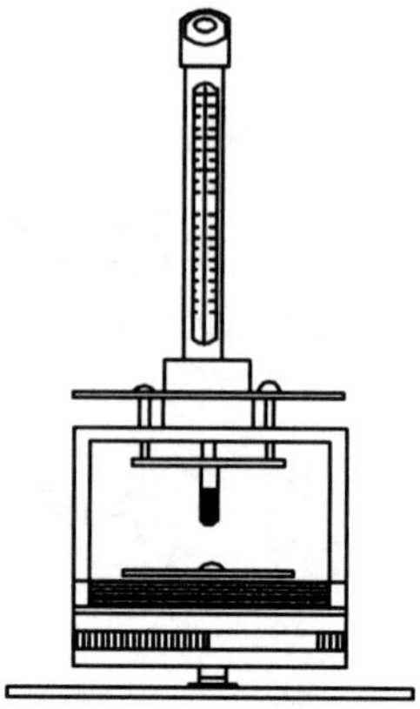

图 5-3　深水温度计

二、色度

1. 测定的意义

色度是水样颜色深浅的量度。纯水是无色透明的，天然水中由于含有泥沙、腐殖质、浮游生物、植物、金属离子及矿物质等，会表现出一定的颜色。生活污水和工业废水中由于成分复杂，其中溶解性的有机物、部分无机离子和有色悬浮物均可使水着色，是环境水体着色的主要原因。水的颜色可以减弱水的透光性，影响水生生物的生长。

水的色度分为真色和表色。真色是指去除悬浮后水的颜色，是由水中的胶体物质和溶解性物质所造成的；表色是指没有去除悬浮物的水所具有的颜色。对于清洁或浊度很低的水，真色和表色相接近；对于着色很深的工业废水，二者差别较大。水质分析中的色度一般是指真色。

2. 测定的方法

水的色度常用测定方法有铂钴比色法和稀释倍数法。铂钴比色法适用于清洁水、轻度污染并略带黄色调的水，以及比较清洁的地表水、地下水和饮用水等。稀释倍数法适用于污染较严重的地表水和工业废水。

三、浊度

1. 测定意义

浊度是表现水中悬浮物对光线透过时所发生的阻碍程度。色度是由水体中的溶解物质引起的，而浊度是由于水中含有泥沙、黏土、有机物、无机物、浮游生物和微生物等悬浮物质所造成的，可使光散射或吸收。浊度是水的感光指标之一，也是水体可能受到污染的标志之一，浊度高的水会明显阻碍光的投射，从而影响水生生物的生存。

2. 方法选择

测定浊度的方法有目视比浊法、分光光度法和浊度计法。目视比浊法适用于测定饮用水和水源水等低浊度水，最低检测浊度为 1 度；分光光度法适用于测定天然水、饮用水的浊度，最低检测浊度为 3 度；浊度仪要定期用标准溶液进行校正，一般用于水体浊度的在线连续自动监测。

四、残渣

1. 测定意义

水样中含有的物质可分为溶解性物质与不溶性物质两类。残渣是表征水中溶解性物质、不溶解性物质含量的指标。残渣分为总残渣（总固体 TS 或总蒸发残渣）、总可滤残渣（溶解固体 DS 或溶解性蒸发残渣）、总不可滤残渣（悬浮物 SS）三种。

总残渣是水或污水样在一定温度下蒸发、烘干后剩余的物质，系指水样中分散均匀的悬浮物质与溶解性物质之和，即包括不可滤残渣和可滤残渣。总可滤残渣量指将过滤后的水样放在称至恒重的蒸发皿内蒸干，再在一定温度下烘至恒重所增加的质量。水样经过滤后留在过滤器上的固体物质，烘干至恒重得到的物质量称为总不可滤残渣量。它包括不溶于水的泥沙和各种污染物、微生物及难溶无机物等，计算方法同前。常用的滤器有滤纸、滤膜、石棉坩埚。由于它们的滤孔大小不一，故报告结果时应注明。石棉坩埚通常用于过滤酸或碱浓度高的水样。

地表水中存在悬浮物，使水体浑浊，透明度降低，影响水生生物呼吸和代谢；工业废水和生活污水含大量无机、有机悬浮物，易堵塞管道、污染环境，因此，总不可滤残渣为必测指标。

2. 方法选择

残渣的测定采用质量法，适用于天然水、饮用水、生活污水和工业废水中 20 000 mg/L 以下残渣的测定。测定方法：① 103 ~ 105 °C 烘干的总残渣质量；② 103 ~ 105 °C 烘干的总可滤残渣质量；③（180±2）°C 烘干的总可滤残渣质量；④ 103 ~ 105 °C 烘干的总不可滤残渣质量（悬浮物）。

五、电导率

1. 测定的意义

电导率是以数字表示水溶液传导电流的能力。水溶液电导率的大小与溶液中所含离子的种类、总浓度以及溶液的温度、黏度等因素有关。

水的电导率与电解质浓度呈正比，具有线性关系。水中多数无机盐呈离子状态存在，是电的良好导体，但有机物不离解或离解极微弱，导电也很微弱，因此用电导率是不能反映这类污染因素的。

不同类型的水有不同的电导率。新鲜蒸馏水的电导率为 0.5 ~ 2 μS/cm，但放置一段时间后，因吸收了二氧化碳，增加到了 2 ~ 4 μS/cm；超纯水的电导率小于 0.1 μS/cm；天然水的电导率多为 50 ~ 500 μS/cm；矿化水的电导率可达 500 ~ 1000 μS/cm；含酸、碱、盐的工业废水电导率往往超过 10 000 μS/cm；海水的电导率约为 30 000 μS/cm。

电导率随温度变化而变化，温度每升高 1 °C，电导率增加约 2%，通常规定 25 °C 为测定电导率的标准温度。如测定时水样的温度不是 25 °C，则必须进行温度校正，经验公式为

$$\gamma_t = \frac{\gamma_s}{\left[1+\alpha\left(t-25\right)\right]} \tag{5.1}$$

式中：γ_t——测定温度 t 时的电导率，μS/cm；

γ_s——25 °C 的电导率，μS/cm；

α——各种离子电导率的平均温度系数，取 0.022；

t——测定时的温度，°C。

2. 方法选择

一般采用电导仪或电导率仪来测定水的电导率。

首先选用已知电导率（γ）的标准氯化钾（KCl）溶液（见表 5-1），测出该溶液的电阻（R），求出电导仪的电极常数（Q）。然后测定水样的电阻，即可求出水样的电导率。

表 5-1　不同浓度 KCl 溶液的电导率

浓度/（mol/L）	0.0001	0.0005	0.001	0.005	0.01	0.02	0.05	0.1	0.2	0.5	1
电导率/（μS/cm）	14.94	73.90	147.0	717.80	1413	2767	6668	12890	24800	58670	111900

六、透明度

1. 测定意义

透明度是指水样的澄清程度，清洁的水是透明的。透明度与浊度相反，水中悬浮物和胶体颗粒物越多，其透明度就越低。

2. 方法选择

透明度测定的方法有铅字法和塞氏盘法。铅字法为检验人员用透明度计（见图 5-4）测定水的透明度的一种方法。本方法受检验人员的主观影响较大，在保证照明等条件尽可能一致的情况下，应取多次或数人测定结果的平均值。它适用于天然水或处理后的水透明度的测定，如图 5-5 所示。塞氏盘法是现场测定透明度的方法，如图 5-6、图 5-7 所示。

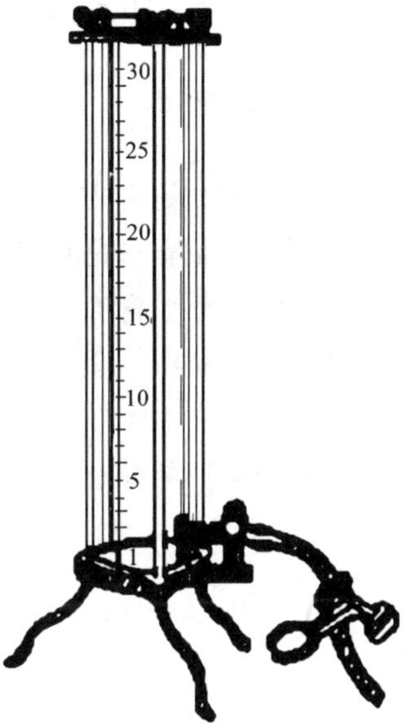

图 5-4　透明度计

图 5-5　透明度测定的印刷铅字

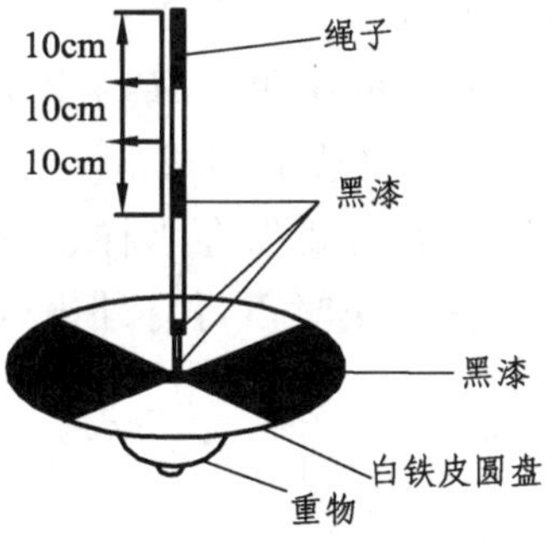

图 5-6　塞氏盘

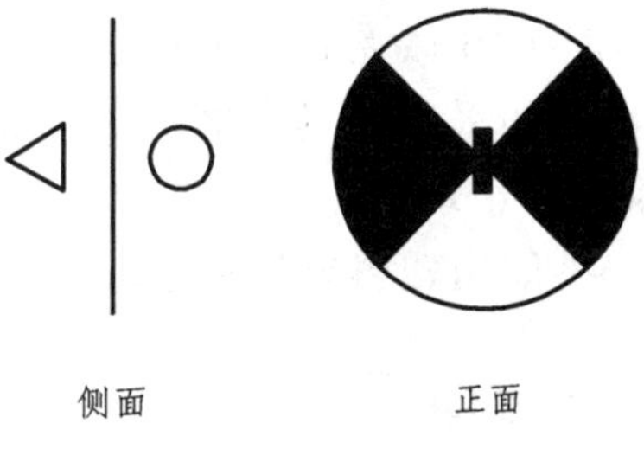

图 5-7　塞氏盘侧面（左图）、正面（右图）

七、矿化度

1. 测定意义

矿化度（M）是水化学成分测定的重要指标，用于评价水中总含盐量，以“克

/升”表示，该项指标一般只用于天然水，是农田灌溉用水适用性评价的主要指标之一。按矿化度（*M*）的大小一般分为：淡水，*M*<1 g/L；微咸水，*M*为1～3 g/L；咸水，*M*为3～10 g/L；盐水，*M*为10～50 g/L；卤水，*M*>50 g/L。

2. 方法选择

矿化度的测定方法有质量法、电导法、阳离子加和法、离子交换法、比重计法等，其中质量法是比较通用的方法。

高矿化度水含有大量钙、镁的氯化物时易于吸水，硫酸盐结晶水不易除去，均可使结果偏高。采用加入碳酸钠提高烘干温度和快速称重的方法处理，以消除其影响。

当水样中含有有机物时，蒸干的残渣有色，可用过氧化氢去除。

八、臭

1. 测定意义

臭是检验原水和处理水质的必测项目之一。检验臭对评价水处理效果也有意义，并可作为追查污染源的一种手段。

嗅觉细胞受刺激产生臭的感受是化学刺激。嗅觉是由产臭物质的气态分子在鼻孔中的刺激引起的。水中产生臭的一些有机物和无机物，主要是由于生活污水或工业废水污染、大气物质分解，或微生物、生物活动的结果。某些物质只要每升存在零点几微克时即可觉察。然而，很难鉴定产生臭物质的组成。

水样的采集在具塞磨口玻璃瓶中，并尽快分析。如需保存水样，则至少采集500 mL于玻璃瓶中并充满，4 °C以下冷藏，并确保冷藏时不得有外来气味进入水中。不能用塑料容器盛水样。

2. 方法选择

测定臭常用的方法有定性描述法和臭阈值法。前者适用于天然水、饮用水、生活污水和工业废水中臭的检验；后者适用于近无臭的天然水到臭阈值高达数千的工业废水。

任务五　水样悬浮物质的测定——质量法

实施方法及步骤

1. 定义

水质中的悬浮物是指水样通过孔径为 0.45 μm 的滤膜，截留在滤膜上并于 103 ~ 105 °C 烘干至恒重的物质。

2. 试剂

蒸馏水或同等纯度的水。

3. 仪器

（1）常用实验室仪器。
（2）全玻璃微孔滤膜过滤器。
（3）GN-CA 滤膜、孔径 0.45 μm、直径 60 mm。
（4）吸滤瓶、真空泵。
（5）无齿扁嘴镊子。

4. 采样及样品贮存

1）采样

所用聚乙烯瓶或硬质玻璃瓶要用洗涤剂洗净，再依次用自来水和蒸馏水冲洗干净。在采样之前，再用即将采集的水样清洗 3 次。然后，采集具有代表性的水样 500 ~ 1000 mL，盖严瓶塞。

注：漂浮或浸没的不均匀固体物质不属于悬浮物质，应从水样中除去。

2）样品贮存

采集的水样应尽快分析测定。如需放置，则应贮存在 4 °C 冷藏箱中，但最长不得超过 7 d。

注：不能加入任何保护剂，以防破坏物质在固、液间的分配平衡。

5. 步骤

1）滤膜准备

用无齿扁嘴镊子夹取微孔滤膜放于事先恒重的称量瓶里，移入烘箱中于 103 ~

105 °C 烘干 0.5 h 后取出置干燥器内冷却至室温，称其质量。反复烘干、冷却、称量，直至两次称量的质量差不大于 0.2 mg。将恒重的微孔滤膜正确地放在滤膜过滤器的滤膜托盘上，加盖配套的漏斗，并用夹子固定好。以蒸馏水湿润滤膜，并不断吸滤。

2）测定

量取充分混合均匀的试样 100 mL 抽吸过滤，使水分全部通过滤膜。再以每次 10 mL 蒸馏水连续洗涤三次，继续吸滤以除去痕量水分。停止吸滤后，仔细取出载有悬浮物的滤膜放在原恒重的称量瓶里，移入烘箱中于 103 ~ 105 °C 下烘干 1 h 后移入干燥器中，使冷却到室温，称其质量。反复烘干、冷却、称量，直至两次称量的质量差不大于 0.4 mg 为止。

注：滤膜上截留过多的悬浮物可能夹带过多的水分，除延长干燥时间外，还可能造成过滤困难，遇此情况，可酌情少取试样。滤膜上悬浮物过少，则会增大称量误差，影响测定精度，必要时，可增大试样体积。一般以 5 ~ 100 mg 悬浮物作为量取试样体积的实用范围。

6. 结果的表示

悬浮物质量浓度 ρ（g/L）按式（5.2）计算：

$$\rho = \frac{(A-B)\times 10^6}{V} \tag{5.2}$$

式中：ρ——水中悬浮物质量浓度，g/L；

A——悬浮物 + 滤膜 + 称量瓶质量，g；

B——滤膜 + 称量瓶质量，g；

V——试样体积，L。

任务六　水样色度的测定

实施方法及步骤

1. 铂钴比色法

1）原理

用氯铂酸钾和氯化钴配制颜色标准溶液，与被测样品进行目视比较，以测定样品的颜色强度，即色度。

样品的色度以与之相当的色度标准溶液的度值表示。

注：此标准单位导出的标准度有时称为“Hazen 际”或“Pt-Co 标”[GB 3143—1982《液体化学产品颜色测定法（Hazen 单位——铂-钴色号）》]或毫克铂/升。

2）试剂

（1）光学纯水：将 0.2 μm 滤膜（细菌学研究中所采用的）在 100 mL 蒸馏水或去离子水中浸泡 1 h，用它过滤 250 mL 蒸馏水或去离子水，弃去最初的 250 mL，以后用这种水配制全部标准溶液并作为稀释水。

（2）色度标准贮备液，相当于 500 度：将（1.245±0.001）g 六氯铂（Ⅳ）酸钾（K_2PtCl_6）及（1.000±0.001）g 六水氯化钴（Ⅳ）（$CoCl_2 \cdot 6H_2O$）溶于约 500 mL 纯水中，加（100±1）mL 盐酸（ρ=1.18 g/mL）并在 1000 mL 的容量瓶内用水稀释至标线。

将溶液放在密封的玻璃瓶中，存放在暗处，温度不能超过 30 °C。此溶液至少能稳定 6 个月。

（3）色度标准溶液：在一组 250 mL 的容量瓶中，用移液管分别加入 2.50、5.00、7.50、10.00、12.50、15.00、17.50、20.00、30.00 及 35.00 mL 贮备液，并用纯水稀释至标线。溶液色度分别为 5、10、15、20、25、30、35、40、50、60 和 70 度。

溶液放在严密盖好的玻璃瓶中，存放于暗处。温度不能超过 30 °C。这些溶液至少可稳定 1 个月。

3）实验仪器

常用实验室仪器和以下仪器。

（1）具塞比色管，50 mL。规格一致，光学透明玻璃底部无阴影。

（2）pH 计，精度为±0.1pH 单位。

（3）容量瓶，250 mL。

4）采样和样品

所用与样品接触的玻璃器皿都要用盐酸或表面活性剂溶液加以清洗，最后用蒸馏水或去离子水洗净、沥干。

将样品采集在容积至少为 1L 的玻璃瓶内，在采样后要尽早进行测定。如果必须贮存，则将样品贮于暗处。在有些情况下还要避免样品与空气接触。同时要避免温度的变化。

5）步骤

（1）试料。

将样品倒入 250 mL（或更大）量筒中，静置 15 min，倾取上层液体作为试料进行测定。

（2）测定。

将一组具塞比色管用色度标准溶液充至标线。将另一组具塞比色管用试料充至标线。

将具塞比色管放在白色表面上，比色管与该表面应呈合适的角度，使光线被反射自具塞比色管底部向上通过液柱。

垂直向下观察液柱，找出与试料色度最接近的标准溶液。

如色度大于等于 70 度，则用光学纯水将试料适当稀释后，使色度落入标准溶液范围之中再行测定。

另取试料测定 pH 值。

6）结果的表示

以色度的标准单位报告与试料最接近的标准溶液的值，在 0 ~ 40 度（不包括 40 度）的范围内，准确到 5 度。在 40 ~ 70 度范围内，准确到 10 度。

在报告样品色度的同时报告 pH 值。

稀释过的样品色度（A_0），以度计，用式（5.3）计算：

$$A_0 = \frac{V_1}{V_0} A_1 \tag{5.3}$$

式中：V_1——样品稀释后的体积，L；

V_0——样品稀释前的体积，L；

A_1——稀释样品色度的观察值，度。

2. 稀释倍数法

1）原理

将样品用光学纯水稀释至用目视比较与光学纯水相比刚好看不见颜色时的稀释倍数作为表达颜色的强度，单位为倍。

同时用目视观察样品，检验颜色性质：颜色的深浅（无色，浅色或深色），色调（红、橙、黄、绿、蓝和紫等），如果可能包括样品的透明度（透明、混浊或不透明）。用文字予以描述。

结果以稀释倍数值和文字描述相结合表达。

2）试剂

光学纯水。

3）仪器

实验室常用仪器及具塞比色管、pH 计。

4）采样和样品

所用与样品接触的玻璃器皿都要用盐酸或表面活性剂溶液加以清洗，最后用蒸馏水或去离子水洗净、沥干。

将样品采集在容积至少为 1L 的玻璃瓶内，在采样后要尽早进行测定。如果必须贮存，则将样品贮于暗处。在有些情况下还要避免样品与空气接触。同时要避免温度的变化。

5）步骤

（1）试料。

将样品倒入 250 mL（或更大）量筒中，静置 15 min，倾取上层液体作为试料进行测定。

（2）测定。

分别取试料和光学纯水于具塞比色管中，充至标线，将具塞比色管放在白色表面上，具塞比色管与该表面应呈合适的角度，使光线被反射自具塞比色管底部向上通过液柱。垂直向下观察液柱，比较样品和光学纯水，描述样品呈现的色度和色调，如果可能，包括透明度。

将试料用光学纯水逐级稀释成不同倍数，分别置于具塞比色管并充至标线。将具塞比色管放在白色表面上，用上述相同的方法与光学纯水进行比较。将试料稀释至刚好与光学纯水无法区别为止，记下此时的稀释倍数值。

稀释的方法：试料的色度在 50 倍以上时，用移液管计量吸取试料于容量瓶中，用光学纯水稀释至标线，每次取大的稀释比，使稀释后色度在 50 倍之内。

试料的色度在 50 倍以下时，在具塞比色管中取试料 25 mL，用光学纯水稀释至标线，每次稀释倍数为 2。

试料或试料经稀释至色度很低时，应自具塞比色管倒至量筒适量试料并计量，然后用光学纯水稀释至标线，每次稀释倍数小于 2。记下各次稀释倍数值。

另取试料测定 pH。

3. 结果的表示

将逐级稀释的各次倍数相乘，所得之积取整数值，以此表达样品的色度。同时用文字描述样品的颜色深浅、色调，如果可能，包括透明度。在报告样品色度的同时，报告 pH。

子项目二　化学性质的测定

学习目标

了解水体中金属化合物的性质、特点及危害，掌握常规金属指标的监测方法，并能够熟练应用；

了解水体中主要无机非金属指标的性质及特点，掌握常规无机非金属指标的监测方法，并能够熟练应用；

了解水体中主要有机物指标的性质及特点，掌握常规有机物指标的监测方法，并能够熟练应用。

基础知识

一、金属化合物的测定

水体中含有大量的金属化合物，一般都是以离子形式存在。有些金属元素是人体健康必需的常量和微量元素，如钠、镁、钙、铁等。有些是对人体健康有害的，如汞、铬、铅等。特别是当水体中的金属离子的浓度达到一定数值的时候，其毒害作用就会更大，其毒性的大小与金属种类、理化性质、浓度及存在价态和形态有关。

（一）汞

1. 测定意义

汞及其化合物属于剧毒物质，可在体内蓄积，水体中的无机汞可转变为有机汞，有机汞的毒性更大。有机汞通过食物链进入人体，引起全身中毒。天然水中含汞极少，一般不超过 0.1 μg/L。正常人血液中的汞的质量浓度小于 10 μg/L，尿液中的汞浓度小于 20 μg/L。我国饮用水标准限值为 0.001 mg/L，工业污水中汞的最高允许排放浓度为 0.05 mg/L。

2. 方法选择

汞的测定方法有冷原子吸收法（HJ 597—2011）、冷原子荧光法（HJ/T 341—2007）、原子荧光法（HJ 694—2014）和双硫腙分光光度法（GB 7469—1987）等。

（二）镉

1. 测定意义

镉不是人体必需元素。镉的毒性很大，可在人体内积蓄，主要积蓄在肾脏，会引起泌尿系统的功能变化；镉的主要来源有电镀、采矿、冶炼、燃料、电池和化学工业等排放的废水；废旧电池中镉含量较高，也存在于水果和蔬菜中，尤其是蘑菇，在奶制品和谷物中也有少量存在。镉能够取代骨中钙，使骨骼严重软化，骨头寸断，会引起胃脏功能失调，干扰人体和生物体内锌的酶系统，导致高血压症上升。易受害的人群是矿业工作者、免疫力低下人群。水中含镉 0.1 mg/L 时，可轻度抑制地表水的自净作用，镉对白鲢鱼的安全浓度为 0.014 mg/L，用含镉

0.04 mg/L 的水进行灌溉时，土壤和稻米受到明显污染，农灌水中含镉 0.007 mg/L 时，即可造成污染。正常人血液中的镉浓度小于 5 μg/L，尿中小于 1 μg/L。镉能够干扰骨中钙，如果长期摄入微量镉，可使骨骼严重软化，骨头寸断，引起骨痛病，还会引起胃脏功能失调，并干扰人体和生物体内锌的酶系统，导致高血压症。

2. 方法选择

镉的测定方法有原子吸收分光光度法（GB 7475—1987）、电感耦合等离子体质谱法（HJ 700—2014）、双硫腙分光光度法（GB 7471—1987）、阳极溶出伏安法和示波极谱法等。

（三）铅

1. 测定意义

铅是一种可在人体和动物组织中积蓄的有毒金属，主要来源于各种油漆、涂料、蓄电池、冶炼、五金、机械、电镀、化妆品、染发剂、釉彩碗碟、餐具、燃煤、膨化食品、自来水管等。它通过皮肤、消化道、呼吸道进入体内与多种器官亲和，主要毒性效应是贫血症、神经机能失调和肾损伤，易受害的人群有儿童、老人、免疫力低下人群。铅对水生生物的安全浓度为 0.16 mg/L，用含铅 0.1 ~ 4.4 mg/L 的水灌溉水稻和小麦时，作物中铅含量明显增加。人体内正常的铅含量应该为 0.1 mg/L，如果含量超标，则容易引起贫血，损害神经系统。而幼儿大脑受铅的损害要比成人敏感得多，一旦血铅含量超标，应该采取积极的排铅毒措施。

2. 方法选择

铅的测定方法有电感耦合等离子体质谱法（HJ 700—2014）、原子吸收分光光度法（GB 7475—1987）、双硫腙分光光度法（GB 7470—1987）、示波极谱法和阳极溶出伏安法等。

（四）铜

1. 测定意义

铜是人体必不可少的元素，人体缺乏铜会导致贫血、毛发异常、骨和动脉异常，以至脑障碍。但如过剩，则会引起肝硬化、腹泻、呕吐、运动障碍和知觉神经障碍。成人适宜摄入量为 2 mg/（人 · d），每人可耐受最高摄入量为 8mg/d，过量摄入对人体有害，可能造成中毒，包括急性铜中毒、肝豆状核变性、儿童肝内胆汁淤积等病症。饮用水中铜的含量在很大程度上取决于水管和水龙头的种类，其含量可高达 1 mg/L，说明通过饮水摄入的铜含量是很可观的。铜的毒性大小主要取决于其形态。铜的主要污染来源是铜锌矿的开采和冶炼、金属加工、机械制造、钢铁生产、石油化工和化学工业等部门排放的废水。

2. 方法选择

铜的测定方法有电感耦合等离子体质谱法（HJ 700—2014）、二乙基二硫代氨基甲酸钠分光光度法（HJ 485—2009）、2，9-二甲基-1，10-邻菲啰啉分光光度法（HJ 486—2009）、原子吸收分光光度法（GB 7475—1987），还有示波极谱法和阳极溶出伏安法。

（五）锌

1. 测定意义

锌是人体必需的微量元素之一，在人体生长发育、生殖遗传、免疫、内分泌等重要生理过程中起着极其重要的作用，被人们冠以“生命之花”“智力之源”“婚姻和谐素”的美称。碱性水中锌的浓度超过 5.0 mg/L 时，水产生涩味，并出现乳白色浑浊。水中含锌 1.0 mg/L 时，对水体的生物氧化过程有轻微的抑制作用。锌对白鲢鱼的安全浓度为 0.1 mg/L，农田灌溉水中含锌量低于 10 mg/L 时，对水稻、小麦的生长无影响。

锌的主要污染源是锌矿开采、冶炼加工、机械制造以及镀锌、仪器仪表、有机物合成和造纸等工业的排放废水。

2. 方法选择

锌的测定方法有电感耦合等离子体质谱法（HJ 700—2014）、原子吸收分光光度法（GB 7475—1987）和双硫腙分光光度法（GB 7472—1987），还有示波极谱法和阳极溶出伏安法。

（六）铬

1. 测定意义

铬（Cr）的化合物常见的价态有三价和六价，价态不同，对生物的影响也迥然不同。三价铬是一种人体必需的微量元素，能参与人体的正常糖代谢过程，而水溶性的六价铬的毒性是三价铬的 100 倍，被列为对人体危害最大的化学物质之一，是国际公认的致癌金属物之一，也是“中国环境优先污染物黑名单”上优先监测的重金属之一。六价铬易被人体吸收而在人体内蓄积，因此我国把水中六价铬规定为实施总量控制的指标之一。如误食，可致腹部不适及腹泻等中毒症状，引起过敏性皮炎或湿疹；如呼吸进入，则对呼吸道有刺激和腐蚀作用，引起咽炎、支气管炎等。水污染严重地区居民，经常接触或过量摄入者，易得鼻炎、结核病、腹泻、支气管炎、皮炎等。即使是六价铬，不同的化合物毒性也是不同的。当水中三价铬浓度为 1 mg/L 时，水的浊度明显增加，六价铬的浓度为 1 mg/L 时，水呈淡黄色且有涩味。

铬污染主要来源于劣质化妆品原料、皮革制剂、金属部件镀铬部分，工业颜料以及鞣革、橡胶和陶瓷原料等。

2. 方法选择

铬的测定方法有电感耦合等离子体质谱法（HJ 700—2014）、真空检测测管-电子比色法（HJ 659—2013）和二苯碳酰二肼分光光度法（GB 7467—1987），还有硫酸亚铁铵滴定法等。

（七）砷

1. 测定意义

砷（As）是人体非必需元素，但由于所处的环境中都含有砷，使其成为人和动物的构成元素。砷是一种毒性很高的原生质毒物，但元素砷的毒性很小，其化合物均有剧毒，其中三价砷化合物的毒性较其他砷化合物毒性更强。在正常情况下，人每天从食物和水、空气中摄入砷的总量为 100 μg 左右，每天从粪便、尿、汗腺和汁中排出的总量也约为 100 μg，因此不会引起中毒。但当人体的摄入量超过排出量，就能引起不同程度的危害。砷中毒可使细胞正常代谢发生障碍，导致细胞死亡。砷对人体的中毒剂量为 0.01 ~ 0.052 g，致死量为 0.06 ~ 0.2 g。砷可以通过呼吸、皮肤接触、饮食等途径侵入人体，与蛋白质和酶中的巯基结合，使酶失去活性，抑制体内许多生化过程，引起细胞代谢的严重紊乱。长期摄入低剂量的砷，经过十几年甚至几十年的体内蓄积才发病。

2. 方法选择

砷的测定方法有电感耦合等离子体质谱法（HJ 700—2014）、原子荧光法（HJ 694—2014）、二乙基硫代氨基甲酸银分光光度法（GB 7485—1987）和新银盐分光光度法（GB 11900—1989）等。

（八）其他金属的测定

1. 测定意义

水体中的金属元素有些是人体必需的常量或微量元素，如 K、Ca、Na、Mg，有些是对人体有害的元素，如 Hg、Cr、Pb、Cd 等，随着“三废”污染的增加，水体中有害金属化合物的含量也在不断增加。因此，根据水和废水污染类型和对用水水质的要求不同，有时还需要测定其他金属元素。

2. 方法选择

常见其他金属化合物监测方法见表 5-2，详细内容可以查阅《水和废水监测分析方法》和其他水质监测资料。

表 5-2 常见其他金属化合物的监测方法

元素	分析方法	方法来源	测定浓度范围
钾	电感耦合等离子体质谱法	HJ 700—2014	4.50 ~ 18.0 μg/L
	火焰原子吸收光谱法	GB/T 14640—2008	0.3 ~ 50 mg/L
钠	原子吸收光谱法	GB/T 14640—2008	5 ~ 500 mg/L
钙	电感耦合等离子体质谱法	HJ 700—2014	6.61 ~ 26.4 μg/L
	EDTA 滴定法	GB 7476—1987	2 ~ 100 mg/L
	原子吸收法	GB 11905—1989	0.6 ~ 6 mg/L
镁	电感耦合等离子体质谱法	HJ 700—2014	1.94 ~ 7.76 μg/L
	EDTA 滴定法	GB 7477—1987	0.05 mmol/L 以上
	原子吸收法	GB 11905—1989	0.01 ~ 0.6 mg/L
铁	电感耦合等离子体质谱法	HJ 700—2014	0.82 ~ 3.28 μg/L
	原子吸收法	GB11911—1989	0.03 mg/L 以上
	邻菲啰啉分光光度法	HJ/T 345—2007	0.12 ~ 5.0 mg/L
	EDTA 滴定法	HZ-HJ-SZ-0119	5 ~ 20 mg
锰	电感耦合等离子体质谱法	HJ 700—2014	0.12 ~ 0.48 μg/L
	真空检测管-电子比色法	HJ 659—2013	0.5 mg/L 以上
	原子吸收法	GB11911—1989	0.01 mg/L 以上
	高锰酸钾分光光度法	GB 11906—1989	0.02 ~ 3.0 mg/L
	甲醛肟分光光度法	HJ/T344—2007	0.05 ~ 4.0 mg/L
镍	电感耦合等离子体质谱法	HJ 700—2014	0.06 ~ 0.24 μg/L
	真空检测管-电子比色法	HJ 659—2013	0.2 mg/L 以上

续表

元素	分析方法	方法来源	测定浓度范围
镍	原子吸收法	GB 11912—1989	0.05 ~ 5.0 mg/L
	丁二酮分光光度法	GB 11910—1989	0.25 ~ 10 mg/L
铍	电感耦合等离子体质谱法	HJ 700—2014	0.04 ~ 0.16 μg/L
	石墨炉原子吸收法	HJ/T 59—2000	0.04 ~ 4 μg/L
	活性炭吸附-铬天菁 S 分光光度法	HZ-HJ-SZ-1005	0.001 ~ 0.028 mg/L
	铬菁 S 分光光度法	HJ/T 58—2000	0.7 ~ 40 μg/L
硒	电感耦合等离子体质谱法	HJ 700—2014	0.41 ~ 1.64 μg/L
	2，3-二氨基萘荧光法	GB 11902—1989	0.25 μg/L 以上
	3，3-二氨基联苯胺分光光度法	—	—
	原子荧光法	HJ694-2014	1.6 μg/L 以上
	气相色谱法	HZ-HJ-SZ-0125	0.2 mg/L 以上

二、非金属化合物的测定

（一）非金属无机物的测定

水体中非金属无机污染物的种类很多，进行监测的项目主要有 pH 值、溶解氧（DO）、硫化物、氰化物、氟化物、含氮化合物等。

1. pH 值

1）测定意义

pH 值是溶液中氢离子活度的负对数，即

$$pH = -\lg \alpha_{H^+} \tag{5.4}$$

pH 值是最为常用和重要的水质监测指标之一，可以间接地表示水的酸碱程度。天然水的 pH 值在 6 ~ 9 之间，饮用水的 pH 值要求控制在 6.5 ~ 8.5 之间，工业废水的 pH 值一般控制较为严格。

2）方法选择

饮用水、地表水及工业废水 pH 值的测定采用玻璃电极法（GB 6920—1986）；色度和浑浊度甚低的生活饮用水及水源水 pH 值的测定可采用比色法，pH 值可以准确到 0.1。

2. 溶解氧（DO）

1）测定意义

溶解于水中的分子态氧称为溶解氧，用 DO 表示。天然水中的溶解氧的饱和含量与大气压力、水温及含盐量等因素有关。

清洁地表水的溶解氧接近饱和。当水体含有有机物或还原性污染物时，消耗水中的溶解氧，会使溶解氧含量降低，甚至可接近于零，此时厌氧菌繁殖活跃，导致水质恶化。当水中的溶解氧低于 4.0 mg/L 时，水中的鱼类将会窒息死亡。所以水中的溶解氧虽然不是污染物质，但是通过溶解氧的测量，可以大体估计水体中以有机物为主的还原性物质的含量，是衡量水体水质的综合性指标。

2）方法选择

水源水、地表水等清洁水中溶解氧（DO）的测定可采用碘量法（GB 7489—1987），地表水、地下水、生活污水、工业废水和盐水中溶解氧的测定可采用电化学探头法（HJ 506—2009）。

3. 硫化物

1）测定意义

地下水（特别是温泉水）及生活污水常含有硫化物，通常地表水中的硫化物含量不高。当地表水受到污染时，在厌氧条件下，水中的硫酸盐和含硫有机物在微生物的作用下分解而产生硫化物。水中的硫化物包括溶解性的 H_2S、HS^-、S^{2-}，存在于悬浮物中的不溶性硫化物、酸可溶的金属硫化物，以及未电离的有机、无机类硫化物。

硫化氢易从水中逸散出来，产生臭味，且为强烈的神经毒物，对黏膜有明显的刺激作用。硫化氢除自身能腐蚀金属外，还可以在微生物的作用下被氧化成硫酸，加剧其腐蚀性，因此，硫化物是水体污染的一项重要指标。

2）方法选择

（1）水样预处理。

① 乙酸锌沉淀-过滤法。

当水样中只含有少量硫代硫酸盐、亚硫酸盐等干扰物质时，可将现场采集并已固定的水样，用中速定量滤纸或玻璃纤维滤膜进行过滤，然后按含量高低选择适当方法，直接测定沉淀中的硫化物。

② 酸化-吹气法。

若水样中存在悬浮物或浑浊度高、色度深时，可将现场采集固定后的水样加入一定量的磷酸，使水样中的硫化锌转变为硫化氢气体，利用载气将硫化氢吹出，用乙酸锌-乙酸钠溶液或 2%氢氧化钠溶液吸收，再行测定。

③ 过滤-酸化-吹气分离法。

若水样污染严重，不仅含有不溶性物质及影响测定的还原性物质，并且浊度和色度都高时，宜用此法，即将现场采集且固定的水样，用中速定量滤纸或玻璃纤维滤膜过滤后，按酸化吹气法进行预处理。

预处理操作是测定硫化物的一个关键性步骤，应注意既消除干扰物的影响，又不致造成硫化物的损失。

（2）硫化物的测定方法。

硫化物的测定方法有亚甲基蓝分光光度法（GB/T 16489—1996）、直接显色分光光度法（GB/T 17133—1997）、碘量法（HJ/T 60—2000）、气相分子吸收光谱法（HJ/T 199—2005）、电子比色法（HJ 659—2013）和电位滴定法等。

4. 氰化物

1）测定意义

氰化物属于剧毒物质，主要以简单氰化物、配合氰化物和有机氰化物形式存在。氰化物进入人体后析出氰离子，与细胞线粒体内氧化型细胞色素氧化酶的三价铁结合，阻止氧化酶中的三价铁还原，妨碍细胞正常呼吸，组织细胞不能利用氧，造成组织缺氧，导致机体陷入内窒息状态。另外某些腈类化合物的分子本身具有直接对中枢神经系统的抑制作用。

地表水一般不含氰化物，主要来源是电镀、选矿、焦化、冶炼、有机玻璃制造、农业等行业废水的排放。

2）方法选择

（1）水样预处理。

① 总氰化物。

向水样中加入磷酸和 EDTA 二钠，在 pH 小于 2 的条件下，加热蒸馏，可将全部简单氰化物和除钴氰络合物外的绝大部分络合氰化物以氰化氢形式蒸馏出来，用氢氧化钠溶液吸收待测。

② 易释放氰化物。

向水样中加入酒石酸和硝酸锌，在 pH 等于 4 的条件下，加热蒸馏，简单氰化物和部分络合氰化物（如锌氰络合物）以氰化氢形式被蒸馏出，用氢氧化钠溶液吸收待测。

（2）氰化物的测定方法。

氰化物值的测定方法有硝酸银滴定法、异烟酸-吡唑啉酮分光光度法、异烟酸-巴比妥酸分光光度法、吡啶-巴比妥酸分光光度法（HJ 484—2009）和真空检测管-电子比色法（HJ 659—2013）。

5. 氟化物

1）测定意义

氟广泛存在于自然水体中，是人体必需的微量元素之一，缺氟易患龋齿病，我国饮用水中适宜的氟浓度是 0.5 ~ 1.0 mg/L。当长期饮用氟含量高于 1.0 mg/L 的水时，则易患斑齿病；如水中氟浓度高于 4.0 mg/L 时，则可导致氟骨病。

氟化物污染主要来源于钢铁、有色冶金、铝加工、玻璃、陶瓷、电子、电镀、化肥农药以及含氟矿业等排放的工业废水。

2）方法选择

（1）水样预处理。

① 水蒸气蒸馏法。

水中氟化物在含高氯酸（或硫酸）的溶液中，通入水蒸气，以氟硅酸或氢氟酸形式而被蒸出。

② 直接蒸馏法。

在沸点较高的酸溶液中，氟化物以氟硅酸或氢氟酸的形式被蒸出，使其与水中干扰物分离。

（2）氟化物的测定方法。

氟化物的测定方法有真空检测管-电子比色法、氟试剂分光光度法、茜素磺酸锆目视比色法、离子色谱法、氟离子选择电极法和硝酸钍容量法等。

6. 含氮化合物

含氮化合物包括无机氮和有机氮，自然界的氮循环是平衡的。由于含有大量含氮化合物的生活污水和工业废水被人们排放到水体中，氮自然循环平衡遭到破坏，水质恶化，是产生水体富营养化的主要原因。

有机氮在微生物作用下，逐渐被分解成无机氮，以氨氮、亚硝酸盐氮、硝酸盐氮的形式存在，因此测定水样中各种形态的含氮化学物，有助于评价水体被污染和自净的情况。

1）氨氮

（1）测定意义。

氨氮（NH_3-N）以游离氨（NH_3）或铵盐（NH_4^+）的形式存在于水中，两者的组成比例取决于水中的 pH 值和水温。当 pH 值偏高时，游离氨的比例较高；当 pH 值偏低时，铵盐的比例较高。

（2）方法选择。

① 水样的预处理。

水样带有颜色或浊度以及含有一些其他的干扰物质时，将会影响水样氨氮的测定，为消除干扰，需要对水样进行预处理。较为清洁的水，可采用絮凝沉淀法；

对于污染严重的水或废水应采用蒸馏法。

a. 絮凝沉淀法。

在水样中加入适量的硫酸锌溶液，然后加入氢氧化钠溶液，生成氢氧化锌沉淀，再经过过滤就可以除去颜色和浊度等。

b. 蒸馏法。

调节水样的 pH 值为 6.0 ~ 7.4，加适量氧化镁使其呈微碱性（或加入 pH 值为 9.5 的 $Na_4B_4O_7$-NaOH 缓冲溶液使其呈弱碱性）蒸馏，释放的氨被吸收入硫酸或硼酸溶液中。采用纳氏试剂分光光度法和滴定法时用硼酸为吸收液，采用水杨酸分光光度法时则以硫酸为吸收液。

② 氨氮的测定方法。

氨氮的测定方法有电子比色法（HJ 659—2013）、连续流动-水杨酸分光光度法（HJ 665—2013）、流动注射-水杨酸分光光度法（HJ 666—2013）、纳氏试剂分光光度法（HJ 535—2009）、水杨酸分光光度法（HJ 536—2009）、蒸馏-中和滴定法（HJ 537—2009）、气相分子吸收光谱法（HJ/T 195—2005）和电极法等。

2）亚硝酸盐氮

（1）测定意义。

亚硝酸盐氮（NO_2^--N）是氮循环的中间产物，不稳定。在水体中氧和微生物的作用下，可被氧化成硝酸盐；在缺氧的条件下也可被还原为氨。亚硝酸盐能使血液中正常携氧的低铁血红蛋白氧化成高铁血红蛋白，因而失去携氧能力而引起组织缺氧。亚硝酸盐是剧毒物质，成人摄入 0.2 ~ 0.5 g 即可引起中毒，3 g 即可致死。亚硝酸盐在人体内外与仲胺类作用形成亚硝胺类，它在人体内达到一定剂量时是致癌、致畸、致突变的物质，可严重危害人体健康。

（2）方法选择。

亚硝酸盐氮的测定方法有电子比色法（HJ 659—2013）、气相分子吸收光谱法（HJ/T 197—2005）、离子色谱法（HJ/T 84—2001）和分光光度法（GB 7493—1987）等。

3）硝酸盐氮

（1）测定意义。

硝酸盐氮（NO_3^--N）是含氮有机物氧化分解的最终产物。如水体中仅有硝酸盐含量增高，氨氮（NH_3-N）、亚硝酸盐氮（NO_2^--N）含量均低甚至没有，说明污染时间已久，现已趋向自净。人体摄入硝酸盐后，经肠道中的微生物作用转变成亚硝酸盐而呈现毒性作用。

（2）方法选择。

硝酸盐氮的测定方法有电子比色法（HJ 659—2013）、紫外分光光度法（HJ/T 346—2007）、气相分子吸收光谱法（HJ/T 198—2005）、离子色谱法（HJ/T 84—2001）、酚二磺酸分光光度法（GB 7480—1987）、镉柱还原法和戴氏合金还原法等。

4）凯氏氮

（1）测定意义。

凯氏氮是指以基耶达（Kjeldahl）法测得的含氮量。它包括氨氮和在此条件下能转化为铵盐而被测定的有机氮化合物。此类有机氮化合物主要有蛋白质、氨基酸、肽、胨、核酸、尿素以及合成的氮为负三价形态的有机氮化合物，但不包括叠氮化合物、硝基化合物等。

在水处理领域，一般认为总氮=总凯氏氮+硝氮+亚硝氮，凯氏氮=有机氮+氨氮。

（2）方法选择。

凯氏氮的测定方法有气相分子吸收光谱法（HJ/T 196—2005）和蒸馏光度法（GB 11891—1989）等。

5）总氮

（1）测定意义。

总氮的定义是水中各种形态无机和有机氮的总量，包括 NO_3^-、NO_2^-和 NH_4^+ 等无机氮和蛋白质、氨基酸和有机胺等有机氮，简称为 TN，以每升水含氮毫克数计算。

水中的总氮含量是衡量水质的重要指标之一。其测定有助于评价水体被污染和自净状况。地表水中氮、磷物质超标时，微生物大量繁殖，浮游生物生长旺盛，出现富营养化状态。

（2）方法选择。

总氮的测定方法有碱性过硫酸钾消解紫外分光光度法（HJ 636—2012）和气相分子吸收光谱法（HJ/T 199—2005）。

7. 其他非金属无机物

根据水体类型和对水质要求的不同，还可能需要测定其他非金属无机化合物，如氯化物、碘化物、硫酸盐、含磷化合物、余氯、二氧化氯等。对于这些项目的测定方法可以查阅《水和废水监测分析方法》和其他水质监测资料。

（二）有机物的测定

1. 化学需氧量（COD）

1）测定意义

水样在一定条件下，以氧化 1 L 水样中还原性物质所消耗的氧化剂的量为指标，折算成每升水样全部被氧化后，需要的氧的毫克数，以 mg/L 表示。它反映了水中受还原性物质污染的程度。水中的还原性物质有各种有机物、亚硝酸盐、硫化物、亚铁盐等，但主要是有机物。因此，化学需氧量（COD）又往往作为衡量水中有机物质含量多少的指标。化学需氧量越大，说明水体受有机物的污染越严重。

2）方法选择

COD 的测定方法有电子比色法（HJ 659—2013）、快速消解分光光度法（HJ/T 399—2007）、重铬酸盐法（GB 11914—1989）、碘化钾碱性高锰酸钾法（HJ/T 132—2003）和氯气校正法（HJ/T 70—2001）。

2. 高锰酸盐指数

1）测定意义

高锰酸盐指数在以往的水质监测分析中，亦被称为锰法的化学需氧量。但是，由于这种方法在规定条件下，水中有机物只能部分被氧化，并不是理论上的需氧量，也不能反映水体中总有机物含量的尺度。我国新的环境水质标准中，已把该值改称为高锰酸盐指数，国际标准化组织（ISO）建议高锰酸钾法仅限于测定地表水、饮用水和生活污水，不适用于工业废水。

按测定溶液的介质不同，分为酸性高锰酸钾法和碱性高锰酸钾法。因为在碱性条件下，高锰酸钾的氧化能力比酸性条件下稍弱，故常用于测定含氯离子浓度较高的水样，此时不能氧化水中的氯离子。

酸性高锰酸钾法适用于氯离子含量不超过 300 mg/L 的水样。当高锰酸盐指数超过 5 mg/L 时，应少取水样并经稀释后再测定。

2）方法选择

高锰酸盐指数的测定方法有酸性高锰酸钾法和碱性高锰酸钾法（GB 11892—1989）。前者适用于饮用水、水源水和地表水高锰酸盐指数的测定，后者适用于氯化物浓度高于 300 mg/L 的饮用水、水源水和地表水高锰酸盐指数的测定。

3. 生化需氧量（BOD）

1）测定意义

生化需氧量或生化耗氧量是指在溶解氧充足的条件下，好氧微生物在分解水中有机物的生物化学过程中所消耗的溶解氧的量，以氧的 mg/L 表示。好氧微生物分解水中的有机物的同时，也会因氧化硫化物、亚铁等还原性无机物质消耗溶解氧，但这部分溶解氧所占比例很小。

有机物在微生物作用下好氧分解分为两个阶段。第一阶段称为碳化阶段，主要是含碳有机物被氧化为二氧化碳和水，完成碳化阶段在 20 °C 大约需要 20 d 左右。第二阶段称为硝化阶段，主要是含氮有机化合物在硝化菌的作用下分解为亚硝酸盐和硝酸盐，完成硝化阶段在 20 °C 大约需要 100 d 左右。这两个阶段同时进行，但各有主次。微生物分解有机物是一个缓慢过程，一般在碳化阶段开始 5 ~ 10 d 后，硝化阶段才刚刚开始。目前国内外广泛采用（20±1）°C 培养 5 d 所消耗的溶解氧的量，即 BOD_5。

BOD_5 是反映水体被有机污染程度的综合指标，也是研究污水的可生化降解性和生化处理效果，以及生化处理污水工艺设计和动力学研究中的重要参数。

2）方法选择

BOD_5 的测定方法有稀释接种法（HJ 505—2009）和微生物传感器快速测定法（HJ/T 86—2002）。

4. 总有机碳（TOC）

1）测定意义

水中有机物的种类很多，目前还不能全部进行分离鉴定，常以“总有机碳（TOC）”表示。TOC 是一个快速检定的综合指标，它以碳的数量表示水中含有机物的总量。

总有机碳量的测定采用燃烧法，能将有机物全部氧化，比生化需氧量或化学需氧量更能反映有机物的总量。

2）方法选择

近年来，国内外已研制成各种类型的 TOC 分析仪。按工作原理不同，可分为燃烧氧化-非分散红外吸收光谱法（HJ 501—2009）、气相色谱法、湿法氧化-非分散红外吸收法、电导法等。其中燃烧氧化-非分散红外吸收光谱法只需要一次性转化，流程简单、重现性好、灵敏度高，因此这类型的 TOC 分析仪在国内外广泛被采用。

5. 总需氧量（TOD）

1）测定意义

总需氧量（TOD）是指水中能被氧化的物质，主要是有机物质在燃烧中变成稳定的氧化物时所需要的氧量，结果以 O_2 的 mg/L 表示。

TOD 能反映几乎全部有机物质经燃烧后变成 CO_2、H_2O、NO、SO_2 等所需要的氧量。它比 BOD、COD 和高锰酸盐指数更接近于理论需氧量值。但它们之间也没有固定的相关关系。有的研究者指出，BOD_5/TOD 为 0.1 ~ 0.6，COD/TOD 为 0.5 ~ 0.9，具体比值取决于废水的性质。

TOD 和 TOC 的比例关系可粗略判断有机物的种类。对于含碳化合物，因为一个碳原子消耗两个氧原子，即 $O_2/C=2.67$，因此从理论上说，TOD=2.67 TOC。若某水样的 TOD/TOC 为 2.67 左右，可认为主要是含碳有机物；若 TOD/TOC>4.0，则应考虑水中有较大量含 S、P 的有机物存在；若 TOD/TOC<2.6，就应考虑水样中硝酸盐和亚硝酸盐可能含量较大，它们在高温和催化条件下分解放出氧，使 TOD 测定呈现负误差。

2）方法选择

用 TOD 测定仪测定 TOD 的原理是将一定量水样注入装有铂催化剂的石英燃烧管，通入含已知氧浓度的载气（氮气）作为原料气，则水样中的还原性物质在 900 °C 下被瞬间燃烧氧化。测定燃烧前后原料气中氧浓度的减少量，便可求得水样的总需氧量值。

6. 挥发酚

1）测定意义

根据酚类能否与水蒸气一起蒸出，分为挥发酚和不挥发酚。酚类为原生质毒，属高毒物质，人体摄入一定量会出现急性中毒症状；长期饮用被酚污染的水，可引起头痛、出疹、瘙痒、贫血及各种神经系统症状。当水中含酚 0.1 ~ 0.2 mg/L 时，鱼肉有异味；大于 5 mg/L 时，鱼中毒死亡。含酚浓度高的废水不宜用于农田灌溉，否则会使农作物枯死或减产。常根据酚的沸点、挥发性和能否与水蒸气一起蒸出，分为挥发酚和不挥发酚。通常认为沸点在 230 °C 以下的为挥发酚，一般为一元酚；沸点在 230 °C 以上为不挥发酚。苯酚、甲酚、二甲酚均为挥发酚，二元酚、多元酚属不挥发酚。酚的主要污染源有煤气洗涤、炼焦、合成氨、造纸、木材防腐和化工行业的工业废水。

2）方法选择

挥发酚的测定方法有蒸馏后溴化容量法（HJ 502—2009）和蒸馏后 4-氨基安替比林分光光度法（HJ 503—2009）。

7. 油类

1）测定意义

环境水体中的油类包含矿物油（主要为石油）和动植物油，其中石油类主要来自工业废水和生活污水的污染，而动植物油则主要来自生活污水的污染。油类物质漂浮于水体表面，将影响空气与水体界面氧的交换；分散于水中以及吸附于悬浮微粒上或以乳化状态存在于水体中的油，被微生物氧化分解，将消耗水中的溶解氧，使水质恶化。

2）方法选择

水中石油类物质检测方法很多，质量法是其中之一。质量法是测油时常用的分析方法，它不受油品种限制，但操作复杂，灵敏度低，只适于测定 10 mg/L 以上的含油样品，以硫酸酸化水样，用石油醚萃取油，蒸出石油醚后，称其质量。

红外分光光度法可测定水中的总油、石油的含量，并通过总油和石油的差值计算出动植物油的含量，该方法重现性好、准确度高、灵敏度高、测定范围宽，是目前中国测定油类的标准方法。

8. 阴离子表面活性剂

1）测定意义

阴离子表面活性剂是普通合成洗涤剂的主要活性成分，使用最广泛的阴离子表面活性剂是直链烷基苯磺酸钠（LAS）。

2）方法选择

阳离子燃料亚甲蓝与阴离子表面活性剂作用，生成蓝色的盐类，统称为亚甲蓝活性物质（MBAS），该生物可被氯仿萃取，其色度与浓度呈正比，用分光光度计在波长 652 nm 处测量氯仿层的吸光度。

任务七　六价铬的测定

实施方法及步骤

1. 原理

在酸性溶液中，六价铬与二苯碳酰二肼反应生成紫色化合物，于波长 540 nm 处进行分光光度测定。

2. 试剂

（1）丙酮。

（2）浓硫酸：H_2SO_4，ρ=1.84 g/mL，优级纯。

（3）（1+1）硫酸溶液：将硫酸（ρ=1.84 g/mL）缓缓加入到同体积的水中，混匀。

（4）（1+1）磷酸溶液：将磷酸（H_3PO_4，ρ=1.69 g/mL，优级纯）与水等体积混合。

（5）4g/L 氢氧化钠溶液：将氢氧化钠（NaOH）1g 溶于水并稀释至 250 mL。

（6）氢氧化锌共沉淀剂。

① 8%（*m*/*V*）硫酸锌溶液：称取硫酸锌（$ZnSO_4 \cdot 7H_2O$）8g，溶于 100 mL 水中。

② 2%（*m*/*V*）氢氧化钠溶液：称取 2.4g 氢氧化钠，溶于 120 mL 水中。

将上述两溶液混合。

（7）高锰酸钾溶液（ρ=40 g/L）：称取高锰酸钾（$KMnO_4$）4 g，溶于水后加热和搅拌，最后稀释至 100 mL。

（8）铬标准贮备液（ρ=100 μg/mL）：称取 110 °C 干燥 2 h 的重铬酸钾（$K_2Cr_2O_7$，优级纯）（0.2829±0.0001）g，用水溶解后，移入 1000 mL 容量瓶中，用水稀释至刻度线，摇匀。此溶液的浓度为 100 μg/mL。

（9）铬标准溶液（ρ=1.00 μg/mL）：吸取 5.00 mL 铬标准贮备液置于 500 mL 容量瓶中，用水稀释至刻度线，摇匀。此溶液六价铬的质量浓度为 1.00 μg/mL。使用当天配制此溶液。

（10）铬标准溶液（ρ=5 μg/mL）：吸取 25.00 mL 铬标准贮备液置于 500 mL 容量瓶中，用水稀释至刻度线，摇匀。此溶液六价铬的质量浓度为 5.00 μg/mL。使用当天配制此溶液。

（11）尿素溶液（ρ=200 g/L）：取尿素[（NH_2）$_2CO$] 20 g 溶于水并稀释至 100 mL。

（12）亚硝酸钠溶液（ρ=20g/L）：取亚硝酸钠（$NaNO_2$）2 g 溶于水并稀释至 100 mL。

（13）显色剂（Ⅰ）：称取二苯碳酰（$C_{13}H_{14}N_4O$）0.2 g，溶于 50 mL 丙酮中，加水稀释至 100 mL，摇匀。此溶液贮于棕色瓶，放至冰箱中。色变深后，不能使用。

（14）显色剂（Ⅱ）：称取二苯碳酰二肼 2 g，溶于 50 mL 丙酮中，加水稀释至 100 mL，摇匀，贮于棕色瓶，置冰箱中。色变深后，不能使用。

注：显色剂（Ⅰ）也可按以下方法配制：称取 4.0 g 苯二甲酸酐（C_6H_4O），加到 80 mL 乙醇中，搅拌溶解（必要时可用水浴微温），加入 0.5 g 二苯碳酰二肼，用水稀释至 100 mL。此溶液于暗处保存六个月。使用时要注意加入显色剂后立即摇匀，以免六价铬被还原。

3. 仪器

所用仪器包括一般实验仪器和分光光度计。

注：所有玻璃器皿内壁须光洁，以免吸附铬离子。不得用重铬酸钾洗涤。可用硝酸、硫酸混合液或合成洗涤剂洗涤，洗涤后要冲洗干净。

4. 采样与样品

实验室样品应使用玻璃瓶采集。采集时，加入氢氧化钠，调节 pH 值约为 8。并在采集后尽快测定，如放置，不要超过 24 h。

5. 步骤

1）样品的预处理

（1）样品不含悬浮物，最低色度的清洁地表水可直接测定。

（2）色度校正：如样品有色但不太深时，按测定步骤 3）另取一份试样，以 2 mL

丙酮代替显色剂，其他步骤同以下步骤 3）。试样测得的吸光度扣除此色度校正吸光度后，再行计算。

（3）锌盐沉淀分离法：对混浊、色度较深的样品可用此法处理。

取适量样品（含六价铬少于 100 μg）于 150 mL 烧杯中加水至 500 mL。滴加 4 g/L 氢氧化钠溶液，调节 pH 值为 7 ~ 8。在不断搅拌下，滴加氢氧化锌共沉淀剂至溶液，pH 值为 8 ~ 9。将此溶液转移至 100 mL 容量瓶中，用水稀释至标线。用慢速滤纸干过滤，弃去 10 ~ 20 mL 初滤液，取其中 50.0 mL 滤液供测定。

注：当样品经锌盐沉淀分离前处理后仍含有机物干扰测定时，可用酸性高锰酸钾氧化法破坏有机物后再测定，即取 50.0 mL 滤液于 150 mL 锥形瓶中，加入几粒玻璃珠，加入 0.5 mL（1+1）硫酸溶液，0.5 mL（1+1）磷酸溶液，摇匀。加入 2 滴（c=40 g/L）高锰酸钾溶液，如紫红色消退，则应添加高锰酸钾溶液保持紫红色。加热煮沸至溶液体积约剩 20 mL 取下稍冷，用定量中速滤纸过滤，用水洗涤数次，合并滤液和洗液至 50 mL 比色管中。加入 1 mL 的尿素溶液，摇匀。用滴管滴加亚硝酸钠溶液，每加一滴充分摇匀，至高锰酸钾的紫红色刚好褪去。稍停片刻，待溶液内气泡逸尽，转移至 50 mL 比色管中，用水稀释至标线，供待定用。

（4）二价铁、亚硫酸盐、硫代硫酸盐等还原性物质的消除：取适量样品（含六价铬少于 50 μg）于 50 mL 比色管中，用水稀释至标线，加入 4 mL 显色剂（Ⅱ），混匀，放置 5 min 后，加入 1 mL（ρ=1.84 g/mL）硫酸，摇匀。5 ~ 10 min 后，在 540 nm 波长处，用 10 或 30 mm 光程的比色皿以水作参比，测定吸光度。扣除空白试验验得的吸光度后，从校准曲线查得六价铬含量。用同法做校准曲线。

（5）次氯酸盐等氧化物质的消除：取适量样品（含六价铬少于 50μg）于 50mL 比色管中，用水稀释至刻线加入 0.5mL 硫酸溶液，0.5mL 磷酸溶液，1.0 mL 尿素溶液（c=200 g/L），摇匀，足滴加入 1mL 亚硝酸钠溶液，边加边摇匀，以除去由过量的亚硝酸钠与尿素反应生成的气泡，待气泡除尽后，进行如下测定步骤（免去加硫酸溶液和磷酸溶液）。

2）空白试验

按同试剂完全相同的处理步骤进行空白试验，仅用 50 mL 水代替试样。

3）测定

取适量（含六价铬少于 50 μg）无色透明试样，置于 50 mL 比色管中，用水稀释至标线。加入 0.5 mL 硫酸溶液（ρ=1.84 g/mL）和 0.5 mL（1+1）磷酸溶液，摇匀。加入 2 mL 显示剂（Ⅰ），摇匀，5 ~ 10 min 后，从校准曲线上查得六价铬的含量。

注：如经锌盐沉淀分离，高锰酸钾氧化法处理的样品，可直接加入显示剂测定。

4）校准

向一系列 50 mL 比色管中分别加入 0、0.20、0.50、1.00、2.00、4.00、6.00、8.00、10.0 mL 铬标准溶液（如经锌盐沉淀分离法前处理，应加倍吸取），用水稀释至标线。然后按照测定试样步骤 1）和 3）进行处理。

从测得的吸光度减去空白试验的吸光度后，绘制以六价铬的量对吸光度的曲线。

6. 结果的表示

六价铬质量浓度 ρ（mg/L）按式（5.5）计算：

$$\rho=m/V \tag{5.5}$$

式中：m——由校准曲线查得的试份中六价铬含量，μg；

V——试份体积，mL。

六价铬含量低于 0.1mg/L，结果以三位小数表示；六价铬含量高于 0.1mg/L，结果以三位有效数字表示。

任务八　铁的测定

实施方法及步骤

1. 原理

亚铁离子在 pH 为 3～9 的溶液中与邻菲啰啉生成稳定的橙红色络合物，其反应式为

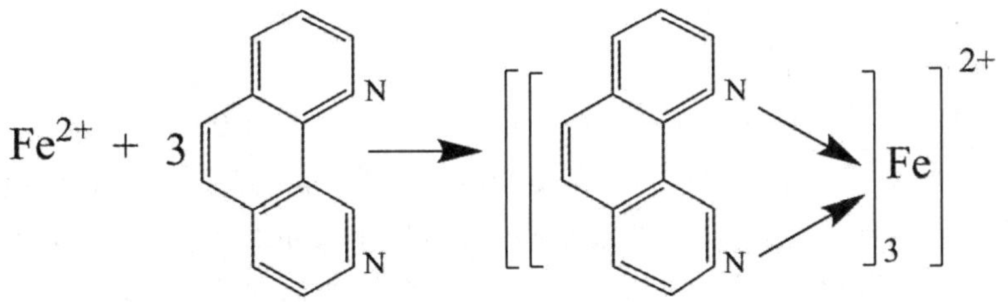

此络合物在避光时可稳定保存半年。测量波长为 510 nm，其摩尔吸光度为 1.1×10^4 L·mol^{-1}·cm^{-1}。若用还原剂（如盐酸羟胺）将高铁离子还原，则本方法可测高铁离子及总铁含量。

2. 试剂和溶液

（1）盐酸（HCl）：$\rho_{20}=1.18\ \text{g/mL}$，优级纯。

（2）（1+3）盐酸。

（3）10%（*m*/*V*）盐酸羟胺溶液。

（4）缓冲溶液：40 g 乙酸铵加 50 mL 冰乙酸用水稀释至 100 mL。

（5）0.5%（*m*/*V*）邻菲啰啉水溶液，加数滴盐酸帮助溶解。

（6）铁标准贮备液：准确称取 0.7020 g 硫酸亚铁铵（$(NH_4)_2Fe(SO_4)_2 \cdot 6H_2O$），溶于（1+1）硫酸 50 mL 中，移至 1000 mL 容量瓶（A 级）中，加水至标线，摇匀。此溶液的质量浓度为 $\rho(Fe^{2+}) = 100\ \mu g / mL$。

（7）铁标准使用液：准确移取铁标准贮备液 25.00 mL 置 100 mL 容量瓶中，加水至标线，摇匀，此溶液的浓度为 $\rho(Fe^{2+}) = 25\ \mu g / mL$。

3. 仪器

分光光度计，10 mm 比色皿。

4. 干扰的消除

强氧化剂、氰化物、亚硝酸盐、焦磷酸盐、偏聚磷酸盐及某些重金属离子会干扰测定。经过加酸煮沸可将氰化物及亚硝酸盐除去，并使焦磷酸、偏聚磷酸盐转化为正磷酸盐以减轻干扰。加入盐酸羟胺则可消除强氧化剂的影响。

邻菲啰啉能与某些金属离子形成有色络合物而干扰测定。但在乙酸-乙酸铵的缓冲溶液中，不大于铁浓度 10 倍的铜、锌、钴、铬及小于 2 mg/L 的镍，不干扰测定，当浓度再高时，可加入过量显色剂予以消除。汞、镉、银等能与邻菲啰啉形成沉淀，若浓度低时，可加过量邻菲啰啉来消除；浓度高时，可将沉淀过滤除去。水样有底色，可用不加邻菲啰啉的试液作为参比，对水样底色进行校正。

5. 步骤

1）校准曲线的绘制

依次移取铁标准使用液（c=25 μg/mL）0、2.00、4.00、6.00、8.00、10.0 mL 于 150 mL 锥形瓶中，加入蒸馏水至 50.0 mL，再加（1+3）盐酸 1 mL，10%盐酸羟胺 1 mL，玻璃珠 1 ~ 2 粒。加热煮沸至溶液剩 15 mL 左右，冷却至室温，定量转移至 50 mL 具塞比色管中。加一小片刚果红试纸，滴加饱和乙酸钠溶液至试纸刚刚变红，加入 5 mL 缓冲溶液、0.5%邻菲啰啉溶液 2 mL，加水至标线，摇匀。显色 15 min 后，用 10 mm 比色皿（若水样含铁量较高，可适当稀释，浓度低时可换用 30 mm 或 50 mm 的比色皿），以水为参比，在 510 nm 处测量吸光度，由经过空白校正的吸光度对铁的微克数作图。各批试剂的铁含量如不同，每新配一次试液，都须重新绘制校准曲线。

2）总铁的测定

采样后立即将样品用盐酸（ρ=1.18 g/mL）酸化至 pH<1（含 CN^-或 S^{2-}离子的水样酸化时，必须小心进行，因为会产生有毒气体），分析时取 50.0 mL 混匀水样

于 150 mL 锥形瓶中，加（1+3）盐酸 1 mL，10%盐酸羟胺溶液 1 mL，加热煮沸至体积减少到 15 mL 左右，以保证全部铁的溶解和还原。若仍有沉淀，则应过滤除去。以下按绘制校准曲线同样操作，测量吸光度并作空白校正。

3）亚铁的测定

采样时将 2 mL 盐酸放在一个 100 mL 具塞的水样瓶内，直接将水样注满样品瓶，塞好瓶塞以防氧化，一直保存到进行显色和测量（最好现场测定或现场显色）。分析时只需取适量水样，直接加入缓冲溶液与 0.5%邻菲啰啉溶液，显色 5 ~ 10 min，在 510 nm 处以水为参比测量吸光度，并作空白校正。

4）可过滤铁的测定

在采样现场，用 0.45 μm 滤膜过滤水样，并立即用盐酸酸化过滤水至 pH<1，准确吸取样品 50 mL 置于 150 mL 锥形瓶中，以下操作与上面步骤 1）相同。

6. 结果表示

铁的质量浓度按式（5.6）计算：

$$\rho(\text{Fe}, \text{mg/L}) = \frac{m}{V} \tag{5.6}$$

式中：m——根据校准曲线计算出的水样中铁的含量，μg；

V——取样体积，mL。

任务九　溶解氧的测定

实施方法及步骤

1. 原理

在样品中，溶解氧与刚刚沉淀的二价氢氧化锰（将氢氧化钠或氢氧化钾加入到二价硫酸锰中制得）反应。酸化后，生成的高价锰化合物将碘化物氧化游离出等当量的碘，用硫代硫酸钠滴定法，测定游离碘量。

2. 试剂

（1）（1+1）硫酸溶液：小心地把 500 mL 浓硫酸（ρ=1.84 g/mL）在不停搅动下加入到 500 mL 水中。

注：若怀疑有三价铁的存在，则采用磷酸（H_3PO_4，ρ=1.708 g/mL）。

（2）硫酸溶液：c（$1/2H_2SO_4$）=2 mol/L。

（3）碱性碘化物-叠氮化物试剂。

注：当试样中亚硝酸氮质量浓度大于 0.05 mg/L 而亚铁质量浓度不超过 1 mg/L 时，为防止亚硝酸氮对测定结果的干涉，应在试样中加叠氮化物，叠氮化钠是剧毒试剂。若已知试样中的亚硝酸盐低于 0.05 mg/L，则可省去此试剂。

① 操作过程中严防中毒；

② 不要使碱性碘化物-叠氮化物试剂酸化，因为可能产生有毒的叠氮酸雾。

将 35 g 的氢氧化钠（NaOH）[或 50 g 的氢氧化钾（KOH）]和 30 g 的碘化钾（KI）[或 27 g 碘化钠（NaI）]溶解在大约 50 mL 水中。

单独将 1 g 叠氮化钠（NaN_3）溶解在几毫升水中。

将上述两种溶液混合并稀释至 100 mL。溶液贮存在塞紧的细口棕色瓶子里。经稀释和酸化后，在有淀粉指示剂存在的情况下，本试剂应无色。

（4）无水二价硫酸锰溶液：340 g/L（或一水硫酸锰 380 g/L 溶液），可用 450 g/L 四水二价氯化锰溶液代替。过滤不澄清的溶液。

（5）碘酸钾：c（1/6 KIO_3）=10 mmol/L 标准溶液。

在 180 °C 温度下干燥数克碘酸钾（KIO_3），称量（3.567±0.003）g 溶解在水中并稀释到 1000 mL。

将上述溶液吸取 100 mL 移入 1000 mL 容量瓶中，用水稀释至标线。

（6）硫代硫酸钠标准滴定液：c（$Na_2S_2O_3$）≈10 mmol/L。

① 配制：将 2.5 g 五水硫代硫酸钠溶解于新煮沸并冷却的水中，再加 0.4 g 氢氧化钠，并稀释至 1000 mL。溶液贮存于深色玻璃瓶中。

② 标定。

在锥形瓶中用 100 ~ 150 mL 的水溶解约 0.5 g 的碘化钾或碘化钠，加入 5mL 2 mol/L 的硫酸溶液（c=2 mol/L），混合均匀，加 20.00 mL（c=10 mmol/L）标准碘酸钾溶液，稀释至约 200 mL，立即用硫代硫酸钠溶液滴定释放出碘，当接近滴定终点时，溶液呈浅黄色，加淀粉指示剂，再滴定至完全无色。

硫代硫酸钠浓度（c，mmol/L）由式（5.7）求出：

$$c=\frac{6\times 20\times 1.66}{V} \tag{5.7}$$

式中：V——硫代硫酸钠溶液滴定量，mL。

每日标定一次溶液。

（7）淀粉：新配置 10 g/L 溶液。

注：也可用其他适合的指示剂。

（8）酚酞：1g/L 乙醇溶液。

（9）碘溶液（约 0.005 mol/L）：溶解 4 ~ 5 g 碘化钾或碘化钠于少量水中，加约 130 mg 的碘，待碘溶解后稀释至 100 mL。

（10）碘化钾或碘化钠。

3. 仪器

除常用实验室设备外，还有细口玻璃瓶：容量在 250 ~ 300 mL 之间，校准至 1 mL，具塞刻度瓶或任何其他适合的细口瓶，瓶肩最好是直的。每一个瓶和盖要有相同的号码。用称量法来测定每个细口瓶的体积。

4. 步骤

（1）当存在能固定或消耗碘的悬浮物，或者怀疑有这类物质存在时，最好采用电化学探头法测定溶解氧。

（2）检验氧化或还原物质是否存在。

如果预计氧化或还原剂可能干扰结果时，取 50 mL 待测水，加 2 滴酚酞溶液后，中和水样。加 0.5 mL 硫酸溶液（$c_{\frac{1}{2}H_2SO_4}$=2 mol/L）、几粒碘化钾或碘化钠（质量约为 0.5 g）和几滴淀粉指示剂溶液。

如果溶液呈蓝色，则有氧化物质存在。如果溶液保持无色，加 0.2 mL（约 0.025 mol/L）碘溶液，振荡，放置 30 s，如果没有呈蓝色，则存在还原物质。

（3）样品的采集。

除非还要作其他处理，样品应采集在细口瓶中。测定就在瓶内进行。试样充满全部细口瓶。

注：在有氧化或还原物的情况下要另作处理。

① 取地表水样。充满细口瓶至溢流，小心避免溶解氧浓度的改变。对浅水用电化学探头法更好些。在消除附着在玻璃瓶上的气泡之后，立即固定溶解氧。

② 从配水系统管路中取水样。将一惰性材料管的入口与管道连接，将管子出口插入细口瓶的底部。用溢流冲洗的方式冲入大约 10 倍细口瓶体积的水，最后注满瓶子，在消除附着在玻璃瓶上的空气泡之后，立即固定溶解氧。

③ 不同深度取水样。用一种特别的取样器，内盛细口瓶，瓶上装有橡胶入口管并插入到细口瓶的底部。当溶液充满细口瓶时将瓶中空气排出，避免溢流。某些类型的取样器可以同时充满几个细口瓶。

（4）溶解氧的固定。

取样之后，最好在现场立即向盛有样品的细口瓶中加 1 mL 二价硫酸锰溶液和 2 mL 碱性碘化物-叠氮化物试剂。使用细尖头的移液管，将试剂加到液面以下，小心盖上塞子，避免把空气泡带入。

若用其他装置，则必须小心保证样品氧含量不变。

将细口瓶上下颠倒转动几次，使瓶内的成分充分混合，静置沉淀最少 5 min，然后再重新颠倒混合，保证混合均匀。这时可以将细口瓶运送至实验室。

若避光保存，样品最长贮藏 24 h。

（5）游离碘。

确保所形成的沉淀物已沉降在细口瓶下三分之一部分。

慢速加入 1.5 mL（1+1）硫酸溶液（或相应体积的磷酸溶液，H_3PO_4，$\rho=1.70$ g/mL），盖上细口瓶盖，然后摇动瓶子，要求瓶中沉淀物完全溶解，并且碘已均匀分布。

注：若直接在细口瓶内进行滴定，小心地虹吸出上部分相应于所加酸溶液容积的澄清液，而不扰动底部沉淀物。

（6）滴定。

将细口瓶内的组分或其部分体积（V_1）转移到锥形瓶内。用硫代硫酸钠滴定，在接近滴定终点时，加淀粉溶液或者加其他合适的指示剂。

5. 结果的表示

溶解氧含量 c_1（mol/L）由式（5.8）求出：

$$c_1=\frac{M_r V_2 c f_1}{4V_1} \tag{5.8}$$

式中：M_r——氧的分子量，M_r=32；

V_1——滴定时样品的体积，mL，一般取 V_1=100 mL，若滴定细口瓶内试样，则 $V_1=V_0$；

V_2——滴定样品时所耗去硫代硫酸钠溶液的体积，mL；

c——硫代硫酸钠溶液的实际浓度，mol/L。

$$f_1=\frac{V_0}{V_0-V'} \tag{5.9}$$

式中：V_0——细口瓶的体积，mL；

V'——二价硫酸锰溶液（1 mL）和碱性试剂（2 mL）体积的总和。

结果取一位小数。

任务十　氨氮的测定

实施方法及步骤

1. 方法原理

以游离态的氨或铵离子等形式存在的氨氮与纳氏试剂反应生成淡红棕色络合物，该络合物的吸光度与氨氮含量成正比，于波长 420 nm 处测量吸光度。

2. 干扰及消除

水样中含有悬浮物、余氯、钙镁等金属离子、硫化物和有机物时会产生干扰，含有此类物质时要作适当处理，以消除对测定的影响。

若样品中存在余氯，可加入适量的硫代硫酸钠溶液去除，用淀粉-碘化钾试纸检验余氯是否除尽。在显色时加入适量的酒石酸钾钠溶液，可消除钙、镁等金属离子的干扰。若水样浑浊或有颜色时可用预蒸馏法或絮凝沉淀法处理。

3. 试剂和材料

（1）无氨水，在无氨环境中用下述方法之一制备。

① 离子交换法：蒸馏水通过强酸性阳离子交换树脂（氢型）柱，将流出液收集在带有磨口玻璃塞的玻璃瓶内。每升流出液加 10 g同样的树脂，以利于保存。

② 蒸馏法：在 1000 mL的蒸馏水中，加 0.1 mL硫酸（ρ=1.84 g/mL），在全玻璃蒸馏器中重蒸馏，弃去前 50 mL馏出液，然后将约 800 mL馏出液收集在带有磨口玻璃塞的玻璃瓶内。每 1 升馏出液加 10 g 强酸性阳离子交换树脂（氢型）。

③ 纯水器法：用市售纯水器临用前制备。

（2）轻质氧化镁（MgO）：不含碳酸盐，在 500 °C下加热氧化镁，以除去碳酸盐。

（3）盐酸，ρ（HCl）=1.18 g/mL。

（4）纳氏试剂，可选择下列方法之一配制。

纳氏试剂（Ⅰ）：二氯化汞-碘化钾-氢氧化钾（$HgCl_2$-KI-KOH）溶液。

称取 15.0 g 氢氧化钾（KOH），溶于 50 mL 水中，冷却至室温。

称取 5.0 g 碘化钾（KI），溶于 10 mL 水中，在搅拌下，将 2.50 g 二氯化汞（$HgCl_2$）粉末分多次加入碘化钾溶液中，直到溶液呈深黄色或出现淡红色沉淀。溶解缓慢时，充分搅拌混合，并改为滴加二氯化汞饱和溶液，当出现少量朱红色沉淀不再溶解时，停止滴加。

在搅拌下，将冷却的氢氧化钾溶液缓慢地加入到上述二氯化汞和碘化钾的混合液中，并稀释至 100 mL，于暗处静置 24 h，倾出上清液，贮存于聚乙烯瓶内，用橡皮塞或聚乙烯盖子盖紧，存放暗处，可稳定 1 个月。

纳氏试剂（Ⅱ）：碘化汞-碘化钾-氢氧化钠（HgI_2-KI-NaOH）溶液。

称取 16.0 g氢氧化钠（NaOH），溶于 50 mL水中，冷却至室温。

称取 7.0 g碘化钾（KI）和 10.0 g碘化汞（HgI_2），溶于水中，然后将此溶液在搅拌下，缓慢加入到上述 50 mL氢氧化钠溶液中，用水稀释至 100 mL。贮存于聚乙烯瓶内，用橡皮塞或聚乙烯盖子盖紧，于暗处存放，有效期为 1 a。

（5）酒石酸钾钠溶液（ρ=500 g/L）：称取 50.0 g酒石酸钾钠（$KNaC_4H_6O_6 \cdot 4H_2O$）溶于 100 mL水中，加热煮沸以驱除氨，充分冷却后稀释至 100 mL。

（6）硫代硫酸钠溶液（ρ=3.5 g/L）：称取 3.5 g硫代硫酸钠（$Na_2S_2O_3$）溶于水

中，稀释至 1000 mL。

（7）硫酸锌溶液（ρ=100 g/L）：称取 10.0 g硫酸锌（$ZnSO_4 \cdot 7H_2O$）溶于水中，稀释至 100 mL。

（8）氢氧化钠溶液（ρ=250 g/L）：称取 25 g氢氧化钠溶于水中，稀释至 100 mL。

（9）氢氧化钠溶液[c（NaOH）=1 mol/L]：称取 4 g氢氧化钠溶于水中，稀释至 100 mL。

（10）盐酸溶液[c（HCl）=1 mol/L]：量取 8.5 mL盐酸（ρ=1.18 g/mL）于适量水中，用水稀释至 100 mL。

（11）硼酸（H_3BO_3）溶液（ρ=20 g/L）：称取 20 g硼酸溶于水，稀释至 1 L。

（12）溴百里酚蓝指示剂（bromthymol blue，ρ=0.5 g/L）：称取 0.05 g溴百里酚蓝溶于 50 mL水中，加入 10 mL无水乙醇，用水稀释至 100 mL。

（13）淀粉-碘化钾试纸：称取 1.5 g可溶性淀粉于烧杯中，用少量水调成糊状，加入 200 mL沸水，搅拌混匀放冷。加 0.50 g碘化钾（KI）和 0.50 g碳酸钠（Na_2CO_3），用水稀释至 250 mL。将滤纸条浸渍后，取出晾干，于棕色瓶中密封保存。

（14）氨氮标准溶液。

① 氨氮标准贮备溶液（ρ_N=1000 μg/mL）：称取 3.8190 g 氯化铵（NH_4Cl，优级纯，在 100 ~ 105 °C 中干燥 2 h），溶于水中，移入 1000 mL 容量瓶中，稀释至标线，可在 2 ~ 5 °C 中保存 1 个月。

② 氨氮标准工作溶液（ρ_N=10 μg/mL）：吸取 5.00 mL氨氮标准贮备溶液（ρ_N = 1000 μg/mL）于 500 mL容量瓶中，稀释至刻度。临用前配制。

4. 仪器和设备

（1）可见分光光度计：具 20 mm 比色皿。

（2）氨氮蒸馏装置：由 500 mL 凯式烧瓶、氮球、直形冷凝管和导管组成，冷凝管末端可连接一段适当长度的滴管，使出口尖端浸入吸收液液面下。亦可使用 500 mL 蒸馏烧瓶。

5. 样品

（1）样品采集与保存。

水样采集在聚乙烯瓶或玻璃瓶内，要尽快分析。如需保存，应加硫酸（ρ = 1.84 g/L）使水样酸化至pH < 2，2 ~ 5 °C下可保存 7 d。

（2）样品的预处理。

① 去除余氯。若样品中存在余氯，可加入适量的硫代硫酸钠溶液（ρ=3.5 g/L）去除。每加 0.5 mL可去除 0.25 mg余氯。用淀粉-碘化钾试纸检验余氯是否除尽。

② 絮凝沉淀。

100 mL样品中加入 1 mL硫酸锌溶液（ρ=100 g/L）和 0.1 ~ 0.2 mL氢氧化钠溶液（ρ=250 g/L），调节pH约为 10.5，混匀，放置使之沉淀，倾取上清液分析。必要时，用经水冲洗过的中速滤纸过滤，弃去初滤液 20 mL。也可对絮凝后样品进行离心处理。

③ 预蒸馏。

将 50 mL硼酸溶液（ρ=20 g/L）移入接收瓶内，确保冷凝管出口在硼酸溶液液面之下。分取 250 mL样品，移入烧瓶中，加几滴溴百里酚蓝指示剂，必要时，用氢氧化钠溶液（c=1 mol/L）或盐酸溶液（c=1 mol/L）调整pH至 6.0（指示剂呈黄色）~ 7.4（指示剂呈蓝色），加入 0.25 g轻质氧化镁及数粒玻璃珠，立即连接氮球和冷凝管。加热蒸馏，使馏出液速率约为 10 mL/min，待馏出液达 200 mL 时，停止蒸馏，加水定容至 250 mL。

6. 分析步骤

（1）校准曲线。

在 8 个 50 mL比色管中，分别加入 0.00、0.50、1.00、2.00、4.00、6.00、8.00 和 10.00 mL氨氮标准工作溶液（ρ_N=10 μg/mL），其所对应的氨氮含量分别为 0.0、5.0、10.0、20.0、40.0、60.0、80.0 和 100 μg，加水至标线。加入 1.0 mL 酒石酸钾钠溶液，摇匀，再加入纳氏试剂（Ⅰ）1.5 mL或纳氏试剂（Ⅱ）1.0 mL，摇匀。放置 10 min 后，在波长 420 nm下，用 20 mm比色皿，以水作参比，测量吸光度。

以空白校正后的吸光度为纵坐标，以其对应的氨氮含量（μg）为横坐标，绘制校准曲线。

注：根据待测样品的质量浓度也可选用 10 mm 比色皿。

（2）样品测定。

① 清洁水样：直接取 50 mL，按与校准曲线相同的步骤测量吸光度。

② 有悬浮物或色度干扰的水样：取经预处理的水样 50 mL（若水样中氨氮质量浓度超过 2 mg/L，可适当少取水样体积），按与校准曲线相同的步骤测量吸光度。

注：经蒸馏或在酸性条件下煮沸方法预处理的水样，须加一定量氢氧化钠溶液（c=1 mol/L），调节水样至中性，用水稀释至 50 mL 标线，再按与校准曲线相同的步骤测量吸光度。

③ 空白试验。用水代替水样，按与样品相同的步骤进行前处理和测定。

7. 结果计算

水中氨氮的质量浓度按式（5.10）计算：

$$\rho=\frac{m}{V} \tag{5.10}$$

式中：ρ—— 水样中氨氮的质量浓度（以N计），mg/L；

　　m——校准曲线查得的试样含氨氮量，μg；

　　V——分析时取试样体积，mL。

任务十一　氟化物的测定

实施方法及步骤

1. 方法原理

氟离子在 pH 为 4.1 的乙酸盐缓冲介质中与氟试剂及硝酸镧反应生成蓝色三元络合物，络合物在 620 nm 波长处的吸光度与氟离子浓度成正比，定量测定氟化物（F^-）。

2. 试剂和材料

（1）盐酸溶液（c=1 mol/L）：取 8.4 mL盐酸（ρ=1.18 g/mL）溶于 100 mL去离子水中。

（2）氢氧化钠溶液（c=1 mol/L）：称取 4 g氢氧化钠溶于 100 mL去离子水中。

（3）丙酮（CH_3COCH_3）。

（4）硫酸（H_2SO_4，ρ_{20}=1.84 g/mL）：取 300 mL硫酸放入 500 mL烧杯中，置电热板上微沸 1 h，冷却后装入瓶中备用。

（5）冰乙酸（CH_3COOH）。

（6）氟化物标准贮备液（ρ=100 μg/mL）：称取已于 105 °C烘干 2 h 的优级纯氟化钠（NaF）0.2210 g 溶于去离子水中，移入 1000 mL量瓶中，稀释至标线，混匀贮于聚乙烯瓶中备用，此溶液每毫升含氟 100 μg。

（7）氟化物标准使用液（ρ=2.00 μg/mL）：吸取氟化钠标准贮备液 20.00 mL，移入 1000 mL容量瓶，用去离子水稀释至标线，贮于聚乙烯瓶中，此溶液每毫升含氟 2.00 μg。

（8）氟试剂溶液（c=0.001 mol/L）：称取 0.193 g氟试剂[3–甲基胺–茜素二乙酸，简称ALC，$C_{14}H_7O_4 \cdot CH_2N(CH_2COOH)_2$]，加 5 mL去离子水湿润，滴加氢氧化钠溶液使其溶解，再加 0.125 g乙酸钠（$CH_3COONa \cdot 3H_2O$），用盐酸溶液（c=1 mol/L）调节pH至 5.0，用去离子水稀释至 500 mL，贮于棕色瓶中。

（9）硝酸镧溶液（c=0.001 mol/L）：称取 0.443 g硝酸镧[$La(NO_3)_3 \cdot 6H_2O$]，用

少量盐酸溶液（c=1 mol/L）溶解，以 1 mol/L 乙酸钠溶液调节pH为 4.1，用去离子水稀释至 1000 mL。

（10）缓冲溶液（pH=4.1）：称取 35 g无水乙酸钠（CH_3COONa）溶于 800 mL去离子水中，加 75 mL冰乙酸（CH_3COOH），用去离子水稀释至 1000 mL，用乙酸或氢氧化钠溶液在pH计上调节pH为 4.1。

（11）混合显色剂：取氟试剂溶液、缓冲溶液、丙酮及硝酸镧溶液，按体积比 3∶1∶3∶3 混合即得。临用时配制。

3. 仪器和设备

（1）分光光度计：光程为 30 mm或 10 mm的比色皿。

（2）pH计。

4. 干扰及消除

在含 5 μg氟化物的 25 mL显色液中，存在下述离子超过下列含量，对测定有干扰，应先进行预蒸馏：Cl^-30 mg，SO_4^{2-}5.0 mg，NO_3^-3.0 mg，$B_4O_7^{2-}$2.0 mg，Mg^{2+} 2.0 mg，NH_4^+ 1.0 mg，Ca^{2+} 0.5 mg。

5. 样品

（1）采集与保存：测定氟化物的水样，应用聚乙烯瓶收集和贮存。

（2）试样的制备。

除非证明试样的预处理是不必要的，可直接制备试样进行比色，否则应进行预蒸馏处理。

6. 分析步骤

1）校准曲线

6 个 25.0 mL容量瓶中分别加入氟化物标准溶液（ρ=2.00 μg/mL）0.00、1.00、2.00、4.00、6.00、8.00 mL，加去离子水至 10 mL，准确加入 10.0 mL混合显色剂，用去离子水稀释至刻度，摇匀，放置 30 min，用 30 mm或 10 mm比色皿于 620 nm波长处，以纯水为参比，测定吸光度。扣除试剂空白（零浓度）吸光度，以氟化物含量对吸光度作图，即得校准曲线。

2）测定

准确吸取 1.00 ~ 10.00 mL试样（视水中氟化物含量而定）置于 25.0 mL容量瓶中，加去离子水至 10 mL，准确加入 10.0 mL混合显色剂，用去离子水稀释至刻度，摇匀。以下按上面步骤 1）进行。经空白校正后，由吸光度值在校准曲线上查得氟化物（F^-）含量。

3）空白试验

用水代替试样，按测定样品步骤进行测定。

7. 结果计算

试样中氟化物（F^-）质量浓度按式（5.11）计算：

$$\rho = \frac{m}{V} \tag{5.11}$$

式中：ρ——试样中氟化物（F^-）的质量浓度，mg/L；

m——校准曲线查得的试样含氟量，μg；

V——分析时取试样体积，mL。

计算结果精确到小数点后两位。

任务十二　总磷的测定

实施方法及步骤

1. 原理

在中性条件下用过硫酸钾（或硝酸-高氯酸）使试样消解，将所含磷全部氧化为正磷酸盐。在酸性介质中，正磷酸盐与钼酸铵反应，在锑盐存在下生成磷钼杂多酸后，立即被抗坏血酸还原，生成蓝色的络合物。

2. 试剂

（1）硫酸（H_2SO_4），ρ=1.84 g/mL。

（2）硝酸（HNO_3），ρ=1.4 g/mL。

（3）高氯酸（$HClO_4$），优级纯，ρ=1.68 g/mL。

（4）硫酸（H_2SO_4），1+1。

（5）硫酸，约 c（$1/2H_2SO_4$）=1 mol/L：将 27 mL 硫酸加入到 973 mL 水中。

（6）氢氧化钠（NaOH），1 mol/L 溶液：将 40g 氢氧化钠溶于水并稀释至 1000 mL。

（7）氢氧化钠（NaOH），6 mol/L 溶液：将 240 g 氢氧化钠溶于水并稀释至 1000 mL。

（8）过硫酸钾，50 g/L 溶液：将 5 g 过硫酸钾（$K_2S_2O_8$）溶解于水，并稀释至 100 mL。

（9）抗坏血酸，100 g/L 溶液：溶解 10 g 抗坏血酸（$C_6H_8O_6$）于水中，并稀释至 100 mL。

注：此溶液贮于棕色的试剂瓶中，在冷处可稳定几周。如不变色可长时间使用。

（10）钼酸盐溶液：溶解 13g 钼酸铵[$(NH_4)_8Mo_7O_{24}\cdot 4H_2O$]于 100 mL 水中。溶解 0.35 g 酒石酸锑钾（$KSbC_4H_4O_7\cdot 1/2H_2O$）于 100 mL 水中。在不断搅拌下把钼酸铵溶液徐徐加到 300 mL（1+1）硫酸中，加酒石酸锑钾溶液并且混合均匀。

注：此溶液贮存于棕色试剂瓶中，在冷处可保存两个月。

（11）浊度-色度补偿液：混合两个体积（1+1）硫酸和一个体积抗坏血酸溶液。使用当天配制。

（12）磷标准贮备溶液（ρ=50.0 μg/mL）：称取（0.2197±0.001）g 在 110 °C 温度下干燥 2 h 并在干燥器中放冷的磷酸二氢钾（KH_2PO_4），用水溶解后转移至 1000 mL 容量瓶中，加入大约 800 mL 的水，加 5 mL（1+1）硫酸，用水稀释至标线并混匀。此标准贮备溶液磷的浓度为 50.0 μg/mL。

注：本溶液在玻璃瓶中可贮存至少六个月。

（13）磷标准使用溶液（ρ=2.00 μg/mL）：将 10.0 mL 的磷标准贮备溶液转移至 250 mL 容量瓶中，用水稀释至标线并混匀。

注：使用当天配制。

（14）酚酞，10 g/L 溶液：0.5 g 酚酞溶于 50 mL 95%乙醇中。

3. 仪器

所用仪器包括实验室常用仪器设备和下列仪器。

（1）医用手提式蒸气消毒器或一般压力锅（1.1 ~ 1.4 kg/cm^2）。

（2）50 mL 具塞（磨口）刻度管。

（3）分光光度计。

注：所有玻璃器皿均采用稀盐酸或稀硝酸浸泡。

4. 采样和样品

（1）采取 500 mL 水样后加入 1 mL 硫酸（ρ=1.84 g/mL）调节样品的 pH 值，使之低于或等于 1，或不加任何试剂于冷处保存。

注：含磷量较少的水样，不要用塑料瓶采样，因磷酸盐易吸附在塑料瓶壁上。

（2）试样的制备。

取 25 mL 样品于具塞刻度管中。取时应仔细摇匀，以得到溶解部分和悬浮部分均具有代表性的试样。如样品中含磷浓度较高，试样体积可以减少。

5. 分析步骤

1）空白试样

按步骤 2）进行空白试验，用水代替试样，并加入与测定时相同体积的试剂。

2）测定

（1）消解。

① 过硫酸钾消解：向试样中加 4 mL 过硫酸钾（50 g/L 溶液），将具塞刻度管的盖子塞紧后用一小块布和线将玻璃塞扎紧（或用其他方法固定），放在大烧杯中置于高压蒸气消毒器中加热，待压力达 1.1 kg/cm^2，相应温度为 120 °C 时，保持 30 min 后停止加热。待压力表读数降至零后，取出放冷。然后用水稀释至标线。

注：如用硫酸保存水样。当用过硫酸钾消解时，需先将试样调至中性。

② 硝酸-高氯酸消解：取 25 mL 试样于锥形瓶中，加数粒玻璃珠，加 2 mL 硝酸（ρ=1.4 g/mL）在电热板上加热浓缩至 10 mL。冷后加 5 mL 硝酸（ρ=1.4 g/mL），再加热浓缩至 10 mL，放冷。加 3 mL 高氯酸（ρ=1.68 g/mL），加热至高氯酸冒白烟，此时可在锥形瓶上加小漏斗或调节电热板温度，使消解液在锥形瓶内壁保持回流状态，直至剩下 3 ~ 4 mL，放冷。

加水 10 mL，加 1 滴酚酞指示剂。滴加氢氧化钠溶液（1 mol/L 或 6 mol/L）至刚呈微红色，再滴加硫酸溶液使微红刚好褪去，充分混匀。移至具塞刻度管中，用水稀释至标线。

注：① 用硝酸-高氯酸消解需要在通风橱中进行。高氯酸和有机物的混合物经加热易发生危险，需将试样先用硝酸消解，然后再加入硝酸-高氯酸进行消解。

② 绝不可把消解的试样蒸干。

③ 如消解后有残渣时，用滤纸过滤于具塞刻度管中，并用水充分清洗锥形瓶及滤纸，一并移到具塞刻度管中。

④ 水样中的有机物用过硫酸钾氧化不能完全破坏时，可用此法消解。

（2）发色。分别向各份消解液中加入 1 mL 抗坏血酸溶液（ρ=100 g/L）混匀，30 s 后加 2 mL 钼酸盐溶液充分混匀。

注：① 如试样中含有浊度或色度时，需配制一个空白试样（消解后用水稀释至标线），然后向试料中加入 3 mL 浊度-色度补偿液，但不加抗坏血酸溶液和钼酸盐溶液。然后从试料的吸光度中扣除空白试料的吸光度。

② 砷大于 2 mg/L 干扰测定，用硫代硫酸钠去除。硫化物大于 2 mg/L 干扰测定，通氮气去除。铬大于 50 mg/L 干扰测定，用亚硫酸钠去除。

（3）分光光度测量。

室温下放置 15 min 后，使用光程为 30 mm 的比色皿，在 700 nm 波长下，以水作为参比，测定吸光度。扣除空白试验的吸光度后，从（4）中的工作曲线上查得磷的含量。

注：如显色时室温低于 13 °C，则在 20～30 °C 水浴上显色 15 min 即可。

（4）工作曲线的绘制。

取 7 支具塞刻度管分别加入 0.0、0.50、1.00、3.00、5.00、10.0、15.0 mL 磷酸盐标准溶液（ρ=2.00 μg/mL）。加水至 25 mL。然后按测定步骤 2）进行处理。以水作为参比，测定吸光度。扣除空白试验的吸光度后，结合对应的磷的含量绘制工作曲线。

6. 结果的表示

总磷质量浓度以 ρ（mg/L）表示，按式（5.12）计算：

$$\rho = m/V \quad (5.12)$$

式中：m——试样测得含磷量，μg；

V——测定用试样体积，mL。

任务十三　化学需氧量的测定

实施方法及步骤

1. 实验原理

在强酸溶液中，一定量的重铬酸钾在加热条件下将水样中的还原性物质氧化，过量的重铬酸钾以试亚铁灵作指示剂，用硫酸亚铁铵标准液回滴。根据用量可计算出水样中还原性物质消耗氧的量。

2. 试剂

（1）重铬酸钾标准溶液。

① 浓度为 c（$1/6K_2Cr_2O_7$）=0.250 mol/L 的重铬酸钾标准溶液：称取预先在 105 °C 烘干 2 h 的基准重铬酸钾 12.258 g 溶于水中，移入 1000 mL 容量瓶，稀释至刻度，摇匀。

② 浓度为 c（$1/6K_2Cr_2O_7$）=0.0250 mo1/L 的重铬酸钾标准溶液：将 0.250 mol/L 的重铬酸钾标准溶液稀释 10 倍而成。

（2）试亚铁灵指示剂：称取 1.485 g 邻菲啰啉（$C_{12}H_8N_2 \cdot H_2O$，1，10- phenanthnoline），

0.695 g 硫酸亚铁（$FeSO_4 \cdot 7H_2O$）溶于水中，稀释至 100 mL，混匀贮于棕色瓶内。

（3）硫酸亚铁铵标准滴定溶液。

① 浓度为 $c[(NH_4)_2Fe(SO_4)_2 \cdot 6H_2O]\approx 0.10$ mo1/L 的硫酸亚铁铵标准滴定溶液：称取 39 g 硫酸亚铁铵溶于水中，边搅拌边缓慢加入 20 mL 浓硫酸，冷却后移入 1000 mL 容量瓶中，加水至标线，摇匀。使用前以重铬酸钾标准溶液标定。

标定方法：准确吸取 10.00 mL（0.250 mol/L）重铬酸钾标准溶液于锥形瓶中，加水稀释至 100 mL 左右，缓慢加入 30 mL 浓硫酸，混匀。冷却后，加入 3 滴试亚铁灵指示剂（约 0.15 mL），用硫酸亚铁铵滴定至溶液由黄色经蓝绿色到刚变为红褐色即终点。平行测 2 ~ 3 次，记录硫酸亚铁铵溶液用量。则其准确浓度为

$$c[(NH_4)_2Fe(SO_4)_2 \cdot 6H_2O]=\frac{10.00\times 0.250}{V}=\frac{2.50}{V} \qquad (5.13)$$

式中：V——硫酸亚铁铵滴定用量，mL。

② 浓度为 $c[(NH_4)_2Fe(SO_4)_2 \cdot 6H_2O]\approx 0.010$ mo1/L 的硫酸亚铁铵标准滴定溶液：将浓度为 0.10mo1/L 的硫酸亚铁溶液稀释 10 倍，用重铬酸钾标准溶液（0.0250mol/L）标定，其滴定步骤及浓度计算与①相同。

（4）邻苯二甲酸氢钾标准溶液，c（$KC_6H_5O_4$）=2.0824 mmo1/L：称取 105 °C 下干燥 2 h 的邻苯二甲酸氢钾（$HOOCC_6H_4COOK$）0.4251 g 溶于水，并稀释至 1000 mL，混匀。以重铬酸钾为氧化剂，将邻苯二甲酸氢钾完全氧化的 COD 值为 1.176 g 氧/g（指 1 g 邻苯二甲酸氢钾耗氧 1.176 g），故该标准溶液的理论 COD 值为 500 mg/L。

（5）硫酸（H_2SO_4）：ρ=1.84 g/mL。

（6）硫酸-硫酸银试剂：向 2500 mL 硫酸（ρ=1.84 g/mL）中加入 25 g 硫酸银（或 500mL 浓硫酸中加 5 g 硫酸银），放置 1 ~ 2 d 后，不时摇动使其溶解。

（7）硫酸汞：化学纯，结晶或粉末。

（8）防爆沸玻璃珠。

3. 仪器

所用仪器包括常用实验室仪器和下列仪器。

（1）回流装置：带有 24 号标准磨口的 250 mL 锥形瓶的全玻璃回流装置。回流冷凝管长度为 300 ~ 500 mm。若取样量在 30 mL 以上，可采用带 500 mL 锥形瓶的全玻璃回流装置。

（2）加热装置。

（3）25 mL 或 50 mL 酸式滴定管。

4. 采样和样品

（1）采样。

水样要采集于玻璃瓶中，应尽快分析。如不能立即分析时，应加入硫酸（ρ=1.84 g/mL）至 pH < 2，置 4 °C 下保存，但保存时间不多于 5 d。采集水样的体积不得少于 100 mL。

（2）试料的准备。

将试样充分摇匀，取出 20.0 mL 作为试料。

5. 操作步骤

（1）取 20.00 mL 混合均匀的试料，于 250 mL 磨口的回流锥形瓶中，准确加入 10.00 mL 重铬酸钾标准溶液及数粒小玻璃珠或沸石，连接磨口回流冷凝管，从冷凝管上口慢慢加入 30 m 硫酸-硫酸银试剂，轻轻摇动锥形瓶使其混合均匀。

（2）连接磨口全玻璃回流装置，加热回流 2 h（自开始沸腾时计）。

（3）冷却后，用 90 mL 水冲洗冷凝管壁，取下锥形瓶。溶液总体积不得少于 140 mL，否则因酸度太大，滴定终点不明显。

（4）溶液再度冷却后，加 3 滴试亚铁灵指示液，用硫酸亚铁铵滴定，溶液的颜色由黄色经蓝绿至红褐色即终点，记录用量 V_1，平行测定 2 ~ 3 次。

（5）测定试料的同时，以 20.00 mL 重蒸馏水，按同样步骤作空白试验。记录硫酸亚铁铵溶液的用量 V_0。

（6）对于 COD 值小于 50 mg/L 的水样，应采用低浓度的重铬酸钾标准溶液（c=0.0250 mol/L）氧化，加热回流以后，采用低浓度的硫酸亚铁铵标准溶液（c=0.010 mo1/L）回滴。

（7）该方法对于未经稀释的水样，其测定上限为 700 mg/L，超过此限时必须经稀释后测定。

（8）校核试验：按测定试料提供的方法分析 20.0 mL 邻苯二甲酸氢钾标准溶液的 COD 值，用以检验操作技术及试剂纯度。

该溶液的理论 COD 值为 500 mg/L，如果校核试验的结果大于该值的 96%，即可认为试验步骤基本上是适宜的，否则，必须寻找失败的原因，重复试验，使之达到要求。

（9）去干扰试验：无机还原性物质如亚硝酸盐、硫化物及二价铁盐将使结果增加，将其需氧量作为水样 COD 值的一部分是可以接受的。

该试验的主要干扰物为氯化物，可加入硫酸汞部分地除去，经回流后，氯离子可与硫酸汞结合成可溶性的氯汞络合物。

当氯离子含量超过 1000 mg/L 时，COD 的最低允许值为 250 mg/L，低于此值结果的准确度就不可靠。

（10）在特殊情况下，需要测定的试料体积在 10.0 ~ 50.0mL 之间，试剂的体积或质量要按表 5-3 作相应的调整。

表 5-3　不同取样量采用的试剂用量

样品量/mL	$0.250NK_2Cr_2O_7$/mL	Ag_2SO_4-H_2SO_4/mL	$HgSO_4$/g	$(NH_4)_2Fe(SO_4)_26H_2O$/mo1 · L^{-1}	滴定前体积/mL
10.0	5.0	15	0.2	0.05	70
20.0	10.0	30	0.4	0.10	140
30.0	15.0	45	0.6	0.15	210
40.0	20.0	60	0.8	0.20	200
50.0	25.0	75	1.0	0.25	350

6. 计算

$$COD_{cr}(O_2,mg/L)=\frac{(V_0-V_1)\times c\times 8\times 1000}{V_{样}} \tag{5.14}$$

式中：c——硫酸亚铁铵溶液的浓度，mol/L；

V_1——滴定水样时硫酸亚铁铵溶液的用量，mL；

V_0——滴定空白时硫酸亚铁铵溶液的用量，mL；

$V_{样}$——试料的体积，mL；

8——氧（1/2 O）的摩尔质量，g/mol。

任务十四　五日生化需氧量的测定

实施方法及步骤

1. 实验原理

生化需氧量是指在规定条件下，微生物分解存在于水中的某些可氧化物质，特别是有机物所进行的生物化学过程中消耗溶解氧的量。此生物氧化全过程进行的时间很长，如在 20 °C 培养时，完成此过程需 100 多天。目前国内外普遍规定于（20±1）°C 的暗处培养 5 d，分别测定样品培养前后的溶解氧，二者之差即 BOD_5 值，以氧的毫克/升（mg/L）表示。

对某些地表水及大多数工业废水，因含较多的有机物，需要稀释后再培养测定，以降低其浓度和保证有充足的溶解氧。稀释的程度应使培养中所消耗的溶解氧大于 2 mg/L，而剩余溶解氧在 1 mg/L 以上。

为了保证水样稀释后有足够的溶解氧，稀释水通常要通入空气进行曝气（或通入氧气），以便稀释水中溶解氧接近饱和。稀释水中还应加入一定量的无机营养盐和缓冲物质（磷酸盐、钙、镁和铁盐等），以保证微生物生长的需要。

对于不含或少含微生物的工业废水，其中包括酸性废水、碱性废水、高温废水或经过氯化处理的废水，在测定 BOD_5 时应进行接种，以引入能分解废水中有机物的微生物。当废水中存在着难于被一般生活污水中的微生物以正常速度降解的有机物或含有剧毒物质时，应将驯化后的微生物引入水样中进行接种。

本方法适用于测定 BOD_5 大于或等于 2 mg/L，最大不超过 6000 mg/L 的水样。当水样 BOD_5 大于 6000 mg/L 时，会因稀释带来一定的误差。

2. 试剂和材料

（1）水：试验用水为符合 GB/T 6682—2008 规定的 3 级蒸馏水，并且水中铜离子的质量浓度不大于 0.01mg/L，不含有氯或氯胺等物质。

（2）接种液：可购买接种微生物用的接种物质，接种液的配置和使用按说明书的要求操作。也可按照以下方法获得接种液。

① 未受工业废水污染的城市污水，一般采用生活污水，在室温下放置一昼夜，取上清液供用：化学需氧量不大于 300 mg/L，总有机碳不大于 100 mg/L。

② 表层土壤浸出液，取 100 g 花园或植物生长土壤，加入 1 L 水，混合并静止 10 min。取上清液供用。

③ 用含城市污水的河水或湖水。

④ 污水处理厂的出水。

⑤ 当分析含有难于降解物质的工业废水时，在其排污口下游 3 ~ 8 km 处取水样作为废水的驯化接种液。如无此种水源，可取中和或经适当稀释后的废水进行连续曝气，每天加入少量该种废水，同时加入适量表层土壤或生活污水，使能适应该种废水的微生物大量繁殖。当水中出现大量絮状物，或检查其化学需氧量的降低值出现突变时，表明适用的微生物已进行繁殖，可用作接种液。一般驯化过程需要 3 ~ 8 d。

（3）盐溶液。

① 磷酸盐缓冲溶液：将 8.5 g 磷酸二氢钾（KH_2PO_4），21.8 g 磷酸氢二钾（K_2HPO_4），33.4 g 七水合磷酸氢二钠（$Na_2HPO_4 \cdot 7H_2O$）和 1.7 g 氯化铵（NH_4Cl）溶于水中，稀释至 1000 mL，此溶液在 0 ~ 4 °C 可稳定保存 6 个月。此溶液的 pH 应为 7.2。

② 硫酸镁溶液 $\rho(MgSO_4) = 11.0\ g/L$：将 22.5 g 七水合硫酸镁（$MgSO_4 \cdot 7H_2O$）溶于水中，稀释至 1000 mL。此溶液在 0 ~ 4 °C 可稳定保存 6 个月，若发现任何沉淀或微生物生长，应弃去。

③ 氯化钙溶液 $\rho(CaCl_2) = 27.6\ g/L$：将 27.6g 无水氯化钙（$CaCl_2$）溶于水中，

稀释至 1000 mL，此溶液在 0 ~ 4 °C 可稳定保存 6 个月，若发现任何沉淀或微生物生长，应弃去。

④ 氯化铁溶液 $\rho(FeCl_3) = 0.15\ g/L$：将 0.25 g 六水合氯化铁（$FeCl_3 \cdot 6H_2O$）溶于水中，稀释至 1000 mL。此溶液在 0 ~ 4 °C 可稳定保存 6 个月，若发现任何沉淀或微生物生长，应弃去。

（4）稀释水：在 5 ~ 20 L 玻璃瓶内装入一定量的水，控制水温在（20±1）°C。然后用无油空气压缩机或薄膜泵，将吸入的空气先后经活性炭吸附管及水洗涤管后，导入稀释水内至少曝气 1 h，使稀释水中的溶解氧达到 8 mg/L 以上。曝气亦可导入适量纯氧。瓶口盖两层经洗涤晾干的纱布，置于 20 °C 培养箱中放置数小时，使水中溶解氧含量达 8 mg/L 左右。临用前每升水中加入 4 种盐溶液各 1 mL，并混合均匀，在 20 °C 保存。在曝气的过程中防止污染，特别是防止带入有机物、金属、氧化物或还原物。

稀释水中的氧的浓度不能过饱和，使用前需开口放置 1 h，且应在 24 h 内使用，剩余的稀释水应弃去。

（5）接种稀释水：根据接种液的来源不同，每升稀释水中加入适量接种液，混匀。每升稀释水中接种液加入量为：城市生活污水和污水处理厂出水加 1 ~ 10 mL，或加表层土壤浸出液 20 ~ 30 mL，或加河水、湖水 10 ~ 100 mL。将接种稀释液放在（20±1）°C 的环境中，当天配置当天使用。

接种稀释水的 pH 值应为 7.2，BOD_5 应小于 1.5 mg/L 为宜。

（6）盐酸溶液（0.5 mol/L）：将 40 mL 浓盐酸（ρ=1.18 g/mL）溶于水中，稀释至 1000 mL。

（7）氢氧化钠溶液（0.5 mol/L）：将 20 g 氢氧化钠溶于水中，稀释至 1000 mL。

（8）亚硫酸钠溶液（Na_2SO_3=0.025 mol/L）：将 1.575 g 亚硫酸钠溶于水中，稀释至 1000 mL。此溶液不稳定，需每天配制。

（9）葡萄糖-谷氨酸标准溶液：将葡萄糖（$C_6H_{12}O_6$，优级纯）和谷氨酸（$HOOC\text{-}CH_2\text{-}CH_2\text{-}CHNH_2\text{-}COOH$，优级纯）在 130 °C 干燥 1 h 后，各称取 150 mg 溶于水中，移入 1000 mL 容量瓶内并稀释至标线，混合均匀。此溶液的 BOD_5 为（210±20）mg/L，现用现配。该溶液也可少量冷冻保存，融化后立刻使用。

（10）丙烯基硫脲硝化抑制剂，$\rho(C_4H_8N_2S) = 1.0\ g/L$，溶解 0.20 g 丙烯基硫脲于 200 mL 水中混合，4 °C 保存，此溶液可稳定保存 14d。

（11）乙酸溶液，1+1。

（12）碘化钾溶液，$\rho(KI) = 100\ g/L$：将 10 g 碘化钾溶于水中，稀释至 100 mL（余氯和结合氯的去除）。

（13）淀粉溶液，$\rho = 5\ g/L$：将 0.50g 淀粉溶于水中，稀释至 100 mL（余氯和结合氯的去除）。

3. 仪器和设备

（1）滤膜：孔径为1.6 μm 。（样品中的藻类的去除）

（2）溶解氧瓶：250 ~ 300 mL，带有磨口玻璃塞并具有供水封用的钟形口。

（3）稀释容器：1000 ~ 2000 mL 量筒或容量瓶。

（4）虹吸管：供分取水样或添加稀释水。

（5）溶解氧测定仪。

（6）冷藏箱：0 ~ 4 °C。

（7）冰箱：有冷冻和冷藏功能。

（8）带风扇的恒温培养箱（20±1）°C。

（9）曝气装置：多通道空气泵或其他曝气装置；曝气可能带来有机物、氧化剂和金属，导致空气污染，如有污染，应过滤清洗。

4. 样品

1）采集与保存

采集的样品应充满并密封于棕色玻璃瓶中，样品量不少于 1000 mL，在 0 ~ 4 °C 的暗处运输和保存，并于 24 h 内尽快分析。24 h 内不能分析，可冷冻保存（冷冻保存时应避免样品瓶破裂），冷冻样品分析前解冻、均质化和接种。

2）样品的前处理

（1）pH 值调节：若样品或稀释样品的 pH 值不在 6 ~ 8 范围内，应用 0.5 mol/L 盐酸溶液或 0.5 mol/L 氢氧化钠溶液调节其 pH 值至 6 ~ 8。

（2）余氯和结合氯的去除。

含有少量游离氯的水样，一般放置 1 ~ 2 h，游离氯即可消失。对于游离氯在短时间不能消散的水样，可加入亚硫酸钠溶液，以除去之。其加入量由下述方法决定。

取已中和好的水样 100 mL，加入（1+1）乙酸溶液 10 mL，碘化钾溶液（ρ = 100 g/L）1 mL，混匀，暗处静置 5 min。用亚硫酸钠溶液滴定析出碘至淡黄色，加入 1 mL 淀粉溶液呈蓝色。再继续滴定至蓝色刚刚褪去，即达重点，记录所用亚硫酸钠溶液的体积，由亚硫酸钠溶液消耗的体积计算出水样中应加入亚硫酸钠溶液的量。

（3）样品均质化。

含有大量颗粒物、需要较大稀释倍数的样品或经冷冻保存的样品，测定前均需将样品搅拌均匀。

（4）样品中的藻类。

若样品中有大量藻类存在，BOD_5 的测定结果会偏高。当分析结果精度要求较高时，测定前应用滤孔为1.6 μm 的滤膜过滤，监测报告中注明滤膜滤孔的大小。

（5）含盐氧量低的样品。

若样品含盐量低，非稀释样品的电导率小于 125 μS/cm，需加入适量相同体积的 4 种盐溶液，使样品的电导率大于 125 μS/cm。每升样品中至少需要加入各种盐的体积 V 按式（5.15）计算：

$$V=(\Delta K-12.8)/113.6 \tag{5.15}$$

式中：V——需加入各种盐的体积，mL；

ΔK——样品需要提高的电导率值，μS/cm。

5. 分析步骤

1）非稀释法：非稀释法和非稀释接种法

如样品中的有机物含量较少，BOD_5 的质量浓度不大于 6 mg/L，且样品中有足够的微生物，用非稀释法测定。若样品中的有机物含量较少，BOD_5 的质量浓度不大于 6 mg/L，但样品中无足够的微生物，如酸性废水、碱性废水、高温废水、冷冻保存的废水或经过氯化处理等的废水，则采用非稀释接种法测定。

（1）试样的准备。

① 待测试样。测定前待测试样的温度达到（20±2）°C，若样品中溶解氧浓度低，需要用曝气装置曝气 15 min，充分震荡赶走样品中残留的空气泡；若样品中氧过饱和，将容器 2/3 体积充满样品，用力震荡赶出过饱和氧，然后根据试样中微生物含量情况确定测定方法，非稀释法可直接取样测定；非稀释接种法，每升试样中加入适量的接种液，待测定。若试样中含有硝化细菌，有可能发生硝化反应，需在每升试样中加入 2 mL 丙烯基硫脲硝化抑制剂。

② 空白试样。非稀释接种法，每升稀释水中加入与试样中相同量的接种液作为空白试样，需要每升试样中加入 2 mL 丙烯基硫脲硝化抑制剂。

（2）试样的测定。

① 碘量法测定溶液中的溶解氧。

将待测试样充满两个溶解氧瓶中，使试样少量溢出，防止试样中的溶解氧质量浓度改变，使瓶中存在的气泡靠瓶壁排除。将一瓶盖上瓶盖，加上水封，在瓶盖外罩一个密封罩，防止培养期间水封水蒸发干。在恒温培养箱中培养（5d ± 4h）或[(2 + 5)d ± 4h]后测定试样中溶解氧的质量浓度。另一瓶 15 min 后测定试样在培养前溶解氧的质量浓度。

溶解氧的测定按 GB/T 7489—1987 进行操作。

② 电化学探头法测定试样中的溶解氧。

将待测试样充满一个溶解氧瓶中，使试样少量溢出，防止试样中的溶解氧质量浓度改变，使瓶中存在的气泡靠瓶壁排除。测定培养前试样中的溶解氧的质量浓度。

盖上瓶盖，防止样品中残留气泡，加上水封，在瓶盖外罩上一个密封罩，防止培养期间水封水蒸发干。将试样瓶放入恒温培养箱中培养（5d±4h）或[(2+5)d±4h]后测定试样中溶解氧的质量浓度。

溶解氧的测定按 HJ 506—2009 进行操作。

空白试样的测定方法同上。

2）稀释与接种法：稀释法和稀释接种法

若试样中的有机物含量较多，BOD_5 的质量浓度大于 6 mg/L，且样品中有足够的微生物，采用稀释法测定；若试样中的有机物含量较多，BOD_5 的质量浓度大于 6 mg/L，但试样中无足够的微生物，采用稀释接种法测定。

（1）试样的准备。

① 待测试样。

测定前待测试样的温度为（20±2）°C，若试样中溶解氧浓度低，则需要用曝气装置曝气 15 min，充分震荡赶走样品中残留的空气泡；若样品中氧过饱和，将容器 2/3 体积充满样品，用力震荡赶出过饱和氧，然后根据试样中微生物含量情况确定测定方法。稀释法测定，稀释倍数按表 5-4 和表 5-5 的方法确定，然后用稀释水稀释。稀释接种法测定，用接种稀释水稀释样品。若样品中含有硝化细菌，有可能发生硝化反应，需在每升试样培养液中加入 2 mL 丙烯基硫脲硝化抑制剂。

稀释倍数的确定：样品稀释的程度应使消耗的溶解氧质量浓度不小于 2 mg/L，培养后样品中剩余溶解氧质量浓度不小于 2 mg/L，且试样中剩余的溶解氧的质量浓度为开始浓度的 1/3 ~ 2/3 为佳。

稀释倍数可根据样品中的总有机碳（TOC）、高锰酸盐指数（I_{Mn}）或化学需氧（COD_{cr}）的测定值，按照表 5-4 列出的 BOD_5 与总有机碳（TOC）、高锰酸盐指数（I_{Mn}）或化学需氧（COD_{cr}）的比值 R 估计 BOD_5 的期望值（R 与样品的类型有关），再根据表 5-7 确定稀释倍数。当不能准确地选择稀释倍数时，一个样品做 2 ~ 3 个不同稀释倍数。

表 5-4　典型的比值 R

水样的类型	总有机碳 R（BOD_5/ TOC）	高锰酸盐指数 R（BOD_5/I_{Mn}）	化学需氧量 R（BOD_5/COD_{cr}）
未处理的废水	1.2 ~ 2.8	1.2 ~ 1.5	0.3 ~ 0.65
生化处理的废水	0.3 ~ 1.0	0.5 ~ 1.2	0.20 ~ 0.35

由表 5-4 中选择适当的 R 值，按式（5.16）计算 BOD_5 的期望值：

$$\rho = R \cdot Y \tag{5.16}$$

式中：ρ ——五日生化需氧量质量浓度的期望值，mg/L；

Y——总有机碳（TOC）、高锰酸盐指数（I_{Mn}）或化学需氧（COD_{cr}）的值，mg/L。

由估算出的 BOD_5 的期望值，按表 5-5 确定样品的稀释倍数。

表 5-5　BOD_5测定的稀释倍数

BOD_5的期望值，氧质量浓度/$mg\cdot L^{-1}$	稀释倍数	水样类型
6～12	2	河水、生物净化的城市污水
10～30	5	河水、生物净化的城市污水
20～60	10	生物净化的城市污水
40～120	20	澄清的城市污水或轻度污染的工业废水
100～300	50	轻度污染的工业废水或原城市污水
200～600	100	轻度污染的工业废水或原城市污水
400～1200	200	重度污染的工业废水或原城市污水
1000～3000	500	重度污染的工业废水
2000～6000	1000	重度污染的工业废水

按照确定的稀释倍数，将一定体积的试样或处理后的试样用虹吸管加入已加部分稀释水或接种稀释水的稀释容器中，加稀释水或接种稀释水至刻度，轻轻混合避免残留气泡，待测定。若稀释倍数超过 100 倍，可进行两步或多步稀释。

若试样中有微生物毒性物质，应配置几个不同稀释倍数的试样，选择与稀释倍数无关的结果，并取其平均值。试样测定结果与稀释倍数的关系确定如下。

当分析结果精度要求较高或存在微生物毒性物质时，一个试样要做 2 个以上不同的稀释倍数，每个试样每个稀释倍数做平行双样，同时进行培养。测定培养过程中每瓶试样氧的消耗量，并画出氧消耗量对每一稀释倍数试样中原样品的体积曲线。

若此曲线呈线性，则此试样中不含有任何抑制微生物的物质，即样品的测定结果与稀释倍数无关；若曲线仅在低浓度范围内呈线性，取线性范围内稀释比的试样测定结果计算平均 BOD_5值。

② 空白试样。

稀释法测定，空白试样为稀释水，需要时每升稀释水中加入 2 mL 丙烯基硫脲硝化抑制剂。

稀释接种法测定，空白试样为接种稀释水，必要时每升稀释水中加入 2 mL 丙烯基硫脲硝化抑制剂。

（2）试样的测定。

试样和空白的测定方法同非稀释法。

6. 结果计算

1）非稀释法

$$BOD_5(mg/L)=\rho_1-\rho_2 \tag{5.17}$$

式中：ρ_1——水样在培养前的溶解氧质量浓度，mg/L；

ρ_2——水样经 5d 培养后，剩余溶解氧质量浓度，mg/L。

2）非稀释接种法

$$BOD_5（mg/L）=（\rho_1-\rho_2）-（B_1-B_2） \quad （5.18）$$

式中：ρ_1—接种水样在培养前的溶解氧质量浓度，mg/L；

ρ_2—接种水样经 5d 培养后，剩余溶解氧质量浓度，mg/L。

B_1—空白样在培养前的溶解氧质量浓度，mg/L；

B_2—空白样经 5d 培养后，剩余溶解氧质量浓度，mg/L。

3）稀释与接种法

$$BOD_5（mg/L）=\frac{(\rho_1-\rho_2)-(B_1-B_2)f_1}{f_2} \quad （5.19）$$

式中：B_1——空白样在培养前的溶解氧质量浓度，mg/L；

B_2——空白样在培养后的溶解氧质量，mg/L；

f_1——稀释水（或接种稀释水）在培养液中所占比例；

f_2——原样品在培养液中所占比例。

f_1、f_2的计算：例如培养液的稀释比为 3%，即 3 份水样、97 份稀释水，则f_1=0.97，f_2=0.03。

BOD_5的测定结果以氧的质量浓度（mg/L）报出。对稀释法与接种法，如果有几个稀释倍数的结果满足要求，最终结果取这些稀释倍数结果的平均值。结果小于 100 mg/L，保留一位小数；结果为 100 ~ 1000 mg/L，取整数位；结果大于 1000 mg/L，以科学计数法报出。结果报告中应注明：样品是否经过过滤、冷冻或均质化处理。

任务十五　挥发酚的测定

实施方法及步骤

1. 萃取分光光度法

1）方法原理

用蒸馏法使挥发性酚类化合物蒸馏出，并与干扰物质和固定剂分离。由于酚类化合物的挥发速度是随馏出液体积而变化，因此，馏出液体积必须与试样体积相等。

被蒸馏出的酚类化合物，放于 pH 为（10.0±0.2）的介质中，在铁氰化钾存在下，与 4-氨基安替比林反应生成橙红色的安替比林染料，用三氯甲烷萃取后，在 460 nm 波长下测定吸光度。

2）干扰及消除

氧化剂、油类、硫化物、有机或无机还原性物质和苯胺类干扰酚的测定。

（1）氧化剂（如游离氯）的消除。

样品滴于淀粉-碘化钾试纸上出现蓝色，说明存在氧化剂，可加入过量的硫酸亚铁（$FeSO_4 \cdot 7H_2O$）去除。

（2）硫化物的消除。

当样品中有黑色沉淀时，可取一滴样品放在乙酸铅试纸上，若试纸变黑色，说明有硫化物存在。此时样品继续加磷酸酸化，置通风橱内进行搅拌曝气，直至生成的硫化氢完全逸出。

（3）甲醛、亚硫酸盐等有机或无机还原性物质的消除。

可分取适量样品于分液漏斗中，加（1+4）硫酸溶液使呈酸性，分次加入 50、30、30 mL乙醚以萃取酚，合并乙醚层于另一分液漏斗，分次加入 4、3、3 mL氢氧化钠溶液（ρ=100 g/L）进行反萃取，使酚类转入氢氧化钠溶液中。合并碱萃取液，移入烧杯中，置水浴上加温，以除去残余乙醚，然后用无酚水将碱萃取液稀释到原分取样品的体积。

同时应以无酚水做空白试验。

（4）油类的消除。

样品静置分离出浮油后，按照消除有机或无机还原性物质的操作步骤进行。

（5）苯胺类的消除。

苯胺类可与 4-氨基安替比林发生显色反应而干扰酚的测定，一般在酸性（pH < 0.5）条件下，可以通过预蒸馏分离。

3）试剂和材料

（1）无酚水：无酚水可按照如下步骤①或②进行制备。无酚水应贮于玻璃瓶中，取用时，应避免与橡胶制品（橡皮塞或乳胶管等）接触。

① 于每升水中加入 0.2 g经 200 °C活化 30 min的活性炭粉末，充分振摇后，放置过夜，用双层中速滤纸过滤。

② 加氢氧化钠使水呈强碱性，并加入高锰酸钾至溶液呈紫红色，移入全玻璃蒸馏器中加热蒸馏，集取馏出液备用。

（2）硫酸亚铁（$FeSO_4 \cdot 7H_2O$）。

（3）碘化钾（KI）。

（4）硫酸铜（$CuSO_4 \cdot 5H_2O$）。

（5）乙醚（$C_4H_{10}O$）。

（6）三氯甲烷（$CHCl_3$）。

（7）精制苯酚：取苯酚（C_6H_5OH）于具有空气冷凝管的蒸馏瓶中，加热蒸馏，收集 182 ~ 184 °C的馏出部分，馏分冷却后应为无色晶体，贮于棕色瓶中，于冷暗处密闭保存。

（8）氨水：ρ（$NH_3 \cdot H_2O$）= 0.90 g/mL。

（9）盐酸：ρ（HCl）=1.19 g/mL。

（10）磷酸溶液，1+9。

（11）硫酸溶液，1+4。

（12）氢氧化钠溶液：ρ（NaOH）= 100 g/L，称取氢氧化钠 10 g溶于水，稀释至 100 mL。

（13）缓冲溶液（pH = 10.7）：称取 20 g氯化铵（NH_4Cl）溶于 100 mL氨水中，密塞，置冰箱中保存。为避免氨的挥发引起 pH 值的改变，应注意在低温下保存，且取用后立即加塞盖严，并根据使用情况适量配制。

（14）4-氨基安替比林溶液：称取 2 g 4-氨基安替比林溶于水中，溶解后移入 100 mL容量瓶中，用水稀释至标线，按要求进行提纯，收集滤液后置冰箱中冷藏，可保存 7 d。

（15）铁氰化钾溶液[ρ（$K_3[Fe(CN)_6]$）= 80 g/L]：称取 8 g铁氰化钾溶于水，溶解后移入 100 mL容量瓶中，用水稀释至标线。置冰箱内冷藏，可保存一周。

（16）溴酸钾-溴化钾溶液[c（$1/6KBrO_3$）= 0.1 mol/L]：称取 2.784 g溴酸钾溶于水，加入 10 g溴化钾，溶解后移入 1000 mL容量瓶中，用水稀释至标线。

（17）硫代硫酸钠溶液[c（$Na_2S_2O_3$）≈0.0125 mol/L]：称取 3.1 g硫代硫酸钠，溶于煮沸放冷的水中，加入 0.2 g碳酸钠，溶解后移入 1000 mL容量瓶中，用水稀释至标线。临用前标定。

（18）淀粉溶液（ρ=0.01 g/mL）：称取 1 g可溶性淀粉，用少量水调成糊状，加沸水至 100 mL，冷却后，移入试剂瓶中，置冰箱内冷藏保存。

（19）酚标准贮备液[ρ（C_6H_5OH）≈1.00 g/L]：称取 1.00 g 精制苯酚，溶解于水，移入 1000 mL容量瓶中，用无酚水稀释至标线。置冰箱内冷藏，可稳定保存一个月。

（20）酚标准中间液[ρ（C_6H_5OH）=10.0 mg/L]：取适量酚标准贮备液（ρ = 1.00 g/L）用无酚水稀释至 100 mL容量瓶中，使用时当天配制。

（21）酚标准使用液[ρ（C_6H_5OH）= 1.00 mg/L]：量取 10.00 mL酚标准中间液（ρ=10.0 mg/L）于 100 mL容量瓶中，用无酚水稀释至标线，配制后 2 h 内使用。

（22）甲基橙指示液[ρ（甲基橙）=0.5 g/L]：称取 0.1 g 甲基橙溶于水，溶解后移入 200 mL容量瓶中，用水稀释至标线。

（23）淀粉-碘化钾试纸：称取 1.5 g可溶性淀粉，用少量水搅成糊状，加入 200 mL沸水，混匀，放冷，加 0.5 g碘化钾和 0.5 g碳酸钠，用水稀释至 250 mL，将滤纸条浸渍后，取出晾干，盛于棕色瓶中，密塞保存。

（24）乙酸铅试纸：称取乙酸铅 5 g，溶于水中，并稀释至 100 mL。将滤纸条浸入上述溶液中，1 h 后取出晾干，盛于广口瓶中，密塞保存。

（25）pH试纸：1 ~ 14。

4）仪器和设备

（1）分光光度计：具 460 nm波长，并配有光程为 30 mm 的比色皿。

（2）一般实验室常用仪器。

5）样品

（1）样品采集。

在样品采集现场，用淀粉-碘化钾试纸检测样品中有无游离氯等氧化剂的存在。若试纸变蓝，应及时加入过量硫酸亚铁（$FeSO_4 \cdot 7H_2O$）去除。

样品采集量应大于 500 mL，贮于硬质玻璃瓶中。

采集后的样品应及时加磷酸酸化至 pH 约 4.0，并加适量硫酸铜（$CuSO_4 \cdot 5H_2O$），使样品中硫酸铜质量浓度约为 1 g/L，以抑制微生物对酚类的生物氧化作用。

（2）样品保存。

采集后的样品应在 4 °C下冷藏，24 h 内进行测定。

6）分析步骤

（1）预蒸馏。

取 250 mL样品移入 500 mL全玻璃蒸馏器中，加 25 mL无酚水，加数粒玻璃珠以防暴沸，再加数滴甲基橙指示液（ρ=0.5 g/L），若试样未显橙红色，则需继续补加（1+9）磷酸溶液。

连接冷凝器，加热蒸馏，收集馏出液 250 mL至容量瓶中。

蒸馏过程中，若发现甲基橙红色褪去，应在蒸馏结束后，放冷，再加 1 滴甲基橙指示液。若发现蒸馏后残液不呈酸性，则应重新取样，增加磷酸溶液加入量，进行蒸馏。

注：① 使用的蒸馏设备不宜与测定工业废水或生活污水的蒸馏设备混用。每次试验前后，应清洗整个蒸馏设备。

② 不得用橡胶塞、橡胶管连接蒸馏瓶及冷凝器，以防止对测定产生干扰。

（2）显色。

将馏出液 250 mL移入分液漏斗中，加 2.0 mL缓冲溶液（pH=10.7），混匀，pH 值为（10.0±0.2），加 1.5 mL 4-氨基安替比林溶液，混匀，再加 1.5 mL铁氰化钾溶液，充分混匀后，密塞，放置 10 min。

（3）萃取。

在上述显色分液漏斗中准确加入 10.0 mL三氯甲烷，密塞，剧烈振摇 2 min，倒置放气，静置分层。用干脱脂棉或滤纸拭干分液漏斗颈管内壁，于颈管内塞一小团干脱脂棉或滤纸，将三氯甲烷层通过干脱脂棉团或滤纸，弃去最初滤出的数滴萃取液后，将余下三氯甲烷直接放入光程为 30 mm的比色皿中。

（4）吸光度测定。

于 460 nm波长，以三氯甲烷为参比，测定三氯甲烷层的吸光度值。

（5）空白试验。

用无酚水代替试样，按照上述步骤（1）~（4）测定其吸光度值。空白样应与试样同时测定。

（6）校准。

① 校准系列的制备。

于一组 8 个分液漏斗中，分别加入 100 mL无酚水，依次加入 0.00、0.25、0.50、1.00、3.00、5.00、7.00 和 10.00 mL酚标准使用液（ρ=1.00 mg/L），再分别加无酚水至 250 mL。

按照（2）~（4）的分析步骤进行测定。

② 校准曲线的绘制。

由校准系列测得的吸光度值减去零浓度管的吸光度值，绘制吸光度值对酚含量（μg）的曲线，校准曲线回归方程相关系数应达到 0.999 以上。

7）结果计算

试样中挥发酚的质量浓度（以苯酚计），按式（5.20）计算：

$$\rho = \frac{m}{V} \tag{5.20}$$

式中：ρ—— 试样中挥发酚的质量浓度，mg/L；

m——校准曲线查得的试样含挥发酚量，μg；

V—— 分析时取试样体积，mL。

计算结果小于 0.1 mg/L 时，保留到小数点后四位；大于等于 0.1 mg/L 时，保留三位有效数字。

2. 直接分光光度法

1）方法原理

用蒸馏法使挥发性酚类化合物蒸馏出，并与干扰物质和固定剂分离。由于酚类化合物的挥发速度随馏出液体积而变化，因此，馏出液体积必须与试样体积相等。

被蒸馏出的酚类化合物，于 pH 为（10.0±0.2）介质中，在铁氰化钾存在下，与 4-氨基安替比林反应生成橙红色的安替比林染料。

显色后，在 30 min内，于 510 nm波长测定吸光度。

2）干扰及消除

同萃取分光光度法。

3）试剂和材料

同萃取分光光度法。

4）仪器和设备

（1）分光光度计：具 510 nm波长，并配有光程为 20 mm的比色皿。

（2）一般实验室常用仪器。

5）样品

同萃取分光光度法。

6）分析步骤

（1）预蒸馏。同萃取分光光度法。

（2）显色分取馏出液 50 mL加入 50 mL比色管中，加 0.5 mL缓冲溶液，混匀，此时pH为（10.0±0.2），加 1.0 mL 4-氨基安替比林溶液，混匀，再加 1.0 mL铁氰化钾溶液，充分混匀后，密塞，放置 10 min。

（3）吸光度测定。于 510 nm波长，用光程为 20 mm的比色皿，以无酚水为参比，于 30 min内测定溶液的吸光度值。

（4）空白试验。用无酚水代替试样，按照上述分析步骤测定其吸光度值。空白样应与试样同时测定。

（5）校准。

① 校准系列的制备。于一组 8 支 50 mL比色管中，分别加入 0.00、0.50、1.00、3.00、5.00、7.00、10.00 和 12.50 mL酚标准中间液（ρ=10.0 mg/L），加无酚水至标线。

按照分析步骤（2）、（3）进行测定。

② 校准曲线的绘制。

由校准系列测得的吸光度值减去零浓度管的吸光度值，绘制吸光度值对酚含量（mg）的曲线，校准曲线回归方程相关系数应达到 0.999 以上。

7）结果计算

试样中挥发酚的质量浓度（以苯酚计），按式（5.21）计算：

$$\rho = \frac{m}{V} \times 1000 \tag{5.21}$$

式中各符号的意义同萃取分光光度法。

当计算结果小于 1 mg/L 时，保留到小数点后 3 位；大于等于 1 mg/L时，保留三位有效数字。

任务十六　阴离子表面活性剂的测定

实施方法及步骤

1. 原理

阳离子染料亚甲蓝与阴离子表面活性剂作用，生成蓝色的盐类，统称亚甲蓝活性物质（MBAS）。该生成物可被氯仿萃取，其色度与浓度成正比，用分光光度计在波长 652 nm 处测量氯仿层的吸光度。

2. 试剂

（1）氢氧化钠（NaOH）：1mol/L。

（2）硫酸（H_2SO_4）：0.5mol/L。

（3）氯仿（$CHCl_3$）。

（4）直链烷基苯磺酸钠贮备溶液（ρ=1.00 mg/mL）。

称取 0.100 g 标准物 LAS（平均分子量 344.4），准确至 0.001 g，溶于 50 mL 水中，转移到 100 mL 容量瓶中，稀释至标线并混匀。每毫升含 1.00 mg LAS。保存于 4 °C 冰箱中。如需要，每周配制一次。

（5）直链烷基苯磺酸钠标准溶液（ρ=10.0 mg/mL）。

准确吸取 10.00 mL 直链烷基苯磺酸钠贮备溶液，用水稀释至 1000 mL。当天配制。

（6）亚甲蓝溶液。

先称取 50 g 一水磷酸二氢钠（$NaH_2PO_4 \cdot H_2O$）溶于 300 mL 水中，转移到 1000 mL 容量瓶内，缓慢加入 6.8 mL 浓硫酸（H_2SO_4，ρ=1.84 g/mL），摇匀。另称取 30 mg 亚甲蓝（指示剂级），用 50 mL 水溶解后也移入容量瓶，用水稀释至标线，摇匀。此溶液贮存于棕色试剂瓶中。

（7）洗涤液。

称取 50 g 一水磷酸二氢钠（$NaH_2PO_4 \cdot H_2O$）溶于 300 mL 水中，转移到 1000 mL 容量瓶中，缓慢加入 6.8 mL 浓硫酸（H_2SO_4，ρ=1.84 g/mL），用水稀释至标线。

（8）酚酞指示剂溶液。

将 1.0 g 酚酞溶于 50 mL 乙醇[C_2H_5OH，95（V/V）]中，然后边搅拌边加入 50 mL 水，滤去形成的沉淀。

（9）玻璃棉或脱脂棉。

在索氏抽提器中用氯仿提取 4 h 后，取出干燥，保存在清洁的玻璃瓶中待用。

3. 仪器

一般实验室仪器和以下仪器。

（1）分光光度计：能在 652 nm 进行测量，配有 5、10、20 mm 比色皿。

（2）分液漏斗：250 mL，最好用聚四氟乙烯（PTFE）活塞。

（3）索氏抽提器：150 mL 平底烧瓶，Φ35×160 mm 抽出筒，蛇形冷凝管。

注：玻璃器皿在使用前先用水彻底清洗，然后用 10%（m/m）的乙醇盐酸清洗，最后用水冲洗干净。

4. 试样制备

取样和保存样品应使用清洁的玻璃瓶，并事先经甲醇清洗过。短期保存建议冷藏在 4 °C 冰箱中，如果样品需保存超过 24 h，则应采取保护措施。保存期为 4 d，加入 1%（*V*/*V*）的 40%（*V*/*V*）甲醛溶液即可，保存期长达 8 d，则需用氯仿饱和水样。

本方法目的是测定水样中溶解态的阴离子表面活性剂。在测定前，应将水样预先经中速定性滤纸过滤以去除悬浮物。吸附在悬浮物上的表面活性剂不计在内。

5. 操作步骤

1）校准

取一组分液漏斗 10 个，分别加入 100、99、97、95、93、91、89、87、85、80 mL 水，然后分别移入 0、1.00、3.00、5.00、7.00、9.00、11.00、13.00、15.00、20.00 mL 直链烷基苯磺酸钠标准溶液（ρ=10.0 μg/mL），摇匀。按如下步骤 3）处理每一标准，以测得的吸光度扣除试剂空白值（零标准溶液的吸光度）后与相应的 LAS 量（μg）绘制校准曲线。

2）试份体积

为了直接分析水和废水样，应根据预计的亚甲蓝表面活性物质的浓度选用试份体积，见表 5-6。

表 5-6　试份体积选用

预计的 MBAS 浓度，mg/L	试份体积/mL
0.05 ~ 2.0	100
2.0 ~ 10	20
10 ~ 20	5
20 ~ 40	5

当预计的 MBAS 浓度超过 2 mg/L 时，按表 5-8 选取试份量，用水稀释至 100 mL。

3）测定

（1）将所取试份移至分液漏斗，以酚酞为指示剂，逐滴加入 1 mol/L 氢氧化钠溶液（*c*=1 mol/L）至水溶液呈桃红色，再滴加 0.5 mol/L（*c*=0.5 mol/L）硫酸到桃红色刚好消失。

（2）加入 25 mL 亚甲蓝溶液，摇匀后再移入 10 mL 氯仿，激烈振摇 30 s，注意放气。过分的摇动会发生乳化，加入少量异丙醇（小于 10 mL）可消除乳化现象。加相同体积的异丙醇，至所有的标准中，再慢慢旋转分液漏斗，使滞留在内壁上的氯仿液珠降落，静置分层。

（3）将氯仿层放入预先盛有 50 mL 洗涤液的第二个分液漏斗，用数滴氯仿淋洗第一个分液漏斗的放液管，重复萃取三次，每次用 10 mL 氯仿。合并所有氯仿至第二个分液漏斗中，激烈摇动 30 s，静置分层。将氯仿层通过玻璃棉或脱脂棉，放入 50 mL 容量瓶中，再用氯仿萃取洗涤液两次（每次用量 5 mL），此氯仿层也并入容量瓶中，加氯仿到标线。

注：① 如水相中蓝色变淡或消失，说明水样中亚甲蓝表面活性物（MBAS）浓度超过了预计量，以致加入的亚甲蓝全部被反应掉。应弃去试样，再取一份较少量的试份重新分析。

② 测定含量低的饮用水及地表水可将萃取用的氯仿总量降至 25 mL。三次萃取用量分别为 10、5、5 mL，再用 3～4 mL 氯仿萃取洗涤液，此时检测下限可达到 0.02 mg/L。

（4）每一批样品要做一次空白试验及一种校准溶液的完全萃取。

（5）每次测定前，振荡容量瓶内的氯仿萃取液，并以此液洗三次比色皿，然后将比色皿充满。

在 652 nm 处，以氯仿为参比液，测定样品、校准溶液和空白试验的吸光度。应使用相同光程的比色皿。每次测定后，用氯仿清洗比色皿。

以试份的吸光度减去空白试验的吸光度后，从校准曲线上查得 LAS 的质量。

4）空白试验

按 3）的步骤进行空白试验，仅用 100 mL 水代替试样。在试验条件下，每 10 mm 光程长空白试验的吸光度不应超过 0.02，否则应仔细检查设备和试剂是否有污染。

6. 结果计算

用亚甲蓝活性物质（MBAS）报告结果，以 LAS 计，平均分子量为 344.4。计算方法为

$$\rho = m/V \tag{5.22}$$

式中：ρ——水样中亚甲蓝活性物（MBAS）的质量浓度，mg/L；

m——从校准曲线上读取的表观 LAS 质量，μg；

V——试份的体积，mL。

结果以三位小数表示。

任务十七　石油类和动植物油类的测定

实施方法及步骤

1. 方法原理

用四氯化碳萃取样品中的油类物质，测定总油，然后将萃取液用硅酸镁吸附，

除去动植物油类等极性物质后，测定石油类。总油和石油类的含量均由波数分别为 2930 cm^{-1}（CH_2 基团中 C-H 键的伸缩振动）、2960 cm^{-1}（CH_3 基团中 C-H 键的伸缩振动）和 3030 cm^{-1}（芳香环中 C-H 键的伸缩振动）谱带处的吸光度 A_{2930}、A_{2960}、A_{3030} 进行计算，其差值为动植物油类浓度。

2. 试剂和材料

（1）盐酸（HCl，ρ=1.18 g/mL）：优级纯。

（2）正十六烷：光谱纯。

（3）异辛烷：光谱纯。

（4）苯：光谱纯。

（5）四氯化碳：在 2800 ~ 3100 cm^{-1} 之间扫描，不应出现锐锋，其吸光度值不应超过 0.12（4 cm 比色皿、空气池作参比）。

（6）无水硫酸钠：在 550 °C 下加热 4h，冷却后装入磨口玻璃瓶中，置于干燥器内贮存。

（7）硅酸镁（60 ~ 100 目）：取硅酸镁于瓷蒸发皿中，置于马弗炉内 550 °C 下加热 4 h，在炉内冷却至约 200 °C 后，移入干燥器中冷却至室温，于磨口玻璃瓶内保存。使用时，称取适量的硅酸镁于磨口玻璃瓶中，根据硅酸镁的质量，按 6%（m/m）比例加入适量的蒸馏水，密塞并充分振荡数分钟，放置约 12 h 后使用。

（8）石油类标准贮备液（ρ=1000 mg/L），可直接购买市售有证标准溶液。

（9）正十六烷标准贮备液（ρ=1000 mg/L）：称取 0.1000 g 正十六烷于 100 mL 容量瓶中，用四氯化碳定容，摇匀。

（10）异辛烷标准贮备液（ρ=1000 mg/L）：称取 0.1000 g 异辛烷于 100 mL 容量瓶中，用四氯化碳定容，摇匀。

（11）苯标准贮备液（ρ=1000 mg/L）：称取 0.1000 g 苯于 100 mL 容量瓶中，用四氯化碳定容，摇匀。

（12）吸附柱：内径 10 mm、长约 200 mm 的玻璃珠。出口处填塞少量用四氯化碳浸泡并晾干后的玻璃棉，将硅酸镁缓缓倒入玻璃柱中，边倒边轻轻敲打，填充高度约为 80 mm。

3. 仪器和设备

（1）红外分光光度计：能在 2400 cm^{-1} 至 3400 cm^{-1} 之间进行扫描，并配有 1 cm 和 4 cm 带盖石英比色皿。

（2）旋转振荡器：振荡频数可达 300 次/min。

（3）分液漏斗：1000 mL、2000 mL，聚四氟乙烯旋塞。

（4）玻璃砂芯漏斗：40 mL，G-1 型。

（5）锥形瓶：100 mL，具塞磨口。

（6）样品瓶：500 mL、1000 mL，棕色磨口玻璃瓶。

（7）量筒：1000 mL、2000 mL。

（8）一般实验室常用器皿和设备。

4. 样品

（1）样品的采集。

用 1000 mL 样品瓶采集地表水和地下水，用 500 mL 样品瓶采集工业废水和生活污水。采集好样品后，加入盐酸（ρ=1.18 g/mL）酸化至 pH≤2。

（2）样品的保存。

如样品不能在 24 h 内测定，则应在 2 ~ 5 °C 下冷藏保存，3 d 内测定。

（3）试样的制备。

① 地表水和地下水。

将样品全部转移至 2000 mL 分液漏斗中，量取 25.0 mL 四氯化碳洗涤样品瓶后，全部转移至分液漏斗中。震荡 3 min，并经常开启旋塞排气，静置分层后，将下层有机相转移至已加入 3 g 无水硫酸钠的具塞磨口锥形瓶中，摇动数次。如果无水硫酸钠全部结晶成块，则需要补加无水硫酸钠，静置。将上层水相全部转移至 2000 mL 量筒中，测量样品体积并记录。

向萃取液中加入 3g 硅酸镁，置于旋转振荡器上，以 180 ~ 200 rpm 的速度连续振荡 20 min，静置沉淀后，上清液经玻璃砂芯漏斗过滤至具塞磨口锥形瓶中，用于测定石油类。

注：地表水和地下水动植物油类的测定可参照工业废水和生活污水的测定步骤。

② 工业废水和生活污水。

将样品全部转移至 1000 mL 分液漏斗中，量取 50.0 mL 四氯化碳洗涤样品瓶后，全部转移至分液漏斗中。震荡 3 min，并经常开启旋塞排气，静置分层后，将下层有机相转移至已加入 5 g 无水硫酸钠的具塞磨口锥形瓶中，摇动数次。如果无水硫酸钠全部结晶成块，需要补加无水硫酸钠，静置。将上层水相全部转移至 1000 mL 量筒中，测量样品体积并记录。

将萃取液分为两份，一份直接用于测定总油。另一份加入 5 g 硅酸镁，置于旋转振荡器上，以 180 ~ 200 rpm 的速率连续震荡 20 min，静置沉淀后，上清液经玻璃砂芯漏斗过滤至具塞磨口锥形瓶中，用于测定石油类。

注：石油类和动植物油类的吸附分离也可采用吸附柱法，即取适量的萃取液过硅酸镁吸附柱，弃去前 5 mL 滤出液，余下部分接入锥形瓶中，用于测定石油类。

（4）空白试样的制备。

用实验用水代替样品，按照试样的制备步骤制备空白试样。

5. 分析步骤

1）校准

（1）校正系数的测定。

分别量取 2.00 mL 正十六烷标准贮备液（ρ=1000 mg/L）、2.00 mL 异辛烷标准贮备液（ρ=1000 mg/L）和 10.00 mL 苯标准贮备液（ρ=1000 mg/L）于 3 个 100 mL 的容量瓶中，用四氯化碳定容至标线，摇匀。正十六烷、异辛烷和苯标准溶液的浓度分别为 20 mg/L、20 mg/L 和 100 mg/L。

用四氯化碳作为参比溶液，使用 4 cm 比色皿，分别测量正十六烷、异辛烷和苯标准溶液在 2930 cm^{-1}、2960 cm^{-1}、3030 cm^{-1} 处的吸光度 A_{2930}、A_{2960}、A_{3030}。正十六烷、异辛烷和苯标准溶液在上述波数处的吸光度均符合公式（5.23），由此得出的联立方程式经求解后，可分别得到相应的校正系数 X、Y、Z 和 F。

$$\rho = X \cdot A_{2930} + Y \cdot A_{2960} + Z\left(A_{3030} - \frac{A_{2930}}{F}\right) \tag{5.23}$$

式中：ρ——四氯化碳中总油的质量浓度，mg/L；

A_{2930}、A_{2960}、A_{3030}——各对应波数下测得的吸光度；

X、Y、Z——与各种 C—H 键吸光度相对应的系数；

F——脂肪烃对芳香烃影响的校正因子，即正十六烷在 2930cm^{-1} 与 3030cm^{-1} 处的吸光度之比。

对于正十六烷和异辛烷，由于其芳香烃含量为零，即 $A_{3030} - \frac{A_{2930}}{F} = 0$，则有：

$$F = {A_{2930}(\mathrm{H})}/{A_{3030}(\mathrm{H})} \tag{5.24}$$

$$\rho(\mathrm{H}) = X \cdot A_{2930}(\mathrm{H}) + Y \cdot A_{2960}(\mathrm{H}) \tag{5.25}$$

$$\rho(\mathrm{I}) = X \cdot A_{2930}(\mathrm{I}) + Y \cdot A_{2960}(\mathrm{I}) \tag{5.26}$$

由公式（5.24）得 F 值，由公式（5.25）和（5.26）可得 X 和 Y 值。

对于苯，则有：

$$\rho(\mathrm{B}) = X \cdot A_{2930}(\mathrm{B}) + Y \cdot A_{2960}(\mathrm{B}) + Z[A_{3030}(\mathrm{B}) - A_{2930}(\mathrm{B}) / F] \tag{5.27}$$

由公式（5.27）可得 Z 值。

式中：$\rho(\mathrm{H})$——正十六烷标准溶液的质量浓度，mg/L；

$\rho(\mathrm{I})$——异辛烷标准溶液的质量浓度，mg/L；

$\rho(\mathrm{B})$——苯标准溶液的质量浓度，mg/L。

$A_{2930}(\mathrm{H})$、$A_{2960}(\mathrm{H})$、$A_{3030}(\mathrm{H})$——各对应波数下测得正十六烷标准溶液的吸光度；

$A_{2930}(\mathrm{I})$、$A_{2960}(\mathrm{I})$、$A_{3030}(\mathrm{I})$——各对应波数下测得异辛烷标准溶液的吸光度；

$A_{2930}(\mathrm{B})$、$A_{2960}(\mathrm{B})$、$A_{3030}(\mathrm{B})$——各对应波数下测得苯标准溶液的吸光度。

可采用姥鲛烷代替异辛烷、甲苯代替苯，以相同方法测定校正系数。

注：红外分光光度计出厂时如果设定了校正系数，则可以直接进行矫正系数的检验。

（2）校正系数的检验。

分别量取 5.00 mL 和 10.00 mL 的石油类标准贮备液于 100 mL 容量瓶中，用四氯化碳定容，摇匀，石油类标准溶液的质量浓度分别为 50 mg/L 和 100 mg/L。分别量取 2.00 mL、5.00 mL 和 20.00 mL 质量浓度为 100 mg/L 的石油类标准溶液于 100 mL 容量瓶中，用四氯化碳定容，摇匀，石油类标准溶液的质量浓度分别为 2 mg/L、5 mg/L 和 20 mg/L。

用四氯化碳作为参比溶液，使用 4 cm 比色皿，于 2930 cm^{-1}、2960 cm^{-1}、3030 cm^{-1} 处分别测量 2 mg/L、5 mg/L、20 mg/L、50 mg/L 和 100 mg/L 石油类标准溶液的吸光度 A_{2930}、A_{2960}、A_{3030}，按照公式（5.23）计算测定浓度。如果测定值与标准值的相对误差在±10%以内，则校正系数可采用，否则应重新测定校正系数并检验，直至符合条件为止。

注：用标准物质配置标准溶液时，使用正十六烷、异辛烷和苯，按 65∶25∶10（V/V）的比例配置混合烃标准物质；使用正十六烷、姥鲛烷和甲苯，按 5∶3∶1（V/V）的比例配置混合烃标准物质。以四氯化碳作为溶剂配置所需浓度的标准溶液。

2）测定

（1）总油的测定。

将未经硅酸镁吸附的萃取液移至 4 cm 比色皿中，以四氯化碳作为参比溶液，于 2930 cm^{-1}、2960 cm^{-1}、3030 cm^{-1} 处测量其吸光度 $A_{1.2930}$、$A_{1.2960}$、$A_{1.3030}$，计算总油的浓度。

（2）石油类浓度的测定。

将经过硅酸镁吸附后的萃取液移至 4 cm 比色皿中，以四氯化碳作为参比溶液，于 2930 cm^{-1}、2960 cm^{-1}、3030 cm^{-1} 处测量其吸光度 $A_{2.2930}$、$A_{2.2960}$、$A_{2.3030}$，计算石油类的浓度。

（3）动植物油类浓度的测定。

总油浓度与石油类浓度之差为动植物油类的浓度。

注：当萃取液中油类化合物浓度大于仪器的测定上限时，应在硅酸镁吸附前稀释萃取液。

3）空白试验

以空白试样代替试样，按照与测定 2）相同的步骤进行测定。

6. 结果计算与表示

1）结果计算

（1）总油的质量浓度。

样品中总油的质量浓度 ρ_1（mg/L），按式（5.28）进行计算。

$$\rho_1 = [X \cdot A_{1.2930} + Y \cdot A_{1.2960} + Z(A_{1.3030} - A_{1.2930} / F)] \cdot (\frac{V_0 \cdot D}{V_w}) \quad (5.28)$$

式中：ρ_1——样品中总油的浓度，mg/L；

X、Y、Z、F——校正系数；

$A_{1.2930}$、$A_{1.2960}$、$A_{1.3030}$——各对应波数下测得萃取液的吸光度；

V_0——萃取溶剂的体积，mL；

V_w——样品体积，mL；

D——萃取液稀释倍数。

（2）石油类的质量浓度。

样品中石油类的质量浓度 ρ_2（mg/L），按式（5.29）进行计算。

$$\rho_2 = [X \cdot A_{2.2930} + Y \cdot A_{2.2960} + Z(A_{2.3030} - A_{2.2930} / F)] \cdot (\frac{V_0 \cdot D}{V_w}) \quad (5.29)$$

式中：ρ_2——样品中石油类的质量浓度，mg/L；

$A_{2.2930}$、$A_{2.2960}$、$A_{2.3030}$——各对应波数下测得经硅酸镁吸附后滤出液的吸光度。

（3）动植物油类的质量浓度。

样品中动植物油类的质量浓度 ρ_3（mg/L）按式（5.30）计算。

$$\rho_3 = \rho_1 - \rho_2 \quad (5.30)$$

式中：ρ_3——样品中动植物油类的质量浓度，mg/L。

2）结果表示

当测定结果小于 10 mg/L 时，结果保留两位小数；当测定结果大于或等于 10 mg/L 时，结果保留三位有效数字。

子项目三　生物物质的测定

学习目标

了解水体生物群落中指示生物的概念及特点；

了解生物群落的监测方法，了解不同污染带的生物及其化学特征；

掌握水体中细菌总数及总大肠菌群测定的方法，并能够熟练应用。

基础知识

水环境中存在大量的水生生物，各类水生生物之间以及水生生物和其生存环境之间，相互依存又相互制约。当水环境因受污染而发生变化时，水生生物将会产生不同的反应。根据这一原理，我们可以用水生生物来判断水环境质量状况。

用水生生物来监测水环境质量状况的方法很多，如生物群落法、急性毒性试验、残毒测定法、细菌学检验等。

一、生物群落法

（一）指示生物

生物群落中生活着各种水生生物，如细菌、浮游生物、底栖动物和鱼类等。由于它们的群落结构、种类和数量的变化能够反映水环境质量状况，因此称之为指示生物。水环境的生存条件不同，水生生物的种类也不尽相同。一般情况下，未受污染的天然水中生物的种类多，但是数量少；水体受到污染后，水中的生物种类多，数量也多。水质不同，生物的种类和数量也不同。因此可以根据水环境中生物的种类和数量来评价水体的环境质量状况。

（二）监测方法

1. 污水生物系统法

水体受到有机物的污染后，由于水体的自净过程将导致自河流上游到下游形成一个污染程度不同的连续带，在每一个带中都有各自的物理、化学和生物特征，并将形成独特的指示生物群落，据此评价水质状况。污水生物体系各污染带的生物及化学特征见表 5-7。

表 5-7　水环境生物学评价分级特征

特征	多污带	α-中污带	β-中污带	寡污带
化学过程	因还原和分解作用而产生腐败现象	氧化过程在水和底泥中出现	氧化过程进行的更全面、强烈	因氧化使矿化作用达到完成阶段
溶解氧	没有或极微量	少量，$2\times10^{-6}\sim6\times10^{-6}$	较多，$6\times10^{-6}\sim8\times10^{-6}$	很多，$>8\times10^{-6}$
BOD	很高，$>10\times10^{-6}$	高，$5\times10^{-6}\sim10\times10^{-6}$	较低，$2.5\times10^{-6}\sim5\times10^{-6}$	低，$<2.5\times10^{-6}$
硫化氢的生成	具有强烈的硫化氢气味	无较强的硫化氢气味	无	无
水中的有机物	高分子有机物大量存在	高分子有机物分解产生氨基酸等	大部分有机物物已完成无机化过程	有机物全部分解

续表

特征	多污带	α-中污带	β-中污带	寡污带
底泥	因黑色硫化铁存在而常呈黑色	因硫化铁氧化成氢氧化铁而不呈黑色	有 Fe_2O_3 存在	大部分氧化
水中细菌	大量存在，每毫升可达 100 万个以上	较多，每毫升可达 10 万个以上	数量减少，每毫升可达 10 万个以下	数量少，每毫升在 100 个以下
栖息生物的生态学特征	所有动物都是细菌的摄食者，都能耐受 pH 值的强烈变化，有耐低溶解氧的厌氧性生物，对硫化氢、氨等毒性有强烈的抗性	摄食动物占优势，肉食性动物增加，对溶解氧和 pH 值的变化有高度的适应性，能够容忍氨，对硫化氢的耐受性较弱	对溶解氧和 pH 值变化适应性差，对腐败性毒无长时间耐性	对溶解氧和 pH 值的变化适应性很差，对腐败性毒物如硫化氢等的耐性极差
植物	无硅藻、绿藻、接合藻以及高等植物出现	出现蓝藻、绿藻、接合藻及硅藻等	出现多种硅藻、绿藻、接合藻，是鼓藻的主要分布区	水中藻类少，但着生藻类多
动物	以微型动物为主，原声动物占优势	微型动物占大多数	多种多样	多种多样
原生动物	有变形虫、纤毛虫，但无太阳虫、双鞭毛虫、吸管虫	逐渐出现太阳虫、吸管虫，但仍无双鞭毛虫	太阳虫、吸管虫等中等耐污性差的种类出现，双鞭毛虫也出现	仅有鞭毛虫、纤毛虫等少量出现
后生动物	有虫、蠕形动物、昆虫幼虫等少量出现，没有水螅、淡水海绵、苔藓动物出现，小型甲壳类、贝类和鱼类	有贝类、甲壳类、昆虫出现，但无淡水海绵、苔藓动物出现，鱼类中的鲤、鲫、鲶等可在此栖息	淡水海绵、苔藓动物、水螅、贝类、小型甲壳类、两栖动物、鱼类均有多种出现	除各种动物外，昆虫幼虫种类极多

2. 生物指数法

生物指数法是根据生物种类的敏感度或种类组成情况来评价环境质量的指数。贝克（Beck）于 1955 年提出了一种建议的计算生物指数的方法，他根据生物对有机物的耐性，将从采样点采到的底栖大型无脊椎动物分成两大类，Ⅰ类为对有机物污染缺乏耐性的种类，Ⅱ类为对有机物污染有中等耐受的种类，利用它们来进行水体污染的评价。其计算公式如下：

$$贝克生物指数\ (BI) = 2S_{\mathrm{I}} + S_{\mathrm{II}} \tag{5.31}$$

式中：S_{I}、S_{II}——分别为Ⅰ类动物种类和Ⅱ类动物种类。

将计算得的 BI 值对水环境污染分级，如表 5-8 所示。

表 5-8　水环境生物分级

BI	0	1 ~ 10	>10
污染分级	严重污染	中度污染	清洁

3. **群落多样性指数法**

香农（Shannon）、维纳（Wiener）提出根据生物群落的种类和个体数量来评价水环境质量，能够定量地反映生物群落结构的种类、数量及群落中种类组成比例变化的信息。其理论基础是清洁的水域中生物种类多，但每种个体的数量少，而在污染水域中生物种类少，但每种个体的数量多这一生物学规律。

香农-维纳多样性指数计算公式如下：

$$\bar{d}=\sum_{i=1}^{S}(n_i/N)\ln(n_i/N)\quad(i=1,2,3,\cdots,S)\tag{5.32}$$

式中：$\bar{d}$——生物种类多样性指数；

n_i——单位面积上第 i 种生物的个体数；

N——单位面积上各类生物的总个体数；

S——生物种类数。

根据计算得到的 $\bar{d}$ 值对水环境污染状况分级，如表 5-9 所示。

表 5-9　按 $\bar{d}$ 值进行生物分级标准

$\bar{d}$	<1.0	1.0 ~ 3.0	>3.0
污染分级	重污染	中污染	寡污染

二、细菌学检验法

（一）细菌总数的测定

细菌总数是指水样在营养琼脂上有氧条件下 37 °C 培养 48 h，所得 1 mL 水样所含菌落的总数。它是判断饮用水、水源水、地表水等污染程度的标志，其测定主要程序如下。

（1）灭菌：求对用作细菌检验的器皿、培养基等进行灭菌，以确保所检出的细菌皆来自于所测水样。

（2）制备营养琼脂培养基：将 10 g 蛋白胨、3 g 牛肉膏、5 g 氯化钠、10 ~ 20 g 琼脂混合溶于 1000 mL 的蒸馏水中，加热使混合物溶解，调整 pH 为 7.4 ~ 7.6，分装于玻璃容器中（如用含杂质较多的琼脂时，应先过滤），经 103.43 kPa（121 °C）

灭菌 20 min，储存于冷暗处备用。

（3）培养：以无菌操作方法用灭菌吸管吸取 1 mL 充分混匀的水样，注入灭菌平皿中，倾注约 15 mL 已融化并冷却到 45 °C 左右的营养琼脂培养基，并立即旋摇平皿，使水样与培养基充分混匀。每个水样应做一个平行接种，同时另用一个平皿只倾注营养琼脂培养基作空白对照。待冷却凝固后，翻转平皿，使底面向上，置于（36±1）°C 培养箱内培养 48 h，进行菌落计数。

（4）菌落计数：既可用眼睛直接观察，也可以用放大镜检查，对平皿菌落进行计数，求出 1 mL 水样中的平均菌落数。

（二）总大肠菌群的测定

总大肠菌群是指一群在 35 °C 下培养 48 h 能够发酵乳糖、产酸产气、需氧和兼性厌氧的革兰氏阴性无芽孢杆菌。

总大肠菌群的检验方法有发酵法、滤膜法和酶底物法。发酵法用于各种水样的测定（包括底泥），但操作烦琐，用时较长。滤膜法操作简单、快速，但不适于浑浊水样。

（三）其他细菌的测定

在 44.5 °C 温度下能生长并发酵乳糖、产酸产气的大肠菌群称为粪大肠菌群。用提高培养温度的方法，造成不利于来自自然环境的大肠菌群圣战的条件，使培养出来的菌群主要为来自粪便中的大肠菌群，从而更准确地反映水质受粪便污染的情况。粪大肠菌群的测定可以用夺冠发酵法和滤膜法。粪链球菌数的测定也采用多管发酵法或滤膜法。沙门氏菌测定时需要先用滤膜法浓缩水样，然后进行培养和平板分离，再进行生物化学和血清学鉴定，查 MPN 表，然后计算每升水样中的沙门氏菌数。以上三种细菌为水质的生物监测选择项目。

任务十八　粪大肠菌群的测定

实施方法及步骤

1. 多管发酵法

1）原理

多管发酵法是以最可能数（Most Probable Number，简称 MPN）来表示试验结果的。实际上它是根据统计学理论，估计水体中的大肠杆菌密度和卫生质量的一种方法。如果从理论上考虑，并且进行大量的重复检定，可以发现这种估计有大于实际数字的倾向。不过只要每一稀释度试管重复数目增加，这种差异便会减少，对于细菌含量的估计值，大部分取决于那些既显示阳性又显示阴性的稀释度。因此在试验设计上，水样检验多要求重复的数目，要根据所要求数据的准确度而定。

2）培养基和试剂

（1）单倍乳糖蛋白胨培养液：将 10 g 蛋白胨、3 g 牛肉浸膏、5 g 乳糖和 5 g 氯化钠加热溶解于 1000 mL 的蒸馏水中，调节 pH 为 7.2 ~ 7.4，再加入 1.6% 溴甲酚紫乙醇溶液 1 mL，充分混匀，分装于含有倒置的小玻璃管的试管中，于高压蒸汽灭菌器中，在 115 °C 灭菌 20 min，贮存于暗处备用。

（2）三倍乳糖蛋白胨培养液：按上述配方比例三倍（除蒸馏水外），配成三倍浓缩的乳糖蛋白胨培养液，制法同上。

（3）EC 培养液：20 g 胰胨、5 g 乳糖、1.5 g 胆盐三号、4 g 磷酸氢二钾（K_2HPO_4）、1.5 g 磷酸二氢钾（KH_2PO_4）和 5 g 氯化钠加热溶解，然后分装于含有玻璃倒管的试管中。置高压蒸汽灭菌器中，115 °C 灭菌 20 min。灭菌后 pH 应为 6.9。

（4）培养基的存放：在密封瓶中的脱水培养基成品要存放在大气湿度低、温度低于 30 °C 的暗处，存放时应避免阳光直接照射，并且要避免杂菌侵入和液体蒸发。当培养液颜色变化，或体积变化明显时废弃不用。

3）步骤

（1）水样接种量。

将水样充分混匀后，根据水样污染的程度确定水样接种量。每个样品至少用三个不同的水样量接种。同一接种水样要有五管。

相对未受污染的水样接种量为 10 mL、1 mL、0.1 mL。受污染水样接种量根据污染程度接种 1 mL、0.1 mL、0.01 mL 或 0.1 mL、0.01 mL、0.001 mL 等。使用的水样量可参考表 5-10。

表 5-10　接种用水量参考表

水样种类	检测方法	接种量/mL								
		100	50	10	1	0.1	10^{-2}	10^{-3}	10^{-4}	10^{-5}
井水	多管发酵法			×	×	×				
河水、塘水	多管发酵法				×	×	×			
湖水、塘水	多管发酵法						×	×	×	
城市原污水	多管发酵法							×	×	×

如接种体积为 10 mL，则试管内应装有三倍浓度乳糖蛋白胨培养液 5 mL；如接种量为 1 mL 或少于 1 mL，则可接种于普通浓度的乳糖蛋白胨培养液 10 mL 中。

（2）初发酵试验。

将水样分别接种到盛有乳糖蛋白胨培养液的发酵管中。在（37±0.5）°C 下培养（24±2）h。产酸和产气的发酵管表明试验阳性。如在倒管内产气不明显，可以轻拍试管，有小气泡升起为阳性。

（3）复发酵试验。

轻微振荡初发酵试验阳性结果的发酵管，用 3 mm 接种环或灭菌棒将培养物转接到 EC 培养液中。在（44.5±0.5）°C 下培养（24±2）h（水浴箱的水面应高于试管中培养基液面）。接种后所有发酵管必须在 30 min 内放进水浴中。培养后立即观察，发酵管产气则证实为粪大肠菌群阳性。

4）结果计算

根据不同接种量的发酵管所出现阳性结果的数目，从表 5-11 或表 5-12 中查得每升水样中的粪大肠菌群。接种水样为 100 mL 2 份、10 mL 10 份、总量 300 mL 时，查表 5-11 得每升水样中的粪大肠菌群；接种 5 份 10 mL、5 份 1 mL 水样、5 份 0.1 mL 水样时，查表 5-12 求得 *MPN* 指数，*MPN* 值再乘 10，即得 1 L 水样中的粪大肠菌群。

如果接种的水样不是 10 mL、1 mL 和 0.1 mL，而是较低的或较高的三个浓度的水样量，也可查表 5-12 求得 *MPN* 值，再经式（5.33）计算每 100 mL 的 *MPN* 值。

$$MPN = MPN\text{指数} \times \frac{10(\text{mL})}{\text{接种量最大的一管}(\text{mL})} \tag{5.33}$$

表 5-11　粪大肠菌群检数表

（接种水样 100 mL 2 份、10 mL 10 份、总量 300 mL）

10 mL 水量的阳性管数	100 mL 水量的阳性瓶数		
	0	1	2
	1 L 水样中粪大肠菌群数	1 L 水样中粪大肠菌群数	1 L 水样中粪大肠菌群数
0	<3	4	11
1	3	8	18
2	7	13	27
3	11	18	38
4	14	24	52
5	18	30	70
6	22	36	92
7	27	43	120
8	31	51	161
9	36	60	230
10	40	69	>230

表 5-12　最可能数（*MPN*）表

（接种 5 份 10 mL 水样、5 份 1 mL 水样、5 份 0.1 mL 水样时，不同阳性及阴性情况下 100 mL 水样中细菌数的最可能数和 95%可信限值）

出现阳性份数			每 100 mL 水样中细菌数的最可能数	95%置信区间		出现阳性份数			每 100 mL 水样中细菌数的最可能数	95%置信区间	
10 mL 管	1 mL 管	0.1 mL 管		上限	下限	10 mL 管	1 mL 管	0.1 mL 管		上限	下限
0	0	0	<2			4	2	1	26	9	78
0	0	1	2	<0.5	7	4	3	0	27	9	80
0	1	0	2	<0.5	7	4	3	1	33	11	93
0	2	0	4	<0.5	11	4	4	0	34	12	93
1	0	0	2	<0.5	7	5	0	0	23	7	70
1	0	1	4	<0.5	11	5	0	1	34	11	89
1	1	0	4	<0.5	11	5	0	2	43	15	110
1	1	1	6	<0.5	15	5	1	0	33	11	93
1	2	0	6	<0.5	15	5	1	1	46	16	120
2	0	0	5	<0.5	13	5	1	2	63	21	150
2	0	1	7	1	17	5	2	0	49	17	130
2	1	0	7	1	17	5	2	1	70	23	170
2	1	1	9	2	21	5	2	2	94	28	220
2	2	0	9	2	21	5	3	0	79	25	190
2	3	0	12	3	28	5	3	1	110	31	250
3	0	0	8	1	19	5	3	2	140	37	310
3	0	1	11	2	25	5	3	3	180	44	500
3	1	0	11	2	25	5	4	0	130	35	300
3	1	1	14	4	34	5	4	1	170	43	190
3	2	0	14	4	34	5	4	2	220	57	700
3	2	1	17	5	46	5	4	3	280	90	850
3	3	0	17	5	46	5	4	4	350	120	1000
4	0	0	13	3	31	5	5	0	240	68	750
4	0	1	17	5	46	5	5	1	350	120	1000
4	1	0	17	5	46	5	5	2	540	180	1400
4	1	1	21	7	63	5	5	3	920	300	3200
4	1	2	26	9	78	5	5	4	1600	640	5800
4	2	0	22	7	67	5	5	5	≥2400		

2. 滤膜法

1）原理

滤膜是一种微孔性薄膜。将水样注入已灭菌的放有滤膜（孔径 0.45 μm）的滤器中，经过抽滤，细菌即被截留在膜上，然后将滤膜贴于 M-FC 培养基上，在 44.5 °C 温度下进行培养，计数滤膜上生长的此特性的菌落数，计算出每 1L 水样中含有的粪大肠菌群数。

2）培养基和试剂

（1）M-FC 培养基。

① 成分：10 g 胰胨、5 g 蛋白胨、3.0 g 酵母浸膏、5.0 g 氯化钠、12.5 g 乳糖、1.5 g 胆盐三号、10 mL 的 1%苯胺蓝水溶液、10 mL 的 1%玫瑰色酸溶液（溶于 0.2 mol/L 氢氧化钠溶液中）、1000 mL 蒸馏水。

② 制法：将上述培养基中的成分（除苯胺蓝和玫瑰色酸外），置于蒸馏水中加入溶解，调节 pH 为 7.4，分装于小烧瓶内，每瓶 100 mL，于 115 °C 灭菌 20 min。贮于冰箱中备用。临用前，按上述配方比例，用灭菌吸管分别加入已煮沸灭菌的 1%苯胺蓝水溶液 1 mL 及新配置的 1%玫瑰色酸溶液（溶于 0.2 mol/L 氢氧化钠溶液中）1 mL，混合均匀。加热溶解前，加入 1.2% ~ 1.5%琼脂可制成固体培养基。如培养物中杂菌不多，则培养基中不加玫瑰色酸亦可。

（2）培养基的存放。

在密封瓶中的脱水培养基成品要存放在大气湿度低、温度低于 30 °C 的暗处，存放时应避免阳光直接照射，并且要避免杂菌侵入和液体蒸发。当培养液颜色变化，或体积变化明显时废弃不用。

3）步骤

（1）水样量的选择：水样量的选择根据细菌受检验的特征和水样中预测的细菌密度而定。如未知水样中粪大肠菌的密度，就应按表 5-13 中所列体积过滤水样，以得知水样的粪大肠杆菌密度。先估计出适合在滤膜上计数所应使用的体积，然后再取这个体积的 1/10 和 10 倍，分别过滤。理想的水样体积是一片滤膜上生长 20 ~ 60 个粪大肠菌群菌落，总菌落数不得超过 200 个。使用的水样量可参考表 5-13。

表 5-13　使用水量参考表

水样种类	检测方法	接种量/mL								
		100	50	10	1	0.1	10^{-2}	10^{-3}	10^{-4}	10^{-5}
较清洁的湖水	滤膜法	×	×	×						
一般的江水	滤膜法		×	×	×					
城市内的河水	滤膜法				×	×	×			
城市原污水	滤膜法					×	×	×		

（2）滤膜及滤器的灭菌：将滤膜放入烧杯中，加入蒸馏水，置于沸水浴中煮沸灭菌三次，每次 15 min。前两次煮沸后需更换水洗涤 2 ~ 3 次，以除去残留溶剂。也可用 121 °C 灭菌 10 min，10 min 一到，迅速将蒸汽放出，这样可以尽量减少滤膜上凝集的水分。滤器、接液瓶和垫圈分别用纸包好，在使用前先经 121 °C 高压蒸汽灭菌 30 min。滤器灭菌也可用点燃的酒精棉球火焰灭菌。

（3）过滤装置安装：以无菌操作把过滤装置依照图 5-8 装好。

图 5-8　过滤装置

（4）过滤：用无菌镊子夹取灭菌滤膜边缘，将粗糙面向上，贴放在已灭菌的滤床上，稳妥地固定好滤器。将适量的水样注入滤器中，加盖，开动真空泵即可抽滤除菌。

（5）培养：使用 M-FC 培养基。培养基含或不含琼脂，不含琼脂的培养基使用已用 M-FC 培养基饱和的无菌吸收垫。将滤过水样的滤膜置于琼脂或吸收垫表面。将培养皿紧密盖好后，置于能准确恒温于（44.5±0.5）°C 的恒温培养箱或恒温水浴中，经（24±2）h 培养。若用恒温水浴培养，则须用防水胶带贴封每个平皿，将培养皿成叠封入防水塑料袋或容器内，浸没（44.5±0.5）°C 恒温水浴中。在培养时间内，装培养皿的塑料袋必须用重物坠于水面之下，以保持所需的严格温度。所有已制备的培养物都应在过滤后 30 min 内浸入水浴内。

4）结果的计算

粪大肠菌群菌落在 M-FC 培养基上呈蓝色或蓝绿色，其他非粪大肠菌群菌落呈灰色、淡黄色或无色。正常情况下，由于温度和玫瑰酸盐试剂的选择性作用，在 M-FC 培养基上很少见到非粪大肠菌群菌落。必要时可将可疑菌落接种于 EC 培养液，于（44.5±0.5）°C 下培养（24±2）h，如产气则证实为粪大肠菌群。

计数呈蓝色或蓝绿色的菌落，计算出每 1 L 水样中的粪大肠菌群菌落数。

$$\text{粪大肠菌群菌落数（个/L）} = \frac{\text{滤膜上生长的粪大肠菌群菌落数}}{\text{过滤水样量（mL）}} \qquad (5.34)$$

项目六　数据处理

学习目标

掌握误差的表示方法，并且能够熟练地进行误差、相对误差、绝对偏差、相对偏差、平均偏差、相对平均偏差、标准偏差、相对标准偏差和极差的计算；

熟练掌握准确度和精密度的意义及表示方法；

掌握可疑数字取舍的原则，熟练应用狄克逊检验法和格鲁勃斯检验法，并能够对测量可疑数据进行计算分析以及取舍；

了解测量结果统计检验方法，并能够熟练应用 t 检验法以及 F 检验法和 t 检验法的联合使用对测量结果监测检验分析；

能够正确表述测量结果；

掌握直线相关及回归的概念、意义，并能够将其熟练应用到水环境监测的数据分析及处理过程中。

基础知识

环境监测的目的是为描述和评价环境质量提供准确可靠的数据。由于监测系统的条件限值以及操作人员的技术水平，测定值与真值之间常存在差异；环境污染的流动性、变异性以及与时空因素关系，使某一区域的环境质量由许多因素综合决定；描述某一河流的环境质量，必须对整条河流按规定布点，一旦频率测定，根据大量数据综合才能表述它的环境质量，所有这一切均需通过统计处理。

一、分析结果的误差及其表示方法

（一）误差的来源

1. 真值

真值即真实值，在某一时刻和某一位置或状态下，某量的效应体现出的客观值或实际值称为真值。真值通常是一个未知量，一般说的真值是指理论真值、约定真值和相对真值。

（1）理论真值也称绝对真值：如三角形内角和 180 度。

（2）约定真值也称规定真值：由国际计量大会定义的国际单位制，包括基本单位、辅助单位和导出单位。由国际单位制所定义的真值叫约定真值。

（3）标准器（包括标准物质）的相对真值：高一级标准器的误差为低一级标准器或普通仪器误差的 1/5（或 1/20 ~ 1/3）时，则可认为前者是后者的相对真值。

2. 误差及其分类

由于被测量的数据形式通常不能以有限位数表示，同时由于认识能力不足和科学技术水平的限制，使测量值与真值不一致，这种矛盾在数值上表现为误差。任何测量结果都有误差，并存在于一切测量全过程之中。

误差按其性质和产生原因，可以分为系统误差、随机误差和过失误差。

（1）系统误差。

系统误差又叫可测误差、恒定误差或偏倚（bias），在重复性条件下，对同一被测量进行无限多次测量所得结果的平均值与被测量的真值之差。

系统误差是指在分析过程中由于某些固定的原因引起的一类误差，它具有重复性、单向性、可测性。即在相同的条件下，重复测定时会重复出现，使测定结果系统偏高或系统偏低，其数值大小也有一定的规律。系统误差包括以下内容。

① 方法误差，系由于选择的方法不够完善所致。如质量分析中沉淀的溶解损失，滴定分析中指示剂选择不当。

② 仪器误差，系由于仪器本身的缺陷所致，如天平两臂不等，砝码未校正，滴定管、容量瓶未校正。

③ 试剂误差，系由于所用试剂有杂质所致，如去离子水不合格、试剂纯度不够（含待测组分或干扰离子）等。

④ 恒定的个人误差，系由于测量者感觉器官的差异、反应的敏捷程度和固有习惯所致，如对仪器标尺读取读数时的始终偏右或偏左。

⑤ 恒定的环境误差，系由于测量时环境因素的显著改变所致。如室温的明显变化、溶液中某组分挥发造成溶液浓度的改变等。

（2）随机误差。

随机误差又称偶然误差或不可测误差，是由于在测定过程中一系列有关因素微小的随机波动而形成的具有相互抵偿性的误差。其产生的原因是分析过程中种种不稳定随机因素的影响，如室温、相对湿度和气压等环境条件的不稳定，分析人员操作的微小差异以及仪器的不稳定等。随机误差的大小和正负都不固定，但多次测量就会发现，绝对值相同的正负随机误差出现的概率大致相等，它们之间常能互相抵消，因此可以通过增加平行测定的次数取平均值的办法减小随机误差。

（3）过失误差。

过失误差亦称粗差，是由测量过程中犯了不应有的错误造成的，如水样的丢失或沾污、仪器出现异常而未被发现、读数错误、记录或计算错误等，过失误差无一定的规律可循。

过失误差一经发现，必须及时改正。只要分析人员有严谨的科学作风、细致的工作态度和强烈的责任感，过失误差是可以避免的。

（二）误差的表示方法

1. 绝对误差和相对误差

（1）绝对误差：指测量值（x）与真值（x_T）之差，绝对误差（E）有正负之分。

$$E = x - x_T \tag{6.1}$$

（2）相对误差：指绝对误差与真值之比（常以百分数表示），则相对误差 RE（%）为

$$RE = \frac{x - x_T}{x_T} \times 100\% \tag{6.2}$$

2. 绝对偏差和相对偏差

（1）绝对偏差：指某一测量值 x_i 与多次测量平均值 $\bar{x}$ 之差，以 d_i 表示。

$$d_i = x_i - \bar{x} \tag{6.3}$$

（2）相对偏差：指绝对偏差与均值之比（常用百分数表示）。

$$\text{相对偏差} = \frac{d_i}{\bar{x}} \times 100\% \tag{6.4}$$

3. 平均偏差和相对平均偏差

（1）平均偏差：指绝对偏差的绝对值之和的平均值，以 $\bar{d}$ 表示。

$$\bar{d} = \frac{\sum_{i=1}^{n}|x_i - \bar{x}|}{n} = \frac{1}{n}\sum_{i=1}^{n}|d_i| = \frac{1}{n}(|d_1| + |d_2| + \cdots + |d_n|) \tag{6.5}$$

（2）相对平均偏差：为平均偏差与测量均值之比（常用百分比表示）。

$$\text{相对平均偏差} = \frac{\bar{d}}{\bar{x}} \times 100\% \tag{6.6}$$

4. 标准偏差和相对标准偏差

（1）差方和：亦称离差平方和或平方和，是指绝对偏差的平方之和，以 S 表示。

$$S=\sum_{i=1}^{n}(x_i-\bar{x})^2 \tag{6.7}$$

（2）样本方差：用 s^2 或 V 表示。

$$s^2=\frac{1}{n-1}\sum_{i=1}^{n}(x_i-\bar{x})^2=\frac{1}{n-1}S \tag{6.8}$$

（3）样本标准偏差用 s 或 s_D 表示。

$$s=\sqrt{\frac{1}{n-1}\sum_{i=1}^{n}(x_i-\bar{x})^2}=\sqrt{\frac{1}{n-1}S}=\sqrt{\frac{\sum_{i=1}^{n}x_i^2-\frac{\left(\sum_{i=1}^{n}x_i\right)^2}{n}}{n-1}} \tag{6.9}$$

（4）样本的相对标准偏差：又称变异系数，是样本标准偏差在样本均值中所占的百分数，记为 C_V 或 RSD。

$$C_V=RSD=\frac{s}{\bar{\bar{x}}}\times 100\% \tag{6.10}$$

（5）总体方差和总体标准偏差：分别以 σ^2 和 σ 表示。

$$\sigma^2=\frac{1}{N}\sum_{i=1}^{N}(x_i-\mu)^2 \tag{6.11}$$

$$\sigma=\sqrt{\sigma^2}=\sqrt{\frac{1}{N}\sum_{i=1}^{N}(x_i-\mu)^2}=\sqrt{\frac{\sum_{i=1}^{n}x_i^2-\frac{\left(\sum_{i=1}^{n}x_i\right)^2}{N}}{N}} \tag{6.12}$$

5. 极差

一组测量值中最大值（X_{max}）与最小值（X_{min}）之差，表示误差的范围，以 R 表示。

$$R=X_{max}-X_{min} \tag{6.13}$$

（三）准确度和精密度

1. 准确度

准确度是指测定结果与真实值接近的程度。一个分析方法或分析测量系统的准确度是反应该方法或该测量系统存在的系统误差和随机误差两者的综合指标，它决定着这个分析结果的可靠性。

准确度用绝对误差或相对误差表示。误差越小，准确度越高。但实际水处理和分析实践中，通常以“回收率”表示方法的准确度。

$$回收率=\frac{加标水样测定值-水样测定值}{加标量}\times 100\% \tag{6.14}$$

回收率用百分数表示，回收率越接近 100%，方法的准确度越高。

2. 精密度

精密度是指各次测定结果相互接近的程度。分析方法的精密度是由随机误差决定的，通常用极差、平均偏差和相对平均偏差、标准偏差和相对标准偏差表示。

为了满足某些特殊需要，有时用平行性、重复性和再现性表示不同情况下分析结果的精密度。

平行性：指在同一实验室中，当分析人员、分析设备和分析时间都相同时，用同一分析方法对同一样品进行的双份或多份平行样测定结果之间的符合程度。

重复性：指在同一实验室中，当分析人员、分析设备和分析时间中至少有一样不相同时，用同一分析方法对同一样品进行两次或两次以上独立测定结果之间的符合程度。

再现性：指在不同实验室中，分析人员、分析设备甚至分析时间都不相同，用同一分析方法对同一样品进行的多次结果之间的符合程度。

3. 准确度和精密度的关系

如前所述，准确度是由系统误差和随机误差决定的，所以要获得很高的准确度，则必须有很高的精密度。而精密度是由随机误差决定的，与系统误差无关，因此，分析结果的精密度很高，并不等于准确度也很高。因此即使有系统误差存在，也并不妨碍结果的精密度，如图 6-1 所示。

（a）准确且精密　（b）不准确但精密　（c）准确但不精密　（d）不准确且不精密

图 6-1　准确度与精密度的关系图

二、数据处理和结果表述

（一）有效数字及其计算规则

1. 有效数字

所谓“有效数字”，是指在分析工作中实际能够测量到的数字，也就是说有效数字的位数反映了测量的准确度。记录和报告的测量结果只应包含有效数字，对有效数字的位数不能任意增减。因此，记录测量结果的原始数据必须根据有效数字的保留规则正确书写。

有效数字由全部可靠数字和一位不确定的可疑数字构成。我们把通过直读获得的准确数字叫做可靠数字，把通过估读得到的那部分数字叫做可疑数字。一个有效数字只有末位数是可疑数字，其他数字都是可靠数字。

由于有效数字构成的测定值必定是近似值，而有效数字的位数的识别对于记录、计算、修约起着很大的作用。

数字中的“0”有双重意义。当它用于指示小数点的位置，而与测量的准确度无关时，它不是有效数字；当它用于表示与测量准确度有关的数值大小时，则为有效数字。这与“0”在数值中的位置有关。

（1）非零数字左边的“0”不是有效数字，仅起定位的作用。如 0.0032 是两位有效数字，0.0009 是一位有效数字。

（2）非零数字中间的“0”是有效数字。如 2.0054 是五位有效数字，0.0102 是三位有效数字。

（3）数值中最后一个非零数字后面的“0”是有效数字。如 3.500 是四位有效数字，0.3050 是四位有效数字。

（4）以“0”结尾的整数，有效数字的位数难以判断，必须要依靠计量仪器的精度加以判断。如 250 mg，若用普通的托盘天平称量的话，则为 0.25，有效数字为两位，若用万分之一的分析天平称量的话，则为 0.2500 g，有效数字为四位。在这种情况下，最好写成指数形式，前者为 2.5×10^{-1} g，后者为 2.500×10^{-1} g。

还有如 pH、pM、lg$K$ 等对数值，其有效数字的位数仅取决于小数部分数字的位数，整数部分只是起到定位作用，如 pH=7.00，有两位有效数字，pH=7.0，有一位有效数字等。

特别地，当第一位有效数字为 8 或 9 时，因为与多一个数量级的数相差不大，可将这些数字的有效数字位数视为比有效数字数多一个。例如 8.314 是五位有效数字，96845 是六位有效数字。

2. 有效数字的修约规则

对于水环境监测中的数字修约，《环境监测质量管理技术导则》（HJ 630—2011）推荐使用 GB/T 8170—2008 规定的数字修约规则进行数字的修约。

这个修约的规则可以用这样的口诀来概括：四舍六入五单双，五后非零则进一，五后皆零视奇偶，奇进偶舍，修约一次性，分述如下。

（1）拟舍弃数字的最左一位数字小于 5，则舍去，保留其余各位数字不变。

例如：将 12.1398 修约到一位小数，得 12.1。

（2）拟舍弃数字的最左一位数字大于 5，则进一，即保留数字的末位数加 1。

例如：将 12.1698 修约到一位小数，得 12.2。

（3）拟舍弃数字最左一位数字是 5，且其后有非“0”数字时则进一，即保留数字的末位数加 1。

例如：将 12.1501 修约到一位小数，得 12.2。

（4）拟舍弃数字的最左一位数字是 5，且其后无数字或均为“0”时，若所保留的末位数字为奇数（1，3，5，7，9）则进一，若为偶数（0，2，4，6，8）则舍去。

例如：将 12.1500 修约到一位小数，得 12.2。

将 12.2500 修约到一位小数，得 12.2。

（5）负数修约，先将它的绝对值按前述规定进行修约，再在所得的值前加负号。

例如：将-12.4600 修约到一位小数，得-12.5。

（6）拟修约数字应在确定修约位数后一次修约获得结果，不能分布连续修约，例如将 13.4546 修约保留到整数。

正确做法：13.4546→13（一次性修约）。

错误做法：13.4546→13.455→13.46→13.5→14（多次修约）。

3. 有效数字的运算规则

数据分析计算处理本身不能提高结果的精确程度，只能如实地反映测量可能达到的精度。因此在有效数字的计算中必须遵循如下计算规则。

（1）加减运算时，数值加减后的结果，其小数点后的位数应和参加运算的数中小数点后面位数最少的相同。运算时，可先取各数值比小数点后位数最少的多留一位小数，进行加减，然后按照上述规则修约。

例如：$210.2+2.46+3.758\approx 210.2+2.46+3.76=216.42$。

最后计算结果只保留一位小数为 216.4。

（2）乘除运算时，运算结果的有效数字位数应和参加运算的各数值中有效数字位数最少者相同。在实际运算中，先将各近似值修约值比有效数字位数最少者多保留一位有效数字，再将计算结果按规则进行修约。

例如：$5.21\times 0.021\times 1.0432\approx 5.21\times 0.021\times 1.04=0.1137864$。

最后的计算结果用两位有效数字表示为 0.11。

（3）在进行对数或反对数运算时，运算结果小数点后边有效数字的位数应和真数的有效数字的位数相同。

例如：$\lg 6.0=0.78$，$\lg 6.00=0.778$；

pH=7.00，则 $[H^+]=1.0\times 10^{-7}$ mol/L。

（4）在进行乘方、开方、三角函数等运算时，计算结果有效数字的位数和原数相同。

例如：$3.65^2=13.3$，$\sqrt{3.65}=1.91$，Sin25.3=0.427。

（5）求四个或四个以上准确度接近的数值的平均值时，其有效数字可增加一位。

例如：4.70、4.72、4.77、4.79、4.80 的平均值为 4.756。

（6）计算式中的系数、常数（如 π）、倍数或分数和自然数，可视为无限多位有效数字，其位数多少视情况而定。

4. 实验数据记录规则

（1）记录的有效数字位数要和仪器的测量精度一致，即只能保留一位可疑数字。

在称量物质时，以 g 为单位，用合格的万分之一的天平称量时，有效数字可以记录到小数点后面第四位，如 12.0050 g；用普通的托盘天平称量时，有效数字可以记录到小数点后面第二位，如 12.00 g。

分光光度法中，吸光度值一般可以记录到小数点后面第三位，如 0.432。

（2）用于表示方法或分析结果的精密度时，通常只取一位有效数字，只有当测量次数很多时才取两位，且最多只能取两位有效数字。

（3）在容量分析中，用合格的量器（移液管、滴定管、容量瓶等）量取溶液时，以 mL 为单位，100 mL 以下的，体积的有效数字位数可以记录到小数点后面第二位，如 5.00 mL、10.00 mL、25.00 mL 等；大于等于 100 mL 的，体积的有效数字位数可以记录到小数点后面第一位，如 150.0 mL。

（4）用 100 ~ 500 mL 的量筒量取水样时，取三位有效数字较为合理，如 100 mL、200 mL、500 mL。

（5）分析测定结果的有效数字所能达到的位数，不能超过方法检出限有效数字所能达到的位数。例如，一个方法的最低检出浓度为 0.02 mg/L，则分析结果呈报 1.305 mg/L 就不合理，应报 1.31 mg/L。

（二）可疑数字的判断和取舍

在一定的条件下，进行重复测定得到的一系列数据具有一定的分散性，这种分散性反映了随机误差的大小，也就是说这些数据可以认为是来自同一总体的。如果实验条件发生了改变，实验中出现了系统误差，则测定的这些数据就有可能不是来自同一总体。我们把与正常数据不是来自同一总体，明显歪曲实验结果的测量数据称为离群数据。可能会歪曲实验结果，但尚未经检验断定其是离群数据的测量数据，称为可疑数据。

在处理数据时，对于离群数据要剔除，对于可疑数据要检验，使测定结果更符合实际。只有经过统计检验判断确实属于离群数据的测量数据才可以剔除。所以，对可疑数据的取舍必须要采用统计的方法进行判别，即离群数据的统计检验。

检验的方法很多，先介绍最常用的两种。

1. 狄克逊（Dixon）检验法

此法适用于一组测量值的一致性检验和剔除离群值，本法中对最小可疑值和最大可疑值进行检验的公式因样本的容量（n）的不同而异，检验的步骤如下。

（1）将一组测量值按从小到大的顺序排列：x_1，x_2，x_3，…，x_n（$3 \leqslant x_n \leqslant 25$）。其中最小可疑值为 x_1，最大可疑值为 x_n。

（2）按表 6-1 计算求 Q 值。

表 6-1　狄克逊检验条件 Q 计算公式

n 值范围	可疑数据为最小值 x_1 时	可疑数据为最大值 x_n 时	n 值范围	可疑数据为最小值 x_1 时	可疑数据为最大值 x_n 时
3 ~ 7	$Q=\frac{x_2-x_1}{x_n-x_1}$	$Q=\frac{x_n-x_{n-1}}{x_n-x_1}$	11 ~ 13	$Q=\frac{x_3-x_1}{x_n-x_1}$	$Q=\frac{x_n-x_{n-2}}{x_n-x_2}$
8 ~ 10	$Q=\frac{x_2-x_1}{x_{n-1}-x_1}$	$Q=\frac{x_n-x_{n-1}}{x_n-x_2}$	14 ~ 25	$Q=\frac{x_3-x_1}{x_{n-2}-x_1}$	$Q=\frac{x_n-x_{n-2}}{x_n-x_3}$

（3）根据给定的显著性水平（α）和样本容量（n），从表 6-2 中查得临界值（Q_α）。

表 6-2　狄克逊检验临界值（Q_α）

n	显著性水平（α）		n	显著性水平（α）		n	显著性水平（α）	
	0.05	0.01		0.05	0.01		0.05	0.01
3	0.941	0.988	11	0.576	0.679	19	0.462	0.547
4	0.765	0.889	12	0.546	0.642	20	0.450	0.535
5	0.642	0.780	13	0.521	0.615	21	0.440	0.524
6	0.560	0.698	14	0.546	0.641	22	0.430	0.514
7	0.507	0.637	15	0.525	0.616	23	0.421	0.505
8	0.554	0.683	16	0.507	0.595	24	0.413	0.497
9	0.512	0.635	17	0.490	0.577	25	0.406	0.489
10	0.477	0.597	18	0.475	0.561			

（4）若 $Q \leqslant Q_{0.05}$，则可疑值为正常值，予以保留；

若 $Q_{0.05}<Q \leqslant Q_{0.01}$，则可疑值为偏离值；

若 $Q>Q_{0.01}$，则可疑值为离群值，应剔除。

偏离值是介于离群值和正常值之间的测量数据。对于偏离值的处理要慎重，能够找到原因的偏离值才能作为离群值考虑，否则就不作为离群值考虑。

2. 格鲁勃斯（Grubbs）检验法

此法适用于检验多组测量值均值的一致性和剔除多组测量值中的离群均值，也可用于检测一组测量值的一致性和剔除一组测量值中的离群值。一般采用单侧检验，其检测的步骤如下。

（1）有 L 组测定值，每组 n 个测定值的均值分别为 $\bar{x}_1,\bar{x}_2,\cdots,\bar{x}_i,\cdots,\bar{x}_L$，其中最大均值记为 $\bar{x}_{\max}$，最小均值记为 $\bar{x}_{\min}$。

（2）计算样本的总体均值（$\bar{\bar{x}}$）和标准偏差（$s_{\bar{x}}$）。

$$\bar{\bar{x}}=\frac{1}{L}\sum_{i=1}^{L}\bar{x}_i \qquad s_{\bar{x}}=\sqrt{\frac{1}{L-1}\sum_{i=1}^{L}\left(\bar{x}_i-\bar{\bar{x}}\right)^2} \tag{6.15}$$

（3）可疑均值为最大值（$\bar{x}_{\max}$）时，按式（6.16）计算统计量（T）。

$$T=\frac{\bar{x}_{\max}-\bar{\bar{x}}}{s_{\bar{x}}} \tag{6.16}$$

（4）可疑均值为最大值（$\bar{x}_{\min}$）时，按式（6.17）计算统计量（T）。

$$T=\frac{\bar{\bar{x}}-\bar{x}_{\min}}{s_{\bar{x}}} \tag{6.17}$$

（5）根据测定值组数和给定的显著性水平（α），从表 6-3 中查得临界值（T_α）。

表 6-3　格鲁勃斯检验临界值（T_α）

n	显著性水平（α）		n	显著性水平（α）		n	显著性水平（α）	
	0.05	0.01		0.05	0.01		0.05	0.01
3	1.153	1.155	11	2.234	2.485	19	2.532	2.854
4	1.463	1.492	12	2.285	2.050	20	2.557	2.884
5	1.672	1.749	13	2.331	2.607	21	2.580	2.912
6	1.882	1.944	14	2.371	2.659	22	2.603	2.939
7	1.938	2.097	15	2.409	2.705	23	2.624	2.963
8	2.032	2.221	16	2.443	2.747	24	2.644	2.987
9	2.110	2.322	17	2.475	2.785	25	2.663	3.009
10	2.176	2.410	18	2.504	2.821			

（6）若 $T\leqslant T_{0.05}$，则可疑值为正常值，予以保留；

若 $T_{0.05}<T\leqslant T_{0.01}$，则可疑值为偏离值；

若 $T>T_{0.01}$，则可疑值为离群值，应剔除。

对于偏离值的处理同样要慎重，能够找到原因的偏离值才能作为离群值考虑，否则就不作为离群值考虑。

（三）测量结果的统计检验和结果表述

1. 有限次测量数据的统计处理

测量结果的系统误差易于测量和校正，但随机误差不能测定也不能消除。随机误差服从正态分布（又称为高斯分布），正态分布规律只有无限多次测量数据时，测量的平均值才完全等于真值。但是实际上既不可能也不需要如此去做。从有限次测量中得到的平均值带有不确定性，因此需要对这样一个平均值附加一个在某种置信度或置信水平（confidence level）上估计出来的表示不确定度的界限，叫做置信界限（confidence limit）。这个把平均值包括在内的具有一定置信水平的范围，又叫做置信区间（confidence interval）。

置信度就是人们对测量结果判断的把握程度。它的实质仍然归结为某事件出现的概率（或可能性或机会），置信度与概率两概念并无本质区别，只是观察问题的角度不同。

在实际的环境监测工作中，常用式（6.18）表示分析测量结果。

$$\mu=\bar{x}\pm t\frac{s}{\sqrt{n}} \tag{6.18}$$

式中：t 为在一定置信度（在特定条件下的概率）（$1-\alpha$）与自由度 $f=(n-1)$ 下的置信系数，见表 6-4；μ 为无限测量次数的平均值，即真值；$\bar{x}$ 为有限测量次数的平均值；s 为样本的标准偏差；n 为样本容量。

表 6-4　t 值

自由度	置信度（显著性水平 α）				
f	80%（α=0.200）	90%（α=0.100）	95%（α=0.050）	98%（α=0.020）	99%（α=0.010）
1	3.078	6.31	12.71	31.82	63.66
2	1.89	2.92	4.30	6.96	9.92
3	1.64	2.35	3.18	4.54	5.84
4	1.53	2.13	2.78	3.75	4.60
5	1.44	2.02	2.57	3.37	4.03
6	1.44	1.94	2.45	3.14	3.71
7	1.41	1.89	2.37	3.00	3.50
8	1.40	1.86	2.31	2.90	3.36
9	1.38	1.83	2.26	2.82	3.25
10	1.37	1.81	2.23	2.76	3.17

续表

自由度	置信度（显著性水平 α）				
f	80%（α=0.200）	90%（α=0.100）	95%（α=0.050）	98%（α=0.020）	99%（α=0.010）
11	1.36	1.80	2.20	2.72	3.11
12	1.36	1.78	2.18	2.68	3.05
13	1.35	1.77	2.16	2.65	3.01
14	1.35	1.76	2.14	2.62	2.98
15	1.34	1.75	2.13	2.60	2.95
16	1.34	1.75	2.12	2.58	2.92
17	1.33	1.74	2.11	2.57	2.90
18	1.33	1.73	2.10	2.55	2.88
19	1.33	1.73	2.09	2.54	2.86
20	1.33	1.72	2.09	2.53	2.85
21	1.32	1.72	2.08	2.52	2.83
22	1.32	1.72	2.07	2.51	2.82
23	1.32	1.71	2.07	2.50	2.81
24	1.32	1.71	2.06	2.49	2.80
25	1.32	1.71	2.06	2.49	2.79
26	1.31	1.71	2.06	2.48	2.78
27	1.31	1.70	2.05	2.47	2.77
28	1.31	1.70	2.05	2.47	2.76
29	1.31	1.70	2.05	2.46	2.76
30	1.31	1.70	2.04	2.46	2.75
40	1.30	1.68	2.02	2.42	2.70
60	1.30	1.67	2.00	2.39	2.66
120	1.29	1.66	1.98	2.36	2.62
∞	1.28	1.64	1.96	2.33	2.58
自由度	0.100	0.050	0.025	0.010	0.005
f	P（单侧概率）				

2. 测量结果的统计检验

如果测量结果的平均值 $\bar{x}$ 与真值 μ 不一致，是由随机误差引起的，这样差异必然很小，则可认为测量结果与分析方法是可靠的。相反，如果这种不一致，由系统误差引起，则这种差异必然很显著，则说明测量结果与分析方法不可靠。显著性差异的检验方法如下。

1）t 检验法

按式（6.19）计算 $t_{计}$：

$$t_{计}=\frac{|\bar{x}-\mu|}{s}\sqrt{n} \tag{6.19}$$

根据自由度 f 和置信度 P 查 t 值表（见表 6-4）得 t 值。将 t 与 $t_{计}$ 进行比较，若 $t_{计}>t$，则 $\bar{x}$ 与 μ 有显著差异；若 $t_{计}\leqslant t$，则 $\bar{x}$ 与 μ 无显著差异。环境检测中，置信度一般取 95%。

一旦发现有显著性差异，就要设法找到产生误差的原因。

2）F 检验法和 t 检验法联合检验

（1）F 检验法。

F 检验法主要通过比较两组数据的方差 s^2，确定它们的精密度是否有显著性差异。两种测定结果的均值、方差及样本容量分别为 $\bar{x}_1$、s_1^2、n_1 和 $\bar{x}_2$、s_2^2、n_2，按式（6.20）计算 $F_{计}$值。

$$F_{计}=\frac{s_{大}^2}{s_{小}^2} \tag{6.20}$$

然后由两组测定的自由度 $f_{大}$ 和 $f_{小}$ 查出相应的 F 值（见表 6-5）。

如果 $F_{计}>F$，则说明两组数据有显著差异；如果 $F_{计}\leqslant F$，则说明两种数据无显著差异，需进一步做 t 检验，以便确定是否有系统误差存在。

表 6-5　置信度 95%时 F 值（单边）

$f_{小}$ \ $f_{大}$	2	3	4	5	6	7	8	9	10	∞
2	19.00	19.16	19.25	19.30	19.33	19.36	19.37	19.38	19.39	19.50
3	9.55	9.25	9.12	9.01	8.94	8.88	8.84	8.81	8.78	8.53
4	6.94	6.59	6.39	6.26	6.16	6.09	6.04	6.00	5.96	5.63
5	5.79	5.41	5.19	5.05	4.95	4.88	4.82	4.78	4.74	4.36
6	5.14	4.76	4.53	4.39	4.28	4.21	4.15	4.10	4.06	3.67
7	4.74	4.35	4.12	3.97	3.87	3.79	3.73	3.68	3.63	3.23
8	4.46	4.07	3.84	3.69	3.58	3.50	3.44	3.39	3.34	2.93
9	4.26	3.86	3.63	3.48	3.37	3.29	3.23	3.18	3.13	2.71
10	4.10	3.71	3.48	3.33	3.22	3.14	3.07	3.02	2.97	2.54
∞	3.00	2.60	2.37	2.21	2.10	2.01	1.94	1.88	1.83	1.00

注：$f_{大}$ 为大方差数据的自由度，$f_{小}$ 为小方差数据的自由度。

（2）t 检验法。

$$t_{\text{计}} = \frac{\left|\bar{x}_1 - \bar{x}_2\right|}{s_{\text{合}}} \cdot \sqrt{\frac{n_1 n_2}{n_1 + n_2}} \tag{6.21}$$

$$s_{\text{合}} = \sqrt{\frac{(n_1 - 1)s_1^2 + (n_2 - 1)s_2^2}{n_1 + n_2 - 2}} \tag{6.22}$$

根据自由度 $f_{\text{总}} = n_1 + n_2 - 2$ 和所定的置信度 P，在 t 值表中查出相应的 t 值。如果 $t_{\text{计}}<t$，则 $\bar{x}_1$ 与 $\bar{x}_2$ 之间无显著差异，说明方法可靠；若 $t_{\text{计}}>t$，则 $\bar{x}_1$ 与 $\bar{x}_2$ 之间有显著差异，说明方法不可靠。

（四）监测结果表述

对于一个样品某个指标的测定，其结果表达方式有如下几种。

1. 用算术平均值（ $\bar{x}$ ）代表集中趋势

测定过程中排除系统误差和过失误差之后，只存在随机误差，根据正态分布的原理，当测定次数无限多（ $n \to \infty$ ）时，总体均值（ μ ）应与真值（ x_t ）很接近，但实际只能测定有限次数。因此样本的算术平均值是代表集中趋势表达监测结果的最常用方式。

2. 用算术平均值和标准偏差表示测定结果的精密度（ $\bar{x} \pm s$ ）

算术平均值代表集中趋势，标准偏差表示离散程度。算术平均值代表性的大小与标准偏差的大小有关，即标准偏差大，算术平均值代表性小，反之亦然，故而监测结果常以（ $\bar{x} \pm s$ ）表示。

3. 用算术平均值和标准偏差与变异系数（ $\bar{x} \pm s$ ， C_V ）表示结果

标准偏差大小还与所测均值水平或测量单位有关。不同水平或单位的测定结果之间，其标准偏差是无法进行比较的，而变异系数的相对值，可在一定范围内用来比较不同水平或单位测定结果之间的变异程度。

（五）直线相关和回归

两个变量 x 和 y 之间存在三种关系：第一种是完全无关；第二种是有确定关系；第三种是有相关关系，即两个变量之间既有关系又无确定关系。研究变量与变量之间关系的统计方法称为回归分析和相关分析。回归分析主要是用于找出描述变量间关系的定量表达式，以便由一个变量的值求出另一个变量的值；而相关

分析用于描述变量之间关系的密切程度，即当自变量 x 变化时，因变量 y 大体上按照某种规律变化。

1. 直线回归方程

两个变量之间建立的关系式叫做回归方程式，最简单的直线回归方程为 $y=ax+b$。式中 a，b 为常数，当 x 为某一特定值时，实际 y 值在按计算所得 y 值左右波动。

上述回归方程可根据最小二乘法来建立。即首先测定一系列的 x_1，x_2,…，x_n 和相对应的 y_1，y_2,…，y_n，然后按式（6.23）和式（6.24）求常数 a 和 b。

$$a=\frac{n\sum x_iy_i-\sum x_i\sum y_i}{n\sum x_i^2-\left(\sum x_i\right)^2} \tag{6.23}$$

$$b=\frac{\sum x_i^2\sum y_i-\sum x_i\sum x_iy_i}{n\sum x_i^2-\left(\sum x_i\right)^2}=\bar{y}-a\bar{x} \tag{6.24}$$

2. 相关系数及其显著性检验

相关系数是表示两个变量之间关系的性质和密切程度的指标，符号为 γ，其值在 $-1\sim+1$ 之间，计算公式为

$$\gamma=\frac{\sum\left(x_i-\bar{x}\right)\left(y_i-\bar{y}\right)}{\sqrt{\sum\left(x_i-\bar{x}\right)^2\sum\left(y_i-\bar{y}\right)^2}} \tag{6.25}$$

γ 值可以分为如下几种情况。

（1）若 x 增大，y 也相应增大，称 x 与 y 呈正相关。此时 $0<\gamma<1$，若 $\gamma=1$，称完全正相关。

（2）若 x 增大，y 相应减小，称 x 与 y 呈负相关。此时 $-1<\gamma<0$，若 $\gamma=-1$，称完全负相关。

（3）若 y 与 x 的变化无关，称 x 与 y 不相关，此时 $\gamma=0$。

若总体中 x 与 y 不相关，在抽样时由于偶然误差，可能计算所得 $\gamma\neq0$。所以应检验 γ 值有无显著意义，方法如下：

① 求出 γ 值；

② 按公式 $t=|\gamma|\sqrt{\dfrac{n-2}{1-\gamma^2}}$，求出 t 值，n 为变量配对数，自由度 $n'=n-2$；

③ 查 t 值表（一般单侧检验），若 $t>t_{0.01}$，$P<0.01\gamma$，则有非常显著的意义而相关；若 $t<t_{0.01}$，$P>0.01\gamma$，则关系不显著。

任务十九　环境监测数据的分析处理

任务描述

有粗盐试样，经测定，其氯的质量分数为 76.19、75.23、77.91、75.66、75.68、75.58、75.80。① 用狄克逊检验法检验最小值和最大值是否有舍弃数据；② 计算结果的平均值 $\bar{x}$ 和标准偏差 s；③ 求出该组数据的精密度（标准偏差 s、相对标准差 C_v 和极差）；④ 若该样品的真值含氯量为 75.50，则求出该组的准确度（平均绝对误差和平均相对误差）。

实施方法及步骤

1. 检验是否有舍弃数据

将测量数据按从小到大顺序排列为：75.23、75.58、75.66、75.68、75.80、76.19、77.91，其中最大值 x_n=77.91，最小值 x_1=75.23。

检验最小值 x_1=75.23，n=7，x_2=75.58，x_n=77.91，则

$$Q=\frac{x_2-x_1}{x_n-x_1}=\frac{75.58-75.23}{77.91-75.23}=0.13 \tag{6.26}$$

查表 6-2，n=7，给定显著性水平 α=0.05 时，$Q_{0.05}$=0.507。

$Q<Q_{0.05}$，故最小值 75.23 为正常值。

检验最大值 x_n=77.91，n=7，x_1=75.23，x_{n-1}=76.19，则

$$Q=\frac{x_n-x_{n-1}}{x_n-x_1}=\frac{77.91-76.19}{77.91-75.23}=0.64 \tag{6.27}$$

查表 6-2，n=7，给定显著性水平 α=0.05 时 $Q_{0.05}$=0.507，给定显著性水平 α=0.01 时 $Q_{0.01}$=0.637，$Q_{0.01}<Q$，故最大值为离群数据，应该剔除。

2. 计算结果的平均值 $\bar{x}$ 和标准偏差 s

$$\bar{x}=\frac{75.23+75.58+75.66+75.68+75.80+76.19}{6}=75.69 \tag{6.28}$$

$$s=\sqrt{\frac{\sum_{i=1}^{n}(x_i-\bar{x})}{n-1}}=0.31 \tag{6.29}$$

3. 计算该组数据的精密度

标准偏差 s =0.31；

相对标准差 C_v（%）= $s/\bar{x}$ ×100%= 0.41%；

极差 $R=x_{max}-x_{min}$=76.19−75.23=0.96。

该组数据的精密度以标准差 s 表示为 0.31，以相对标准差 C_v 表示为 0.41%，以极差 R 表示为 0.96。

4. 计算该组的准确度

平均绝对误差= $\bar{x}$ −真值= 75.69−75.50 =0.19；

平均相对误差= $\frac{0.19}{75.50}\times100\% = 0.25\%$；

该组数据的准确度以平均绝对误差表示为 0.19，平均相对误差表示为 0.25%。

项目七　环境监测报告的编制

学习目标

了解环境监测报告的种类；
熟悉不同类型环境监测报告的编制要点；
能够编制常用的环境项目监测报告、环境监测快报等。

为加强环境监测工作的管理，完善环境监测报告制度，根据《中华人民共和国环境保护法》第十一条的规定，制定了环境监测报告制度。制定本制度的目的是加强环境监测报告的管理，实现环境监测数据、资料管理制度化，确保环境监测信息的高效传递，提高为环境决策与管理服务的及时性、针对性、准确性和系统性。

一、环境监测报告的种类

按照监测报告表达的深度，可分为实测结果数据型和评价结果文字型两类；按照选择表达形式，可分为书面型和音像型两类；根据监测报告表达的广度，可分为项目监测报告，环境监测快报、月报、季报、年报、环境质量报告书及污染源监测报告。

（一）项目监测报告

监测机构按照任何一种测试方法进行的每一项或一系列测试的结果，都应给出准确、清晰、明确和客观的报告，这种报告就是项目监测报告。项目监测报告应包括测试结果、所用方法及有关说明等全部信息。

项目监测报告是监测机构运用最多的报告形式，是编制其他报告的基础。

项目监测报告的内容如下。

（1）报告名称，如“环境污染项目监测报告”或“环境质量项目监测报告”。

（2）监测机构的名称和地址。

（3）报告的唯一标识（如序号）和每页编号及总页数。

（4）样品的描述和明确的标识。

（5）样品的特性、状态及处置。

（6）样品接收日期和进行监测分析的日期。

（7）所使用测试方法的说明。

（8）有关的取样程序说明。

（9）与监测方法的偏离、补充或例外情况以及与测试有关的其他情况（如环境条件）的说明。

（10）测试、检查和导出结果以及结果不合格标识。

（11）对测试结果的不确定度的说明。

（12）监测结论。

（13）对报告内容负责人员的职务、签名和签发日期。

（14）对测试结果代表范围及程度的声明。

（15）报告未经监测机构批准不得复制的声明。

（二）环境监测快报

环境监测快报是指采用文字型一事一报的方式，报告重大污染事故、突发性污染事故和对环境造成重大影响的自然灾害等事件的应急监测情况，以及在环境质量监测、污染源监测过程中发现的异常情况及其原因分析和对策建议。

环境监测快报应包括以下信息。

（1）报告名称，如“事故监测快报”。

（2）监测机构的名称和地址。

（3）报告的唯一标识（如序号）及页号和总页数。

（4）监测地点及时间。

（5）事件的时间、地点及简要过程和分析。

（6）污染因子或环境因素监测结果。

（7）对短期内环境质量态势的预测分析。

（8）事件原因的简要分析。

（9）结论与建议。

（10）对报告内容负责人员的职务和签名。

（11）报告的签发日期。

（三）环境监测月报

环境监测月报是一种简单、快速报告环境质量状况及环境污染问题的数据型报告。环境监测机构应在每月五日前将上月监测情况报到同级环保主管部门和上级监测站。

环境监测月报应包括以下信息。

（1）报告名称，如“环境质量监测月报”“环境污染监测月报”。

（2）报告编制单位名称和地址。

（3）报告的唯一标识（如序号）、页码和总页数。

（4）被监测单位名称、地点。

（5）监测项目的监测时间及结果。

（6）监测简要分析，包括以下内容：

① 与上月份对比分析结果；

② 当月主要问题及原因分析；

③ 变化趋势预测；

④ 管理控制对策建议等。

（7）对报告内容负责的人员职务和签名。

（8）报告签发日期。

（四）环境监测季报

环境监测季报是一种在时间和内容上介于月报和年报之间的简要报告环境质量状况或环境污染问题的数据型报告。

环境监测季报应包括以下信息。

（1）报告名称，如“环境质量监测季报”或“环境污染监测季报”。

（2）报告编制单位名称和地址。

（3）报告的唯一标识（如序号）、页码和总页数。

（4）各监测点情况。

（5）监测技术规范执行情况。

（6）监测数据情况。

（7）被监测单位名称、地址。

（8）各环境要素和污染因子的监测频率、时间及结果。

（9）单要素环境质量评价及结果。

（10）本季度主要问题及原因简要分析。

（11）环境质量变化趋势估计。

（12）改善环境管理工作的建议。

（13）环境污染治理工作效果、监测结果及综合整治考验结果。

（14）对报告内容负责的人员职务和签名。

（15）报告的签发日期。

（五）环境监测年报

环境质量年报属数据型报告，国家环境质量监测网成员单位应自一九九七年一月一日起，正式开始实行微机有线联网；同时以微机网络有线传输方式，逐级上报环境质量年报。

国家环境质量监测网成员单位应于每年一月二十日前将上年度的环境质量年报报到本省、自治区、直辖市环境监测中心站。

“专业网”成员单位应于每年一月二十日前将本单位年报报到网络组长单位。

各省、自治区、直辖市环境监测中心站和专业网组长单位，应于每年二月二十日之前将本地区、本“专业网”年报报到中国环境监测总站。

环境监测年报应包括以下信息。

（1）报告名称，如“环境质量监测年报”“环境污染监测年报”等。

（2）报告年度。

（3）报告唯一标识、页码和总页数。

（4）环境监测工作概况，主要包括以下内容。

① 基本情况：监测站人员构成统计表，监测机构及组织情况表，监测站仪器、设备统计表等。

② 监测网点情况：水、气、噪声等各环境要素质量监测网点情况表，污染源监测网点情况表等。

③ 监测项目、频率和方法：水、气、噪声各环境要素监测项目频率和方法统计表，废水、废气等污染源监测项目、频率和方法统计表等。

④ 评价标准执行情况：大气、水质、噪声等各环境要素质量评价标准执行情况表，污染源评价标准执行情况表等。

⑤ 数据处理以及实验室质量控制活动情况等。

（5）监测结果统计图表，主要包括以下内容。

① 大气、水质、噪声等各环境要素各测点监测结果年度统计图表。

② 大气、水质等各环境要素特异污染监测结果统计表。

③ 污染源监测结果统计图表：大气各污染源监测结果统计图表，各种废水污染源监测结果统计图表，其他污染源监测结果统计图表。

④ 主要治理设施效果监测情况统计图表。

⑤ 其他环境监测结果情况统计图表等。

（6）环境监测相关情况，主要包括以下内容。

① 环境条件情况：环境气象条件统计表，环境水文情况统计表，其他环境条件统计表。

② 社会经济情况：监测区域面积、人口密度统计表，燃料等能源资源消耗年度统计表，车辆情况统计表，其他社会环境情况统计表等。

③ 年度环境监测大事记：重大环境保护活动记事，重大环境监测活动记事，重大污染事故统计表等。

（7）当年环境质量或环境污染情况分析评价如下。

① 环境质量评价及趋势分析。

② 环境污染评价及趋势分析。

③ 各环境要素和主要污染因子存在的主要问题及原因分析。

④ 与上年度对比分析结果。

⑤ 污染治理效果总结。

⑥ 强化环境管理及监督检查的对策建议等。

（8）对报告内容负责的人员职务和签名。

（9）报告的签发日期。

（六）环境质量报告书

《环境质量报告书》属文字型报告。《环境质量报告书》按内容和管理的需要，分年度环境质量报告书和五年环境质量报告书两种。为了提高环境质量报告书的及时性和针对性，按其形式分为公众版、简本和详本三种。

五年环境质量报告书的起始年为一九九一年，五年环境质量报告书只编详本，在其编写年度不再编写年度环境质量报告书详本。

环境质量报告书的编写提纲如下。

1. 前言

前言中应简要说明环境质量报告书的编写情况。

2. 目录

目录应包括环境质量报告书的主要章节标题。

3. 概况

（1）环境保护工作概况。

说明为改善环境质量和解决环境问题所采取的各项环境保护措施及成效。

（2）环境监测工作概况。

① 监测工作概况。

说明环境监测工作的开展情况和取得的成绩。

② 监测点位布设情况。

说明各环境要素监测点位布设情况，其中，环境空气、地表水、噪声监测点位布设情况需以表或图标示。

③ 采样及实验室分析工作情况。

说明各环境要素的采样方法及频率、分析方法、实验室质量控制措施等。应有质量保证的具体方法和结果。

4. 污染排放

全面描述各类污染源（点源、面源）的状况，说明当地主要污染源、污染物的构成、污染物的性质、各污染物排放总量等。明确指出主要污染物、主要污染物的区域（流域）分布及行业排放状况等，另外对主要污染物的治理现状进行分析说明，并说明与上年度的对比分析情况。

5. 环境质量状况

（1）监测结果及现状评价。

（2）本年度时空变化分布规律分析。

（3）年度对比分析。

（4）结论及原因分析。

6. 结论及对策

（1）环境质量结论。

在对环境质量状况和变化趋势综合分析的基础上，提出全面宏观的结论。

（2）主要的环境问题。

在全面分析的基础上，明确指出存在的主要环境问题和区域特异环境问题。

（3）对策。

在分析环境质量状况和环境问题的基础上，提出改善环境质量的对策和建议。

7. 专题

说明辖区内围绕环境质量开展的工作情况，如特色环境保护工作、预测预警工作和环境监测新领域的拓展等，并对监测数据进行分析。

（七）污染源监测报告

污染源监测报告是及时反映当地环境监测站在实施污染物总量核实、抽检、治理设施验收与运行效果检查等各类污染源监督监测基本情况的文字型报告。

地方各级环境监测站负责核实、认可各排污单位申报的排污状况数据，并将核实后的排污申报数据报到当地环境保护局。

各市级环境监测站负责于每季度第一个月十日前，将上一季度本辖区污染源监督监测情况季报报到同级环境保护局及省级环境监测站，并应向有关排污单位展示其监督监测数据。

各省、自治区、直辖市环境监测站负责于每季度第一个月底前，将本辖区上一季度污染源排污在前三十位的企业监督监测数据及基本情况汇总后，报到同级环境保护局和中国环境监测总站。

中国环境监测总站负责于每季度第二个月十五日前，将上一季度全国重点污染监督监测数据及基本情况汇总后，将排污在前三位的企业监督监测数据报到国家环境保护局。

地方各级环境监测站负责本辖区内重点污染源的监测，各地方环境监测站负责于三月底之前将上一年度、国家确定的重点污染数据型报告汇总编制完成，并报到同级环境保护局和上一级环境监测站。

各省、自治区、直辖市环境中心站负责于当年四月底之前将本辖区国家重点污染源的上一年度数据型报告汇总后报到中国环境监测总站。

各“专业网”成员单位，负责于三月底之前将上一年度污染源数据型监测报告报到网络组长单位；网络组长单位于四月十日前负责编制完成上年度本网络所监测范围内污染源排污状况文字型报告，并报到中国环境监测总站。

中国环境监测总站根据各省、自治区、直辖市环境监测站和各流域、近岸海域等专业网络组长单位上报的重点污染源监督监测数据，于六月底之前，负责编制完成上年度全国重点污染源排污状况文字型报告并报到国家环境保护局。

地方各级环境保护局确定的本地区重点污染源数据型报告上报周期、时间和内容，可由地方各级环境保护局根据环境管理的需要另行规定。

地方各级环境保护局负责组织编写本辖区内污染排污状况文字型年度报告，并于六月底前将上年度的报告报到同级人民政府和上一级环境保护局。

二、环境监测报告的编写原则

（一）准确性原则

各类监测报告首先是要给人们提供一个确切的环境质量信息，否则监测工作就毫无意义，甚至造成严重后果。同时，各类监测报告必须实事求是，准确可靠，数据翔实，观点明确。

（二）及时性原则

环境监测是通过它的成果（各类监测报告）为环境决策和环境管理服务，这种服务必须及时有效，否则就可能贻误战机，使监测工作失去生命力。因此，必须建立和实施切实可行的报告制度，运用先进的技术手段（如电子计算机），建立专门的综合分析机构，选用得力的技术人员，切实保证报告的时效性。

（三）科学性原则

监测报告的编制绝不仅仅是简单的数据资料汇总，必须运用科学的理论、方法和手段提示阐释监测结果及环境质量变化规律，为环境管理提供科学依据。

（四）可比性原则

监测报告的表述应统一、规范，内容、格式等应遵守统一的技术规定，评价标准、指标范围和精度应相对统一稳定，结论应有时间的连续性，成果的表达形式应具有时间、空间的可比性，便于汇总和对比分析。

（五）社会性原则

监测报告，尤其是监测结果的表达，要使读者易于理解，容易被社会各界很快接受和利用，使其在各个领域中尽快发挥作用。

三、环境监测报告实例

（一）环境项目监测报告

环境项目监测报告可以分为环境污染项目监测报告和环境质量项目监测报告，基本格式如表 7-1 所示。

（二）环境监测快报

环境监测快报的参考格式如表 7-2 所示。

（三）环境监测月、季、年报

环境监测月、季、年报由一系列监测基础表和汇总表构成，并可视情况附上简要的文字说明。其汇总表可根据上级要求和管理需要设计制定。表 7-3、表 7-4 是环境污染监测单位基本情况表的参考格式，供参考。

表 7-1 环境项目监测报告

×××环境监测站

密级：

环境项目监测报告

编　　号：

报告日期：

编制者：　　　年　　月　　日

审核者：　　　年　　月　　日

批准者：　　　年　　月　　日

×××环境监测站（印）

单位名称		项目名称		类　　型	
采样地点		采样方式		样品数量	
接样时间		处置情况		监测时间	
取样程序				采样记录号	
样品特征				送样人	
样品后处理				收样人	

监测分析结果

样品编号	监测因子名称	测试方法编号	监测值及不确定度	标准值	结　论	测试记录编号	测试者

<table>
<tr><td rowspan="5">监测项目情况</td><td>工况</td><td></td></tr>
<tr><td>气象参数</td><td></td></tr>
<tr><td>水文参数</td><td></td></tr>
<tr><td>其他参数</td><td></td></tr>
<tr><td>备注</td><td></td></tr>
<tr><td rowspan="4">监测分析情况</td><td>实验条件</td><td></td></tr>
<tr><td>仪器条件</td><td></td></tr>
<tr><td>其他条件</td><td></td></tr>
<tr><td>备注</td><td></td></tr>
<tr><td>监测结论及建议</td><td colspan="2"></td></tr>
<tr><td>特别声明</td><td colspan="2">1.测试结果代表范围及程序。
2.本报告未经本站书面批准，不得全部或部分复制。

通信地址：　　　　　　　　邮编：　　　　　　联系电话：

联 系 人：</td></tr>
</table>

表 7-2　环境监测快报

快报类型：　　　　　　　　　　　　　　　　　　　　第　页共　页

填报单位：　　　　　　　　　　　　　　　　　　　　　　　第　期

填报时间：　　　年　　月　　日

填报事由	
监测结果	
分析结论	

填报者：　　　　　　　审核者：　　　　　负责人：

表 7-3　环境污染监测单位基本情况

单位代码			环保机构名称		耗煤量/t		
单位名称			主管部门		燃料煤/t		
单位类别			供水方式		原料煤/t		
单位地址			燃煤产地		耗油量/t		
邮政编码			煤含硫量/%		评选先进情况	全国（年度）	
规　模			基地面积/m^2			全军（年度）	
地域性质			绿化面积/m^2			省市（年度）	
□长江	□太湖	□二氧化硫控制区	交排污费/元		备注		
□黄河	□巢湖	□酸雨控制区	污染罚款/元				
□淮河	□滇池	□渤海湾地区	污染赔款/元				
□海河	□北京市		耗电量/kW				
□辽河	□一般地区		耗水量/t				
功能类别			其中：生活用水/t				
建厂时间			生产用水/t				
经济类型			新鲜用水/t				
主要产品			重复用水/t				
人员总数			耗气量/m^3				
填报单位			填报时间		填报人		负责人

表 7-4　废水监测情况

废水类型	排污单位名称				季/年度			
污染源名称		监测点位名称	监测频次	污染因子名称	最低允许浓度	最高允许浓度	平均监测浓度	总控制指标
污染源性质								
介质排放方式								
介质排放去向								
介质季/年排放量/t								
治理设施名称								
治理设施设备价值/元								
治理设施应运行时间/h · d^{-1}								
治理设施实际运行时间/h · d^{-1}								
标志污染物名称								
标志污染物进口质量浓度/mg · L^{-1}								
标志污染物出口质量浓度/mg · L^{-1}								
季/年处理量/t								
处理达标量/t								
季/年处理设施运行费用/元								
治理情况								
治理年度								
投资情况/元								
其中：总部投资 自筹								
监测单位	监测时间		填报人		审核人		负责人	

项目八　水环境质量评价的分级

学习目标

了解水环境质量评价的类型；

熟悉地表水环境影响评价分级判据，能正确划分地表水环境影响评价级别；

熟悉不同类型建设项目地下水环境影响评价分级参数依据，能正确划分地下水环境影响评价级别；

熟悉地下水环境影响评价工作技术要求。

基础知识

一、水环境质量评价的类型

水环境质量评价，简称水质评价，是根据水的用途，按照一定的评价标准、评价参数和评价方法，对水域的水质或水域综合体的质量进行定性或定量的评定。水环境质量评价是合理开发利用和保护水资源的一项基本工作。

水资源用途广，因此水环境质量评价的目标类型也比较多。

① 按评价目标分：为防治污染的水污染评价，如 20 世纪 60 年代以来广泛进行的河流污染评价、湖泊富营养化评价等；为合理开发利用水资源的水资源质量评价。

② 按评价对象分：地表水评价和地下水评价，前者又分为河流、湖泊、水库、沼泽、潮汐河口和海洋等水质评价。

③ 按评价时段分：利用积累的历史水质数据，揭示水质发展过程的回顾评价；根据近期水质监测数据，阐明水质当前状况的现状评价和对拟建工程作水质影响分析的影响评价（又称预断评价）。

④ 按水的用途分：饮用水水质评价、渔业用水水质评价、工业用水水质评价、农业用水水质评价、游泳和风景游览水体的水质评价等。

二、地表水环境影响评价分级

地表水环境评价工作的等级划分是考虑到依据污水的排放量、污水的水质构成、受纳水体的水域范围以及受纳水体的水域功能区划情况的不同，其地表水环境影响评价与现状调查、影响预测、评价范围等都有不同的技术要求和标准限值。地表水环境影响评价工作分为三级，主要根据建设项目的污水排放量，污水水质的复杂程度，各种受纳污水的地表水域（以后简称受纳水域）的规模以及对它的水质要求进行划分的。其分级判据见表 8-1，海湾环境影响评价分级判据见表 8-2。

表 8-1　地表水环境影响评价分级判据

建设项目污水排放量/$m^3 \cdot d^{-1}$	建设项目污水水质的复杂程度	一级		二级		三级	
		地表水域规模（大小规模）	地表水水质要求（水质类别）	地表水域规模（大小规模）	地表水水质要求（水质类别）	地表水域规模（大小规模）	地表水水质要求（水质类别）
≥20 000	复杂	大	Ⅰ～Ⅲ	大	Ⅳ、Ⅴ		
		中、小	Ⅰ～Ⅳ	中、小	Ⅴ		
	中等	大	Ⅰ～Ⅲ	大	Ⅳ、Ⅴ		
		中、小	Ⅰ～Ⅳ	中、小	Ⅴ		
	简单	大	Ⅰ、Ⅱ	大	Ⅲ～Ⅴ		
		中、小	Ⅰ～Ⅲ	中、小	Ⅳ、Ⅴ		
<20 000 ≥10 000	复杂	大	Ⅰ～Ⅲ	大	Ⅳ、Ⅴ		
		中、小	Ⅰ～Ⅳ	中、小	Ⅴ		
	中等	大	Ⅰ、Ⅱ	大	Ⅲ、Ⅳ	大	Ⅴ
		中、小	Ⅰ、Ⅱ	中、小	Ⅲ～Ⅴ		
	简单			大	Ⅰ～Ⅲ	大	Ⅳ、Ⅴ
		中、小	Ⅰ	中、小	Ⅱ～Ⅳ	中、小	Ⅴ
<10 000 ≥5000	复杂	大、中	Ⅰ、Ⅱ	大、中	Ⅲ、Ⅳ	大、中	Ⅴ
		小	Ⅰ、Ⅱ	小	Ⅲ、Ⅳ	小	Ⅴ
	中等			大、中	Ⅰ～Ⅲ	大、中	Ⅳ、Ⅴ
		小	Ⅰ	小	Ⅱ～Ⅳ	小	Ⅴ
	简单			大、中	Ⅰ、Ⅱ	大、中	Ⅲ～Ⅴ
				小	Ⅰ～Ⅲ	小	Ⅳ、Ⅴ
<5000 ≥1000	复杂			大、中	Ⅰ～Ⅲ	大、中	Ⅳ、Ⅴ
		小	Ⅰ	小	Ⅱ～Ⅳ	小	Ⅴ

续表

建设项目污水排放量/$m^3 \cdot d^{-1}$	建设项目污水水质的复杂程度	一级		二级		三级	
		地表水域规模（大小规模）	地表水水质要求（水质类别）	地表水域规模（大小规模）	地表水水质要求（水质类别）	地表水域规模（大小规模）	地表水水质要求（水质类别）
<5000 ≥1000	中等			大、中	Ⅰ、Ⅱ	大、中	Ⅲ～Ⅴ
				小	Ⅰ～Ⅲ	小	Ⅳ、Ⅴ
	简单					大、中	Ⅰ～Ⅳ
				小	Ⅰ	小	Ⅱ～Ⅴ
<1000 ≥200	复杂					大、中	Ⅰ～Ⅳ
						小	Ⅰ～Ⅴ
	中等					大、中	Ⅰ～Ⅳ
						小	Ⅰ～Ⅴ
	简单					中、小	Ⅰ～Ⅳ

表 8-2　海湾环境影响评价分级判据

污水排放量/$m^3 \cdot d^{-1}$	污水水质的复杂程度	一级	二级	三级
≥20 000	复杂	各类海湾		
	中等	各类海湾		
	简单	小型封闭海湾	其他各类海湾	
<20 000 ≥5000	复杂	小型封闭海湾	其他各类海湾	
	中等		小型封闭海湾	其他各类海湾
	简单		小型封闭海湾	其他各类海湾
<5000 ≥1000	复杂		小型封闭海湾	其他各类海湾
	中等或简单			各类海湾
<1000 ≥500	复杂			各类海湾

表 8-3　地表水环境影响评价分级参数依据

项目	名称	说　明
污染物类型	持久性污染物	包括在水环境中难降解、毒性大、易长期积累的有毒物质
	非持久性污染物	包括在水环境中易降解的物质
	酸和碱	以 pH 表征
	热污染	以温度表征

续表

<table>
<tr><th>项目</th><th colspan="3">名称</th><th>说明</th></tr>
<tr><td rowspan="3">污水水质的复杂程度</td><td colspan="3">复杂</td><td>污染物类型数不小于 3，或者只含有两类污染物，但需预测其浓度的水质参数数目不小于 10</td></tr>
<tr><td colspan="3">中等</td><td>污染物类型数为 2，且需预测其浓度的水质参数数目小于 10；或者只含有一类污染物，但需预测其浓度的水质参数数目不小于 7</td></tr>
<tr><td colspan="3">简单</td><td>污染物类型数为 1，需预测其浓度的水质参数数目小于 7</td></tr>
<tr><td rowspan="9">水域规模</td><td rowspan="3">河流</td><td colspan="2">大河</td><td>$\geqslant$150 m^3/s</td></tr>
<tr><td colspan="2">中河</td><td>15 ~ 150 m^3/s</td></tr>
<tr><td colspan="2">小河</td><td><15 m^3/s</td></tr>
<tr><td rowspan="6">湖泊和水库</td><td rowspan="3">当平均水深$\geqslant$10 m 时</td><td>大湖（库）</td><td>$\geqslant$25 km^2</td></tr>
<tr><td>中湖（库）</td><td>2.5 ~ 25 km^2</td></tr>
<tr><td>小湖（库）</td><td><2.5 km^2</td></tr>
<tr><td rowspan="3">当平均水深<10 m 时</td><td>大湖（库）</td><td>$\geqslant$50 km^2</td></tr>
<tr><td>中湖（库）</td><td>5 ~ 50 km^2</td></tr>
<tr><td>小湖（库）</td><td><5 km^2</td></tr>
</table>

具体应用上述划分原则时，可根据我国南、北方以及干旱、湿润地区的特点进行适当调整。

对地表水域的水质要求（即水质类别）以 GB 3838—2002 为依据。该标准将地表水环境质量分为 5 类。如受纳水域的实际功能与该标准的水质分类不一致时，由当地环保部门对其水质提出具体要求。

低于三级的地表水环境影响评价条件的建设项目，只需要按照环境影响评价报告表的形式，简要说明所排放的数量和污染物类型、给排水状况以及排水去向，并进行简要的环境影响分析。

三、地下水环境影响评价分级

（一）评价工作分级

1. 建设项目分类

根据建设项目对地下水环境影响的特征，将建设项目分为以下三类。

Ⅰ类：指在项目建设、生产运行和服务期满后的各个过程中，可能造成地下水水质污染的建设项目。

Ⅱ类：指在项目建设、生产运行和服务期满后的各个过程中，可能引起地下水流场或地下水水位变化，并导致环境水文地质问题的建设项目。

Ⅲ类：指同时具备Ⅰ类和Ⅱ类建设项目环境影响特征的建设项目。

根据不同类型建设项目对地下水环境影响程度与范围的大小，将地下水环境影响评价工作分为一、二、三级。

2. 评价工作分级原则

Ⅰ类和Ⅱ类建设项目，分别根据其对地下水环境的影响类型、建设项目所处区域的环境特征及其环境影响程度划定评价工作等级。

Ⅲ类建设项目应分别按Ⅰ类和Ⅱ类建设项目评价工作等级划分办法，进行地下水环境影响评价工作等级划分，并按所划定的最高工作等级开展评价工作。

1）Ⅰ类建设项目工作等级划分

Ⅰ类建设项目地下水环境影响评价工作等级的划分（见表 8-4、表 8-5），应根据建设项目场地的包气带防污性能、含水层易污染特征、地下水环境敏感程度、污水排放量与污水水质复杂程度等指标确定。建设项目场地包括主体工程、辅助工程、公用工程、储运工程等涉及的场地。

表 8-4　Ⅰ类建设项目地下水环境影响评价分级判据

评价级别	建设项目场地包气带防污性能	建设项目场地的含水层易污染特征	建设项目场地地下水环境敏感程度	建设项目污水排放量	建设项目水质复杂程度
一级	弱-强	易-不易	敏　感	大-小	复杂-简单
	弱	易	较敏感	大-小	复杂-简单
			不敏感	大	复杂-简单
				中	复杂-中等
				小	复杂
		中	较敏感	大-中	复杂-简单
				小	复杂-中等
			不敏感	大	
				中	复杂
		不易	较敏感	大	复杂-中等
				中	复杂
	中	易	较敏感	大	复杂-简单
				中	复杂-中等

续表

评价级别	建设项目场地包气带防污性能	建设项目场地的含水层易污染特征	建设项目场地地下水环境敏感程度	建设项目污水排放量	建设项目水质复杂程度
一级	中	易	较敏感	小	复杂
一级	中	易	不敏感	大	复杂
一级	中	中	较敏感	大	复杂-中等
一级	中	中	较敏感	中	复杂
一级	强	易	较敏感	大	复杂
二级	除了一级和三级以外的其他组合				
三级	弱	不易	不敏感	中	简单
三级	弱	不易	不敏感	小	中等-简单
三级	中	易	不敏感	小	简单
三级	中	中	不敏感	中	简单
三级	中	中	不敏感	小	中等-简单
三级	中	不易	较敏感	中	简单
三级	中	不易	较敏感	小	中等-简单
三级	中	不易	不敏感	大	中等-简单
三级	中	不易	不敏感	中-小	复杂-简单
三级	强	易	较敏感	小	简单
三级	强	易	不敏感	大	简单
三级	强	易	不敏感	中	中等-简单
三级	强	易	不敏感	小	复杂-简单
三级	强	中	较敏感	中	简单
三级	强	中	较敏感	小	中等-简单
三级	强	中	不敏感	大	中等-简单
三级	强	中	不敏感	中-小	复杂-简单
三级	强	不易	较敏感	大	中等-简单
三级	强	不易	较敏感	中-小	复杂-简单
三级	强	不易	不敏感	大-小	复杂-简单

注：地下储油库、危险废物填埋场应进行一级评价，不按表 8-4 划分。

表 8-5　Ⅰ类建设项目地下水环境影响评价分级参数依据

项目	名称	说　明
建设项目场地的包气带防污性能	强	岩（土）层单层厚度 $Mb \geqslant 1.0$ m，渗透系数 $K \leqslant 10^{-7}$cm/s，且分布连续、稳定
	中	岩（土）层单层厚度 0.5 m$\leqslant Mb<1.0$ m，渗透系数 $K \leqslant 10^{-7}$ cm/s，且分布连续、稳定； 岩（土）层单层厚度 $Mb \geqslant 1.0$ m，渗透系数 10^{-7} cm/s$<K \leqslant 10^{-4}$ cm/s，且分布连续、稳定
	弱	岩（土）层不满足上述“强”和“中”条件
建设项目场地的含水层易污染特征	易	潜水含水层埋深浅的地区，地下水与地表水联系密切地区，不利于地下水中污染物稀释、自净的地区，现有地下水污染问题突出的地区
	中	多含水层系统且层间水力联系较密切的地区，存在地下水污染问题的地区
	不易	以上情形之外的其他地区
建设项目场地的地下水环境敏感程度	敏感	生活供水水源地包括已建成的在用、备用、应急水源地，在建和规划的水源地）准保护区；除生活供水水源地以外的国家或地方政府设定的与地下水环境相关的其他保护区，如热水、矿泉水、温泉等特殊地下水资源保护区
	较敏感	生活供水水源地（包括已建成的在用、备用、应急水源地，在建和规划的水源地）准保护区以外的补给径流区；特殊地下水资源（如矿泉水、温泉等）保护区以外的分布区以及分散居民饮用水源等其他未列入上述敏感分级的环境敏感区
	不敏感	上述地区之外的其他地区
建设项目污水排放强度	大	污水排放总量≥10 000 m^3/d
	中	污水排放总量 1000～10 000 m^3/d
	小	污水排放总量≤1000 m^3/d
污水水质复杂程度级别	复杂	污染物类型数≥2，并且需预测的水质指标≥6
	中等	污染物类型数≥2，并且需预测的水质指标＜6
		污染物类型数=1，并且需预测的水质指标≥6
	简单	污染物类型数=1，并且需预测的水质指标＜6

注：① 表中“岩（土）层”系指建设项目场地地下基础之下第一岩（土）层；
② 当根据污水中污染物类型所确定的污水水质复杂程度和根据污水水质指标数量所确定的污水水质复杂程度不一致时，取高级别的污水水质复杂程度级别。

2）Ⅱ类建设项目工作等级划分

Ⅱ类建设项目地下水环境影响评价工作等级的划分（见表 8-6），应根据建设项目地下水供水（或排水、注水）规模、引起的地下水水位变化范围、建设项目场地的地下水环境敏感程度以及可能造成的环境水文地质问题的大小等条件确定。

表 8-6　Ⅱ类建设项目地下水环境影响评价分级判据

评价等级	建设项目供水（或排水、注水）规模	建设项目引起的地下水水位变化区域范围	建设项目场地的地下水环境敏感程度	建设项目造成的环境水文地质问题大小
一级	小-大	小-大	敏感	弱-强
	中等	中等	较敏感	强
		大	较敏感	中等-强
	大	大	较敏感	弱-强
			不敏感	强
		中	较敏感	中等-强
		小	较敏感	强
二级	除了一级和三级以外的其他组合			
三级	小-中	小-中	较敏感-不敏感	弱-中

表 8-7　Ⅱ类建设项目地下水环境影响评价分级参数依据

项目	名称	说　　明
地下水供水（或排水、注水）规模	大	供水（或排水、注水）量≥1.0 万 m^3/d
	中	供水（或排水、注水）量 0.2 万～1.0 万 m^3/d
	小	供水（或排水、注水）量≤0.2 万 m^3/d
地下水水位变化区域范围	大	地下水水位变化影响半径≥1.5 km
	中	地下水水位变化影响半径 0.5～1.5 km
	小	地下水水位变化影响半径≤0.5 km
地下水环境敏感程度	敏感	生活供水水源地（包括已建成的在用、备用、应急水源地，在建和规划的水源地）准保护区；除生活供水水源地以外的国家或地方政府设定的与地下水环境相关的其他保护区，如热水、矿泉水、温泉等特殊地下水资源保护区；生态脆弱区重点保护区域；地质灾害易发区；重要湿地、水土流失重点防治区、沙化土地封禁保护区等
	较敏感	生活供水水源地（包括已建成的在用、备用、应急水源地，在建和规划的水源地）准保护区以外的补给径流区；特殊地下水资源（如矿泉水、温泉等）保护区以外的分布区以及分散居民饮用水源等其他未列入上述敏感分级的环境敏感区
	不敏感	上述地区之外的其他地区

续表

项目	名称	说　明
环境水文地质问题	强	产生地面沉降、地裂缝、岩溶塌陷、海水入侵、湿地退化、土地荒漠化等环境水文地质问题，含水层疏干现象明显，产生土壤盐渍化、沼泽化
	中等	出现土壤盐渍化、沼泽化迹象
	弱	无上述环境水文地质问题

（二）评价工作技术要求

1. 一级评价要求

通过搜集资料和环境现状调查，了解区域内多年的地下水动态变化规律，详细掌握评价区域的环境水文地质条件（给出大于或等于1/10 000的相关图件）、污染源状况、地下水开采利用现状与规划，查明各含水层之间以及与地表水之间的水力联系，同时掌握评价区评价期内至少一个连续水文年的枯、平、丰水期的地下水动态变化特征；根据建设项目污染源特点及具体的环境水文地质条件有针对性地开展勘察试验，进行地下水环境现状评价；对地下水水质、水量采用数值法进行影响预测和评价，对环境水文地质问题进行定量或半定量的预测和评价，提出切实可行的环境保护措施。

2. 二级评价要求

通过搜集资料和环境现状调查，了解区域内多年的地下水动态变化规律，基本掌握评价区域的环境水文地质条件（给出大于或等于1/50 000的相关图件）、污染源状况、项目所在区域的地下水开采利用现状与规划，查明各含水层之间以及与地表水之间的水力联系，同时，掌握评价区至少一个连续水文年的枯、丰水期的地下水动态变化特征；结合建设项目污染源特点及具体的环境水文地质条件有针对性地补充必要的勘察试验，进行地下水环境现状评价；对地下水水质、水量采用数值法或解析法进行影响预测和评价，对环境水文地质问题进行半定量或定性的分析和评价，提出切实可行的环境保护措施。

3. 三级评价要求

通过搜集现有资料，说明地下水分布情况，了解当地的主要环境水文地质条件（给出相关水文地质图件）、污染源状况、项目所在区域的地下水开采利用现状与规划；了解建设项目环境影响评价区的环境水文地质条件，进行地下水环境现状评价；结合建设项目污染源特点及具体的环境水文地质条件有针对性地进行现状监测，通过回归分析、趋势外推、时序分析或类比预测分析等方法进行地下水影响分析与评价；提出切实可行的环境保护措施。

任务二十　地表水环境影响评价分级

任务描述

某拟建建设项目的污水排放量为 5800 m^3/d，经类比调查知污水中含有 COD、BOD_5、Cd、Hg，pH 值为酸性，受纳水体为一河流，其多年平均流量为 90 m^3/s，水质要求为Ⅳ类，此地表水环境影响评价应按几级进行评价？

实施方法及步骤

（1）该建设项目污水排放量为 5800 m^3/d，在 5000 ~ 10 000 m^3/d 之间。

（2）含 3 类污染物：COD 和 BOD_5 属于非持久性污染物，Cd、Hg 属于持久性污染物，pH 值为酸性，属于酸碱，水质复杂。

（3）河流流量为 90 m^3/s，在 5000 ~ 10 000 m^3/s 之间，属于中等规模。

（4）水质要求Ⅳ类。

（5）根据地表水环境影响评价分级判据表（见表 8-1），应按二级进行评价。

项目九　水环境现状调查与评价

学习目标

了解地表水环境现状调查的范围、调查的时间、水文调查的内容、污染物调查的原则和内容、水质调查的原则及参数的选择和水利用情况；

了解地表水环境评价的原则，熟悉地表水环境评价的依据，掌握地表水环境评价的方法，并能够选择适当的方法对地表水环境进行现状评价；

了解地下水环境现状调查评价的基本要求及调查的内容，熟悉地下水环境现状监测的要求及内容，掌握地下水环境质量现状评价的标准和方法。

基础知识

一、地表水环境现状调查与评价

（一）地表水环境现状调查

1. 现状调查的范围

水环境现状的调查范围，应能包括建设项目对周围地表水环境影响较显著的区域。在此区域内进行的调查，能全面说明与地表水环境相联系的环境基本状况，并能充分满足环境影响预测的要求。

在确定某项具体工程的地表水环境调查范围时，应尽量按照将来污染物排放后可能的达标范围，参考 9-1、表 9-2、表 9-3，并考虑评价等级的高低（评价等级高时可取调查范围略大，反之可略小）后决定。

表 9-1　不同污水排放量时河流环境现状调查参考范围

污水排放量/$m^3 \cdot d^{-1}$	河流规模		
	大　河	中　河	小　河
	调查范围/km		
>50 000	15 ~ 30	20 ~ 40	30 ~ 50
50 000 ~ 20 000	10 ~ 20	15 ~ 30	25 ~ 40
20 000 ~ 10 000	5 ~ 10	10 ~ 20	15 ~ 30
10 000 ~ 50 000	2 ~ 5	5 ~ 10	10 ~ 25
<5000	<3	<5	5 ~ 15

注：调查范围指排污口下游应调查的河段长度。

表 9-2　不同污水排放量时湖泊（水库）环境现状调查参考范围

污水排放量/$m^3 \cdot d^{-1}$	调查范围	
	调查半径/km	调查面积（按半圆计算）/km^2
>50 000	4 ~ 7	25 ~ 80
50 000 ~ 20 000	2.5 ~ 4	10 ~ 25
20 000 ~ 10 000	1.5 ~ 2.5	3.5 ~ 10
10 000 ~ 5000	1 ~ 1.5	2 ~ 3.5
<5000	≤1	≤2

注：调查范围为以排污口为圆心，以调查半径为半径的半圆形面积。

表 9-3　不同污水排放量时海湾环境现状调查范围参考表

污水排放量/$m^3 \cdot d^{-1}$	调查范围	
	调查半径/km	调查面积（按半圆计算）/km^2
>50 000	5 ~ 8	40 ~ 1000
50 000 ~ 20 000	3 ~ 5	15 ~ 40
20 000 ~ 10 000	1.5 ~ 3	3.5 ~ 15
<5000	≤1.5	≤3.5

注：调查范围为以排污口为圆心，以调查半径为半径的半圆形面积。

2. 环境现状调查的时间

（1）根据当地的水文资料初步确定河流、河口、湖泊、水库的丰水平期、平水期、枯水期，同时确定最能代表这三个时期的季节或月份。对于海湾，应确定评价期限间的大潮期和小潮期。

（2）评价等级不同，对各类水域调查时期的要求也不同。表 9-4 列出了不同评价等级时各类水域的水质调查时期和水质监测要求。

表 9-4 各类水域在不同评价等级时水质的调查时期

水域	评价等级			监测频次
	一 级	二级	三级	
河流	一般情况，为一个水文年的丰水期、平水期和枯水期；若评价时间不够，至少应调查平水期和枯水期	条件许可，可调查一个水文年的丰水期、平水期和枯水期；一般情况，可只调查枯水期限和平水期；若评价时间不够，可只调查枯水期	一般情况，可只在枯水期限调查	每期调查一次，每次调查三四天；至少有一天对所有已选取定的水质参数取样分析；不预测水温时，只在采样时测水温；在预测水温时，要测日平均水温，一般可采用每隔 6 h 测一次的方法求平均水温；水质采样按规范进行
河口	一般情况，为一个潮汐年的丰水期、平水期和枯水期；若评价时间不够，至少应调查平水期和枯水期	一般情况，应调查平水期和枯水期；若评价时间不够，可只调查枯水期	一般情况，可只在枯水期调查	每期调查一次，每次调查三四天，一次在大潮期，一次在小潮期；每个潮期的调查，均应分别采集同一天的高、低潮水样；各监测断面的采样，尽可能同步进行；两天调查中，要对已选定的所有水质参数取样；在不预测水温时，应在采样时测水温；在预测水温时，要测日平均水温，一般可采用每隔 4～6 h 测一次的方法求平均值
湖泊（水库）	一般情况，为一个水文年的丰水期、平水期限和枯水期；若评价时间不够，至少应调查平水期和枯水期	一般情况，应调查平水期限和枯水期；若评价时间不够，可只调查枯水期	一般情况，可只在枯水期调查	每期调查一次，每次调查三四天；至少有一天对所有已选定的水质参数取样分析；表层溶解氧和水温每隔 6 h 测一次，并在调查期内适当检测藻类；水质采样按规范进行
海湾	一般情况，应调查评价工作期限间的大潮期和小潮期	一般情况，应调查评价工作期间的大潮期和小潮期	一般情况，应调查评价工作期间的大潮期和小潮期	每期调查一次，每次调查三四天；至少有一天在大潮期，另一天在小潮期，对所有已选定的水质参数取样分析；所有的水质参数每天在高潮和低潮时各取样一次；在不预测水温时，只在采样时测水温；在预测水温时，每间隔 2～4 h 测水温一次

（3）当调查区域面源污染严重，丰水期水质劣于枯水期时，一、二级评价的各类水域应调查丰水期，若时间允许，三级评价也应调查丰水期。

（4）冰封期较长的水域，且作为生活饮用水、食品加工用水的水源或渔业用水时，应调查冰封期的水质、水文情况。

3. 水文调查

（1）河流。

河流水文调查的内容应根据评价等级及河流的规模决定，其中主要有：丰水期、平水期、枯水期的划分；河流平直及弯曲情况（如平直段长度式弯曲段的弯曲半径等）；横断面（湿周、水力半径）、纵断面（坡度）水位、水深、河宽、流量、流速及其分布、水温、糙率及泥沙含量等；丰水期有无分流漫滩，枯水期有无浅滩、沙洲和断流；北方河流还应了解结冰、封冰、解冻等现象。如采用数学模式预测时，其具体调查内容应根据评价等级及河流规模按照预测模式及相关参数的需要决定。河网地区应调查各河段流向、流速、流量关系，了解流向、流速、流量的变化特点。

（2）河口。

感潮河口的水文调查内容应根据评价等级及河流的规模决定，其中除与河流相同的内容外，还有：感潮河段的范围，涨潮、落潮及平潮时的水位、水深、流向、流速及其分布；横断面、水面坡度以及潮间隙、潮差和历时等。如采用数学模式预测时，其具体调查内容应根据评价等级及河流规模按照预测模式及参数要求的需要决定。

（3）湖泊、水库。

湖泊、水库水文调查内容应根据评价等级及湖泊和水库的规模决定，其中主要有：湖泊水库的面积和形状（附平面图），丰水期、平水期、枯水期的划分，流入、流出的水量，停留时间，水量的调度和贮量，湖泊、水库的水深，水温分层情况及水流状况（湖流的流向和流速，环流的流向、流速成及稳定时间）等。如采用数学模式预测时，其具体调查内容应根据评价的等级及湖泊、水库的规模按照预测模式及参数的需要决定。

（4）海湾水文。

海湾水文调查内容应根据评价等级及海湾的特点选择下列全部或部分内容：海岸形状，海底地形，潮位及水深变化，潮流状况（小潮和大潮循环期间的水流变化、平行于海岸线流动的落潮和涨潮），流入的河水流量、盐度和温度造成的分层情况，水温、波浪的情况以及内海水与外海水的交换周期等。如采用数学模式预测时，其具体调查内容应根据评价等级及海湾特点按照预测模式及参数的需要决定。

（5）降雨调查。

需要预测建设项目的面源污染时，应调查历年的降雨资料，并根据预测的需要对资料进行统计分析。

4. 污染源调查

对在调查范围内能对地表水环境产生影响的主要污染源均应进行调查。污染源包括两类：点污染源（简称点源）和非点污染源（简称非点源或面源）。

1）点源调查

（1）调查的原则。

① 以搜集现有资料为主，只有在十分必要时才补充现场调查或测试。例如在评价改、扩建项目时，对此项目改、扩建前的污染源应详细了解，常须现场调查或测试。

② 点源调查的繁简程度可根据评价级别及其与建设项目的关系而略有不同。如评价级别较高且现有污染源与建设项目距离较近时应详细调查，例如位于建设项目的排水与受纳河流的混合过程段以内，并对预测计算可能有影响的情况。

（2）点源调查的内容。

① 点源的排放：排放口的平面位置（附污染源平面位置图）及排放方向，排放口在断面上的位置。

② 排放形式：分散排放还是集中排放。

③ 排放数据：根据现有的实测数据、统计报表以及各厂矿的工艺路线等选定主要水质参数，并调查现有的排放量、排放速度、排放浓度及其变化等数据。

④ 用、排水状况：主要调查取水量、用水量、循环水量及排水总量等。

⑤ 厂矿企业、事业单位的废、污水处理状况：主要调查废、污水的处理设备、处理效率、处理水量及事故状况等。

2）非点源调查

（1）非点源调查的原则。

非点源调查基本上采用间接搜集资料的方法，一般不进行实测。

（2）非点源调查的内容。

根据评价工作的需要选择下述全部内容或部分内容进行调查。

① 概况：原料、燃料、废弃物的堆放位置（即主要污染源，要求附污染源平面位置图）、堆放面积、堆放形式（几何形状、堆放厚度）、堆放点的地面铺装及其保洁程度、堆放物的遮盖方式等。

② 排放方式、排放去向与处理情况：应说明非点源污染物是有组织的汇集还是无组织的漫流，是集中后直接排放还是处理后排放，是单独排放还是与生产废水或生活污水共同排放等。

③ 排放数据：根据现有实测数据、统计报表以及根据引起非点源污染的原料、燃料、废料、废弃物的物理、化学、生物化学性质选定调查的主要水质参数，并调查有关排放季节、排放时期、排放量、排放浓度及其他变化等数据。

5. 水质调查

1）水质调查的原则

水质调查时应尽量采用现有数据资料，如资料不足时应实测。

2）水质参数的选择

所选择的水质参数包括两类：一类是常规水质参数，它能反映水域水质一般状况；另一类是特征水质参数，它能代表建设项目将来排放的水质。

常规水质参数以《地表水环境质量标准》（GB 3838—2002）中所提出的 pH、溶解氧、高锰酸盐指数、五日生化需氧量、凯氏氮或非离子氨、酚、氰化物、砷、汞、铬（六价）、总磷以及水温为基础，根据水域类别、评价等级、污染源状况适当删减。

特征水质参数根据建设项目特点、水域类别及评价等级选定。

当受纳水域的环境保护要求较高（如自然保护区、饮用水源地、珍贵水生生物保护区、经济鱼类养殖区等），且评价等级为一、二级时，应考虑调查水生生物和底质。其调查项目可根据具体工作要求确定，或从下列项目中选择部分内容。

水生生物方面：浮游动植物、藻类、底栖无脊椎动物的种类和数量、水生生物群落结构等。

底质方面：主要调查与拟建工程排水水质有关的易积累的污染物。

6. 水利用状况（即水域功能）调查

1）调查的意义

水利用状况是地表水环境影响评价的基础资料，一般应由环境保护部门规定。调查的目的是核对与补充这个规定，若还没有规定，则应通过调查进行明确，并报环境保护部门认可。

2）调查的方法

调查的方法以间接为主，并辅以必要的实地踏勘。

3）调查的内容

水利用状况调查，可根据需要选择下述全部或部分内容：城市、工业、农业、渔业、水产养殖业等各类的用水情况（其中包括各种用水的用水时间、用水地点等），以及各类用水的供需关系、水质要求和渔业、水产养殖业等所需的水域面积等。此外，对用于排泄污水或灌溉退水的水体也应调查。在调查水利用状况时，还应注意地表水与地下水之间的水力联系。

（二）地表水环境现状评价

1. 评价的原则

现状评价是水质调查的继续。评价水质现状主要采用文字分析与描述，并辅以数学表达式。在文字分析与描述中，有时可采用检出率、超标率等统计值。数学表达式分两种：一种用于单项水质参数评价，另一种用于多项水质参数综合评价。单项水质参数评价简单明了，可以直接了解该水质参数现状与标准的关系，一般均可采用；多项水质参数综合评价只在调查的水质参数较多时方可应用，此方法只能了解多个水质参数的综合现状与相应标准的综合情况之间的某种相对关系。

2. 评价的依据

地表水环境质量标准和有关法规及当地的环保要求是评价的基本依据。地表水环境质量标准应采用 GB 3838—2002 或相应的地方标准，海水水质标准应采用 GB 3097—1997，有些水质参数国内尚无标准，可参照国外标准或建立临时标准，所采用的国外标准和建立的临时标准应按国家环保局规定的程序报有关部门批准。评价区内不同功能的水域应采用不同类别的水质标准。

综合水质的分级应与 GB 3838—2002 中水域功能的分类一致，其分级判据与所采用的多项水质参数综合评价方法有关。

3. 评价的方法

水环境包括水质、水生生物以及底质，因此对水环境的评价也应该考虑对各个成分的综合评价。

1）水质评价

（1）水质参数数值的确定。

在单项水质参数评价中，一般情况下，某水质参数的数值可采用多次监测的平均值，但如该水质参数变化甚大，为了突出高值的影响可采用内梅罗（Nemerow）平均值，或其他计算高值影响的平均值，式（9.1）为内梅罗平均值的表达式：

$$c_{i,j}=\left(\frac{c_{\max}^2+\overline{c_{i,j}}^2}{2}\right)^{1/2} \tag{9.1}$$

式中：$c_{i,j}$——第 i 种污染物在 j 点的实测浓度；

$c_{\max}$——第 i 种污染物在 j 点的实测浓度的最大值；

$\overline{c_{i,j}}$——第 i 种污染物在 j 点的实测浓度的平均值。

（2）单项水质参数评价方法。

该方法只用单个参数作为评价指标，可以直接了解水质状况与评价标准之间的关系，简单明了，其表达式为

$$S_{i,j}=c_{i,j}/c_{si} \tag{9.2}$$

式中：$S_{i,j}$——单项水质参数 i 在第 j 点的标准指数；

$c_{i,j}$——第 i 种污染物在第 j 点的实测浓度；

c_{si}——第 i 种污染物的环境评价标准。

DO 和 pH 与其他的水质参数的性质不同，因此需采用不同的指数形式。

① DO 的标准指数为

$$S_{\mathrm{DO},j}=\frac{|\mathrm{DO_f}-\mathrm{DO}_j|}{\mathrm{DO_f}-\mathrm{DO_s}},\mathrm{DO}_j \geqslant \mathrm{DO_s} \tag{9.3}$$

$$S_{\mathrm{DO},j}=10-9\frac{\mathrm{DO}_j}{\mathrm{DO_s}},\mathrm{DO}_j<\mathrm{DO_s} \tag{9.4}$$

$$\mathrm{DO_f}=468/(31.6+T) \tag{9.5}$$

式中：$S_{\mathrm{DO},j}$——溶解氧 DO 在预测点（可监测点）j 的标准指数；

DO_j——监测点或预测点（可监测点）j 处的 DO 质量浓度，mg/L；

$\mathrm{DO_f}$——某水温、气压条件下的饱和溶解氧 DO 的质量浓度，mg/L；

$\mathrm{DO_s}$——溶解氧的评价标准限值，mg/L。

② pH 的标准指数为

$$S_{\mathrm{pH},j}=\frac{7.0-\mathrm{pH}_j}{7.0-\mathrm{pH_{sd}}},\mathrm{pH}_j \leqslant 7.0 \tag{9.6}$$

$$S_{\mathrm{pH},j}=\frac{\mathrm{pH}_j-7.0}{\mathrm{pH_{su}}-7.0},\mathrm{pH}_j>7.0 \tag{9.7}$$

式中：$S_{\mathrm{pH},j}$——pH 的标准指数；

pH_j——pH 的实测值；

$\mathrm{pH_{sd}}$——水质标准中规定的 pH 下限；

$\mathrm{pH_{su}}$——水质标准中规定的 pH 上限。

水质参数的标准指数大于 1，表明该水质参数超过了规定的水质标准，已经不能满足使用要求。

（3）多项水质参数综合评价方法。

① 综合污染指数（均值型指数）。

a. 算术均值法：通过不同水质组分浓度相对于其环境质量标准的大小的平均值来衡量水质情况，计算公式为

$$PI_1=\frac{1}{n}\sum_{i=1}^{n}S_{i,j} \tag{9.8}$$

式中：PI_1——水质指数；

n——参加评价的污染物的个数。

实际地表水的水质评价中，通常包括多个水质评价因子，如 pH、电导率、悬浮物、COD、BOD、溶解氧、酚、氰化物、六价铬等。按照 PI_1 的大小，根据水

体和所在区域的自然及经济特征可以确定地表水环境质量的分级标准（不同水域可能有不同的分级标准），表 9-5 为图们江水系水环境质量分级标准实例。

表 9-5　地表水环境质量 PI_1 分级标准

PI_1	级　别	分级依据
<0.2	清洁	多数项目未检出，个别检出也在标准内
0.2 ~ 0.4	尚清洁	检出值均在标准内，个别接近标准
0.4 ~ 0.7	轻污染	个别项目检出值超过标准
0.7 ~ 1.0	中污染	有两项检出值超过标准
1.0 ~ 2.0	重污染	相当一部分检出值超过标准
>2.0	严重污染	相当一部分检出值超过标准数倍或几十倍

b. 加权均值法：考虑水体中各种污染物的污染贡献大小（权重），计算公式为

$$PI_2 = \sum_{i=1}^{n} w_i S_{i,j} \tag{9.9}$$

式中：PI_2——水质指数；

w_i——第 i 种污染物的权重值，$w_i = I_i / \sum_{i=1}^{n} I_i$。

南京城区曾采用这种方法对水环境质量进行评价，评价中选用氰、酚、砷、铬和汞作为评价因子，并依据 PI_2 值按照表 9-6 中的标准进行水质分级。

表 9-6　地表水环境质量 PI_2 分级标准

PI_2	级别	分级依据
<0.2	清洁	多数项目未检出，个别检出也在标准内
0.2 ~ 0.4	尚清洁	检出值均在标准内，个别接近标准
0.4 ~ 0.7	轻污染	有一个项目检出值超过标准
0.7 ~ 1.0	中污染	有两项检出值超过标准
1.0 ~ 2.0	重污染	全部或相当部分检出值超过标准
>2.0	严重污染	相当一部分检出值超过标准一到数倍

c. 几何均值法：将所有参加评价污染物的污染分指数的平均值与所有参加评价污染物的污染分指数的最大值相乘开方求水质指数 PI_3，计算公式为

$$PI_3 = \sqrt{\max(S_{i,j}) \cdot \frac{1}{n} \sum_{i=1}^{n} S_{i,j}} \tag{9.10}$$

依据 PI_3 值的大小，按照表 9-7 中标准进行水质分级（不同的水域容许作适当的调整）。

表 9-7　地表水环境质量 PI_3 分级标准

PI_3	<0.2	0.2 ~ 0.7	0.7 ~ 1.0	1.0 ~ 3.0	3.0 ~ 5.0	>5.0
级别	清洁	尚清洁	轻污染	中污染	重污染	严重污染

几何平均法不但考虑各种污染物的共同作用，还重点突出了最大污染物贡献的影响。

② 内梅罗水污染指数法。

美国学者内梅罗在《河流污染科学分析》一书中提出该污染指数。其中选取了温度、颜色、透明度、pH、大肠杆菌数、总溶解固体、悬浮固体、总氮、碱度、氯、铁和锰、硫酸盐、溶解氧指标作为水质参数。

内梅罗将水的用途分为三类。

a. 人类接触使用（PI_1）：包括饮用、游泳、制造饮料等。

b. 间接接触使用（PI_2）：包括养鱼、工业食品加工、农业用等。

c. 不接触使用（PI_3）：包括工业冷却用水、公共娱乐及航运等。

根据划分的水的用途，内梅罗建立了指数公式，用以计算水质指标值。

$$PI_j=\sqrt{\frac{\left(\max\frac{c_i}{L_{ij}}\right)^2+\left(\frac{1}{n}\sum_{i=1}^{n}\frac{c_i}{L_{ij}}\right)^2}{2}} \tag{9.11}$$

式中：PI_j——j 类水用途指数；

c_i——i 类污染物的实测浓度；

L_{ij}——i 类污染物对应 j 类水用途的标准。

上述算出的只是某一种水用途指数，在分析污染控制问题的区域利益方面，必须考虑到目前该区域中水的一切用途，算出总的水污染指数 PI。因此，内梅罗建议根据一个区域各种水用途相对重要性，将 PI_1、PI_2、PI_3 加权求和计算 PI 值，计算公式如下：

$$PI=W_1\cdot PI_1+W_2\cdot PI_2+W_3\cdot PI_3 \tag{9.12}$$

式中：PI——总水质污染指数；

W_1，W_2，W_3——各种用途用水的权系数。

依据 PI 值的大小，按照表 9-8 中标准进行水质分级。

表 9-8　内梅罗指数水质分级表

水质指数	<1.0	1.0 ~ 2.0	>2.0
污染程度分级	清洁	轻污染	污染

【例 1】下面是用内梅罗指标方法计算奥奈达湖湖水水质的实例，给出的奥奈达湖的 c_i/L_{ij} 值见表 9-9，估计奥奈达湖 40%用于游泳，40%用于渔业，20%用于航

行。试判断湖水的水质情况。

表 9-9 奥奈达湖的 c_i/L_{ij} 值

项目	c_i/L_{i1}	c_i/L_{i2}	c_i/L_{i3}	c_i
水温	0.75	1.15	—	43.3
水色	0.96	—	—	12.0
混浊度	2.90	0.4	—	12.0
pH	0.89	0.89	0.89	8
大肠菌	0.70	0.036	—	72
总固体	0.42	—	0.41	209
总氮	—	—	—	—
碱度	—	—	0.31	86
氯化物	—	—	0.87	260
硬度	—	—	0.36	128
铁和锰	—	—	—	0
硫酸盐	0.34	—	—	84.4
溶解氧	0.10	—	0.2	4
平均值	0.882	0.619	0.51	—

根据公式（9.12）可以计算得到 $PI_1=2.14$，$PI_2=0.92$，$PI_3=0.72$。因为奥奈达湖 40%用于游泳，40%用于渔业，20%用于航行，可将各项权重定为 $W_1=0.4$，$W_2=0.4$，$W_3=0.2$。则 PI 值为

$$PI = 0.4 \times 2.14 + 0.4 \times 0.92 + 0.2 \times 0.73 = 1.37 \tag{9.13}$$

依据表 9-8 的分级标准，奥奈达湖的综合水质属于轻污染。

③ 罗斯水质指数（分级型指数法）。

英国人罗斯（S. L. Ross）在总结以前的水质指数的基础上，对英国克鲁多河干支流进行了水质评价的研究，提出了一种较简明的水质指数。

S. L. Ross 选用 BOD、氨氮、悬浮固体和 DO 四个参数作为水质指标进行计算，并对这四个参数给予了不同的权值，如表 9-10 所示。

表 9-10 不同参数的权重值

参数	BOD	氨氮	悬浮固体	DO	权重值合计
权重值	3	3	2	2	10

其中 DO 可用浓度和饱和百分数两种表示，各取权值为 1，所有权值相加得 10。

在计算水质指数时，罗斯不直接用各种参数的测定值或者相对污染值来统计，而是事先把它们分成等级，然后按等级进行计算。

表 9-11　各参数的分级值

悬浮固体		BOD		氨氮		DO			
质量浓度 /mg·L^{-1}	分级	质量浓度 /mg·L^{-1}	分级	质量浓度 /mg·L^{-1}	分级	饱和度/%	分级	质量浓度 /mg·L^{-1}	分级
0～10	20	0～2	30	0～0.2	30	90～105	10	>9	10
10～20	18	2～4	27	0.2～0.5	24	80～90	8	8～9	8
20～40	14	4～6	24	0.5～1.0	18	105～120	8	6～8	6
40～80	10	6～10	18	1.0～2.0	12	60～80	6	4～6	4
80～150	6	10～15	12	2.0～5.0	6	>120	6	1～4	2
150～300	2	15～25	6	5.0～10.0	3	40～60	4	0～1	0
>300	0	25～50	3	>10.0	0	10～40	2		
		>50	0			0～10	0		

在计算水质指数时，先根据各参数的实测浓度值查表 9-11，得出各参数的分级值，再按式（9.14）计算：

$$WQI = \frac{\sum 分级值}{\sum 权重值} \tag{9.14}$$

式中：*WQI*——罗斯水质指数。

Ross 计算法要求 *WQI* 用整数表示，数值越大则表示水质越好。各级指数如表 9-12 所示。

表 9-12　罗斯水质指数分级标准

WQI	10	8	6	3	0
水质状况	天然纯净水	轻度污染水	污染水	严重污染水	水质类似腐败的原污水

【例 2】某河段水质的监测结果如下：悬浮固体=37 mg/L，BOD=7.2 mg/L，DO=8.1 mg/L，DO 的饱和度为 52%，氨氮质量浓度为 1.6 mg/L，通过罗斯指数评价该河段的水质，如表 9-13 所示。

表 9-13　各参数分级及权重值

评价参数	监测浓度	分级值	权重值
悬浮固体/mg·L^{-1}	37	14	2
BOD/ mg·L^{-1}	7.2	18	3
DO/ mg·L^{-1}	8.1	8	1
DO 饱和度/%	52	4	1
氨氮/ mg·L^{-1}	1.6	12	3
总　计		56	10

根据公式（9.15）计算罗斯水质指数：

$$WQI=56/10=5.6\approx 6 \tag{9.15}$$

查表 9-12 可知，该河段水质为污染水。

2）底质质量评价方法

地表水体底质质量评价是水环境评价中的一个重要内容。它的评价方法大致与水质评价方法相同，可以用指数法或其他的方法进行。用指数法评价底质污染状况时，其难点在于缺少底质的评价标准，因此通常在进行评价区土壤中有害物资自然含量调查的基础上，计算底质污染物的指数。其计算公式如下：

$$I_i=\frac{c_i}{L_i} \tag{9.16}$$

式中：I_i——底质中第 i 种污染物的指数；

c_i——底质中第 i 种污染物的实测值；

L_i——土壤中第 i 种污染物的自然含量上限。

计算出底质污染物的指数后，可以用计算水质指数的方法进行底质污染指数的综合，如果考虑各种污染物的共同作用，同时还要突出最大污染物贡献的影响，计算出各参数的污染指数后，按式（9.17）计算综合污染指数 I。

$$I=\sqrt{\frac{I_{i\text{最大}}^2+I_{i\text{平均}}^2}{2}} \tag{9.17}$$

根据计算所得的 I 值对底质污染状况分级见表 9-14（不同的水域底质可能有不同的质量分级标准）。

表 9-14　底质污染状况分级表

底质污染指数值	<1.0	1.0 ~ 2.0	>2.0
污染程度分级	清洁	轻污染	污染

3）水的生物学质量评价方法

水环境生物学质量评价也是水环境质量评价的一个重要组成部分。它是从生物学角度研究受污染水体（包括河流、湖泊、水库和海域等）中的生物的结构和功能，以及发生和演变规律，以便了解污染水环境中生物之间、生物与污染环境之间的相互关系。换句话说，水的生物学质量评价是从生物角度了解水体吸收污染的程度与水生生物遭受危害的状况，为水体污染控制提高科学依据。

水的生物学质量评价通常采用指示生物法、生物指数法、污水生物系统法，详见项目五（子项目三）的相关内容。

海域的生物评价采用质量指数法，是根据生物体内残毒量来计算生物的污染指数，这种方法在国内应用较多。海域生物的质量指数计算公式如下：

$$Q_{\text{生}}=\frac{1}{K}\sum_{i=1}^{K}w_i A_i \tag{9.18}$$

式中：$Q_{生}$——海域生物的质量指数；

A_i——某测点生物体内第 i 种污染物的污染指数；

w_i——第 i 种污染物的权重(一级污染权重值取 0.7,二级污染权重值取 0.3)；

K——污染物种类数。

根据计算得出的 $Q_{生}$ 值对海域污染状况分级，见表 9-15。

表 9-15　按 $Q_{生}$ 值进行生物分级标准

污染分级	鱼类质量指数	蚧类的质量指数
微污染	<1	<1
轻污染	1 ~ 3	1 ~ 2.5
中污染	3 ~ 5	2.5 ~ 4
重污染	5 ~ 6.8	4 ~ 5
严重污染	>6.8	>5

4）水环境质量评价方法

水环境质量是水质、底质质量和水的生物学质量的综合。水环境质量评价是通过水质、底质及水的生物学质量来反映水体的污染程度的，其计算方法与水质指数计算方法基本相似，计算方法有均值法及加权均值法。

① 均值法：将水质指数、底质质量指数和水的生物学质量指数相加后取平均值，计算公式为

$$PI_{\mathrm{m}}=\frac{1}{3}(PI_{水质}+PI_{底质}+PI_{生物}) \tag{9.19}$$

式中：PI_{m}——水环境质量指数；

$PI_{水质}$——水质质量指数；

$PI_{底质}$——底质质量指数；

$PI_{生物}$——水的生物学质量指数。

$PI_{水质}$ 和 $PI_{底质}$ 由式（9.20）计算：

$$PI=\sqrt{\frac{平均\left(I_{ij}\right)^2+最大\left(I_{ij}\right)^2}{2}} \tag{9.20}$$

$PI_{生物}$ 由式（9.21）计算：

$$PI_{生物}=\frac{1}{n}\sum_{i=1}^{n}w_i p_i \tag{9.21}$$

式中：n——污染物种类数；

w_i——第 i 种污染物的权重值。

对 PI_{m}、$PI_{水质}$、$PI_{底质}$、$PI_{生物}$ 的分级见表 9-16。

表 9-16　水环境、水质、底质和生物指数分级

等级	PI_m	$PI_{水质}$	$PI_{底质}$	$PI_{生物}$
清洁	<0.4	<0.2	<0.4	<0.4
尚清洁	0.4 ~ 0.6	0.2 ~ 0.4	0.4 ~ 0.6	0.4 ~ 0.6
轻污染	0.6 ~ 0.8	0.4 ~ 0.7	0.6 ~ 0.8	0.6 ~ 0.8
中污染	0.8 ~ 1.0	0.7 ~ 1.0	0.8 ~ 1.0	0.8 ~ 1.0
重污染	1.0 ~ 2.0	1.0 ~ 2.0	1.0 ~ 2.0	1.0 ~ 2.0
严重污染	>2.0	>2.0	>2.0	>2.0

② 加权均值法。

在水环境质量评价中，考虑到水质、底质及生物对水环境污染的贡献不同而采用加权均值法，其计算公式如下：

$$PI_n = w_{水质}PI_{水质} + w_{底质}PI_{底质} + w_{生物}PI_{生物} \tag{9.22}$$

式中：PI_n——水环境质量指数；

$w_{水质}$、$w_{底质}$、$w_{生物}$——水质、底质、水的生物学质量指数的权重值。

PI_n 指数的分级与 PI_m 指数的分级相同，见表 9-16。

二、地下水环境现状调查与评价

（一）地下水环境现状调查

1. 调查与评价范围

地下水环境现状调查与评价的范围以能说明地下水环境的基本状况为原则，并应满足环境影响预测和评价的要求。

1）Ⅰ类建设项目

（1）Ⅰ类建设项目地下水环境现状调查与评价的范围可参考表 9-17 确定。此调查评价范围应包括与建设项目相关的环境保护目标和敏感区域，必要时还应扩展至完整的水文地质单元。

表 9-17　Ⅰ类建设项目地下水环境现状调查评价范围参考表

评价等级	调查评价范围/km^2	备　注
一级	≥50	环境水文地质条件复杂、地下水流速较大的地区，调查评价范围可取较大值，否则可取较小值
二级	20 ~ 50	
三级	≤20	

（2）当Ⅰ类建设项目位于基岩地区时，一级评价以同一地下水文地质单元为调查评价范围，二级评价原则上以同一地下水水文地质单元或地下水块段为调查评价范围，三级评价以能说明地下水环境的基本情况，并满足环境影响预测和分析的要求为原则确定调查评价范围。

2）Ⅱ类建设项目

Ⅱ类建设项目地下水环境现状调查与评价的范围应包括建设项目建设、生产运行和服务期满后三个阶段的地下水水位变化的影响区域，其中应特别关注相关的环境保护目标和敏感区域，必要时应扩展至完整的水文地质单元，以及可能与建设项目所在的水文地质单元存在直接补排关系的区域。

3）Ⅲ类建设项目

Ⅲ类建设项目地下水环境现状调查与评价的范围应同时包括Ⅰ、Ⅱ类建设项目所确定的范围。

2. 污染源调查

1）调查原则

（1）对已有污染源调查资料的地区，一般可通过搜集现有资料解决。

（2）对于没有污染源调查资料，或已有部分调查资料，尚需补充调查的地区，可与环境水文地质问题调查同步进行。

（3）对调查区内的工业污染源，应按原国家环保总局《工业污染源调查技术要求及其建档技术规定》的要求进行调查。对分散在评价区的非工业污染源，可根据污染源的特点，参照上述规定进行调查。

2）调查对象

地下水污染源主要包括工业污染源、生活污染源、农业污染源。

调查重点主要包括废水排放口、渗坑、渗井、污水池、排污渠、污灌区，以及已被污染的河流、湖泊、水库和固体废物堆放（填埋）场等。

3）不同类型污染源调查要点

（1）对工业或生活废（污）水污染源中的排放口，应测定其位置，了解和调查其排放量及渗漏量、排放方式（如连续或瞬时排放）、排放途径和去向、主要污染物及其浓度、废水的处理和综合利用状况等。

（2）对排污渠和已被污染的小型河流、水库等，除按地表水监测的有关规定进行流量、水质等的调查外，还应选择有代表性的渠（河）段进行渗漏量和影响范围的调查。

（3）对污水池和污水库应调查其结构和功能，测定其蓄水面积与容积，了解池（库）底的物质组成或地层岩性以及与地下水的补排关系，进水来源、出水去向和用途、进出水量和水质及其动态变化情况，池（库）内水位标高与其周围地下水的水位差，坝堤、坝基和池（库）底的防渗设施和渗漏情况，以及渗漏水对周边地下水质的污染影响。

（4）对于农业污染源，应重点调查和了解施用农药、化肥情况。对于污灌区，应重点调查和了解污灌区的土壤类型、污灌面积、污灌水源、水质、污灌量、灌溉制度与方式及施用农药、化肥情况，必要时还应调查污灌区的土壤类型、污灌前后土壤污染物含量及累积情况。必要时可补做渗水试验，以便了解单位面积渗水量。

（5）对工业固体废物堆放（填埋）场，应测定其位置、堆积面积、堆积高度、堆积量等，并了解其底部、侧部渗透性能及防渗情况，同时采取有代表性的样品进行浸溶试验、土柱淋滤试验，了解废物的有害成分、可浸出量、雨后淋滤水中污染物种类、浓度和入渗情况。

（6）对生活污染源中的生活垃圾、粪便等，应调查了解其物质组成及排放、储存、处理利用状况。

（7）对于改、扩建Ⅰ类建设项目，还应对建设项目场地所在区域可能污染的部位（如物料装卸区、储存区、事故池等）开展包气带污染调查，包气带污染调查取样深度一般在地面以下 25 ~ 80 cm 即可。当调查点所在位置一定深度下有埋藏的排污系统或储藏污染物的容器时，取样深度应至少达到排污系统或储藏污染物的容器底部以下。

4）调查因子

地下水污染源调查因子应根据拟建项目的污染特征选定。

3. 地质环境现状调查

污染物排放对地下水的污染，其发生、发展主要受水文地质条件的控制，分析研究建设工程所在地的水文地质条件是开展监测评价工作的基础。

1）收集资料

资料收集的主要内容有：① 包气带的岩性结构与厚度；② 含水层与隔水层的岩性与分布；③ 控制含水层分布的地质构造条件；④ 地下水的补给来源；⑤ 地下的径流方向；⑥ 地下水排泄方式及供水功能；⑦ 地下水富水地段的分布；⑧ 工程建设前的地下水水质；⑨ 建设工程排水下渗与含水层的关系；⑩ 水源地与建设工程的距离、位置关系（上、下游关系）等。

2）水文地质条件调查

水文地质条件调查的主要内容有如下几点。

① 气象、水文、土壤和植被状况。

② 地层岩性、地质构造、地貌特征与矿产资源。

③ 包气带岩性、结构、厚度。

④ 含水层的岩性组成、厚度、渗透系数和富水程度；隔水层的岩性组成、厚度、渗透系数。

⑤ 地下水类型、地下水补给、径流和排泄条件。

⑥ 地下水水位、水质、水量、水温。

⑦ 泉的成因类型、出露位置、形成条件及泉水流量、水质、水温、开发利用情况。

⑧ 集中供水水源地和水源井的分布情况（包括开采层的成井的密度、水井结构、深度以及开采历史）。

⑨ 地下水现状监测井的深度、结构以及成井历史、使用功能。

⑩ 地下水背景值（或地下水污染对照值）。

3）环境水文地质问题调查

环境水文地质问题调查的主要内容包括以下几点。

① 原生环境水文地质问题：包括天然劣质水分布状况，以及由此引发的地方性疾病等环境问题。

② 地下水开采过程中水质、水量、水位的变化情况，以及引起的环境水文地质问题。

③ 与地下水有关的其他人类活动情况调查，如保护区划分情况等。

（二）地下水环境质量现状评价

1. 评价标准

根据评价目的通常有两种评价标准，一是国家标准，如《地下水环境质量标准》（GB/T 14848—1993）；二是以评价地区的污染初始值或背景值作为标准。通常把以前者为标准进行的评价称为环境质量评价，即地下水质量是否符合各种目的的用水标准，也就是评价地下水质量的好与坏，优与劣；以后者为标准进行的评价称为地下水污染评价，即地下水的人为污染程度。

环评工作中的执行标准由政府主管部门给出，无特殊要求时执行《地下水环境质量标准》（GB/T 14848—1993）。其中的Ⅲ类标准，基本对应了《生活饮用水卫生标准》（GB 5749—2006）。

2. 评价方法

评价方法可选用单因子指数法、综合评分法、内梅罗指数法、双指数法、模糊数学法及灰色关联度法等。各种方法的评价目标、适用范围不同，所满足的评价目的要求亦不同，监测因子数量要求也有很大区别，应根据实际情况和评价要求具体选用。下面介绍几种方法。

1）单因子指数法

实际工作中，一般评价范围较小，工程评价要求较简单，常采用单因子指数法：

$$P_i=\frac{c_i}{c_0} \tag{9.23}$$

式中：P_i——污染物的单因子指数（无量纲）；

c_i——污染物的实测浓度，mg/L；

c_0——污染物的评价标准，mg/L。

单因子指数法计算评价简单，使用方便，可以明确表示污染因子与标准值的相关情况，是环评工作中最常用的评价方法。但该方法只能就单项指标进行评述，不能综合评价地下水的整体环境质量状况或污染情况。需要进行综合评价时，应采用后面提出的几种方法。

2）综合评分法

该方法由《地下水环境质量标准》（GB/T 14848—1993）推荐，方法如下：将水质各单项组分（不包括细菌学指标）按《地下水环境质量标准》（GB/T 14848—1993）划分所属质量类别，对各类别按表 9-18 确定单项组分评分值 F_i；不同类别标准相同时取优不取劣。例如挥发酚Ⅰ、Ⅱ类标准均不大于 0.001 mg/L，如果水质监测结果不大于 0.001 mg/L，则应定为Ⅰ类而不定为Ⅱ类。

表 9-18　地下水环境质量单项组分评分表

类别	Ⅰ	Ⅱ	Ⅲ	Ⅳ	Ⅴ
F_i	0	1	3	6	10

综合评价分值：

$$F=\sqrt{\frac{\overline{F}^2+F_{\max}^2}{2}} \tag{9.24}$$

$$\overline{F}=\frac{1}{n}\sum_{i=1}^{n}F_i \tag{9.25}$$

式中：$\overline{F}$——各单项组分评分值 F_i 的平均值，$\overline{F}=\frac{1}{n}\sum_{i=1}^{n}F_i$；

$F_{\max}$——单项组分评分值 F_i 中最大值；

n——项目数（标准规定的监测项目，不少于 20 项）。

根据计算的 F 值，按表 9-19 可划分地下水质量级别，再将细菌学指标评价类别注在级别定名之后。

表 9-19　地下水环境质量分级表

级别	优良	良好	较好	较差	极差
F	<0.8	0.8 ~ 2.5	2.5 ~ 4.25	4.25 ~ 7.2	>7.2

3）内梅罗指数法

内梅罗指数是比标指数类的一种，该方法选取最大值和平均值的平方和，强调最大值的作用。

$$PI_{\mathrm{n}}=\sqrt{\frac{(c_i/c_{\mathrm{o}i})^2{}_{\mathrm{cp}}+(c_i/c_{\mathrm{o}i})^2{}_{\max}}{2}} \tag{9.26}$$

考虑到所选择评价项目对人体健康的危害性不同，仅对其作最高限量（评价标准）尚不足以显示出各项组分对地下水整体质量状态的影响，因此，需对各评价因子取一反映其在饮用水质量中所起的作用强弱的数值 ε_i，称为人体健康效应系数：

$$\varepsilon_i=\lg\frac{\sum_{i=1}^{n}c_{\mathrm{o}i}}{c_{\mathrm{o}i}} \tag{9.27}$$

以此系数对内梅罗公式作一修正，变化为

$$PI_{\mathrm{n}}=\sqrt{\frac{(\varepsilon_i\frac{c_i}{c_{\mathrm{o}i}})^2{}_{\mathrm{cp}}+(\varepsilon_i\frac{c_i}{c_{\mathrm{o}i}})^2{}_{\max}}{2}} \tag{9.28}$$

式中：PI_{n}——内梅罗指数（无量纲）；

c_i——实测浓度，mg/L；

$c_{\mathrm{o}i}$——评价标准，mg/L；

ε_i——评价因子权重（人体健康效应系数）。

根据监测计算结果，按如下指数大小进行分级。

① 地下水环境质量较好：$PI_{\mathrm{n}}<3.5$，各项组分均不超标。

② 地下水环境质量一般：$3.5\leqslant PI_{\mathrm{n}}\leqslant 7$，有 1 ~ 2 项组分超标。

③ 地下水环境质量较差：$PI_{\mathrm{n}}>7$，有 3 项以上组分超标。

需要指出，国家的规范标准中并没有统一的分级标准。以上划分标准是在华北平原多年工作经验的基础上提出来的，只适用于某一特定的区域，在此只注重其评价方法。

任务二十一　地表水环境质量评价

任务描述

在某个水环境现状调查的项目中，调查水域的水体环境功能属于Ⅲ类水，调查期间进行了水质监测，结果如表 9-20 所示，请根据监测结果对水环境质量状况作出评述。

表 9-20　水质监测结果

断面名称	pH	DO/mg·L^{-1}	COD/ mg·L^{-1}	NH_3-N/mg·L^{-1}	水温/°C
1#	7.30	7.82	24.5	0.82	29.8
2#	6.99	7.90	17.3	1.20	29.8
3#	7.22	7.75	19.2	1.05	29.8

实施方法及步骤

地表水环境质量评价实施方法及步骤如下所示。

地表水环境质量评价一般采用标准指数法进行，因此本次评价采用单因子指数法。

首先，确定评价的标准，由于调研水域属于Ⅲ类水功能区，评价标准执行《地表水环境质量标准》（GB 3838—2002）中的Ⅲ类水标准，具体见表 9-21。

表 9-21　Ⅲ类水标准

评价项目	pH	DO/mg·L^{-1}	COD/mg·L^{-1}	NH_3-N/mg·L^{-1}
评价标准	6～9	≥5	≤20	≤1.0

其次，按照标准指数计算方法分别计算各评价项目的标准指数，计算结果见表 9-22。

表 9-22　各评价项目的标准指数

断面	pH	DO/mg·L^{-1}	COD/mg·L^{-1}	NH_3-N/mg·L^{-1}
1#	0.15	0.08	1.22	0.82
2#	0.01	0.11	0.86	1.20
3#	0.11	0.05	0.96	1.05

最后，根据现状监测及标准计算结果，发现 COD 和 NH_3-N 两项指标的标准指数大于 1，说明此调查水域水环境质量达不到Ⅲ类水的要求。

项目十　水环境影响预测与评价

学习目标

了解地表水中污染物迁移转化过程及扩散规律；

熟悉地表水质预测因子筛选的要求和方法，能够熟练正确选择预测的因子；

了解水地表水环境影响预测条件的确定，掌握地表水环境影响预测和评价的方法，并能够熟练应用；

了解地下水环境影响预测的原则，熟悉地下水环境影响预测的范围、时段和预测的因子，掌握地下水环境影响预测的方法，能够进行地下水环境影响预测模型的概化，并进行正确的评价。

基础知识

一、地表水水环境影响预测与评价

（一）水体中污染物迁移与转化过程

水环境中污染物的迁移与转化主要可以分为物理过程、化学过程和生物降解过程。

1. 物理过程

物理过程作用指的是污染物在水体中的混合稀释和自然沉淀过程。

混合与稀释作用是指在水体作用下污染物的浓度不断变化的过程，沉淀作用是指排入水体中的污染物逐渐沉到水底。混凝沉淀只能降低水中污染物的浓度，不能减少其总量；而沉淀作用降低了水质中污染物的含量，但是底泥中污染物反而增加。

2. 化学过程

化学过程主要是指污染物在水体中发生的理化性质变化等化学反应。其中氧化-还原反应对水体化学净化起到了重要的作用，溶解于水体中的氧气与水体中的污染物发生氧化反应；还原作用对水体净化也有作用，但这类反应多在微生物作用下进行。

3. 生物过程

生物过程主要是水体中的污染物经生物吸收、降解作用而发生消失或浓度降低的过程。影响生物过程的关键因素有溶解氧的浓度，有机污染物的性质、浓度以及微生物的种类、数量等。

（二）水体中污染物的扩散规律

1. 河流水体中污染物的扩散规律

污水进入河流水体后，不是立即就能在整个河流断面上与河流水体完全混合。虽然在垂向方向上一般都能很快地混合，但往往需要经过很长一段纵向距离才能达到横向完全混合。这段距离通常称为横向完全混合距离（L）。纵向距离（x）小于（L）的区域称为横向混合区，大于（L）的区域称为断面完全混合区，如图 10-1 所示。

横向混合长度 L 可用式（10.1）估算：

$$L=\frac{(0.4B-0.6a)Bu}{(0.058H+0.0065B)(gHI)^{1/2}} \tag{10.1}$$

式中：L——混合过程段长度，m；

B——河流宽度，m；

a——排放口距岸边的距离，m；

u——河流断面平均流速，m/s；

H——平均水深，m；

I——河流坡度，m；

g——重力加速度，9.81 m/s^2。

在河流中，影响污染物输移的最主要的物理过程是对流和横向、纵向扩散混合。

对流是溶解态或颗粒态物质随水流的运动，在横向、纵向、垂向均可发生，主要为纵向对流。河流的流量和流速是表征对流作用的重要参数。

横向扩散是指由于水流中的紊动作用，在流动的横向方向上，溶解态或颗粒态物质的混合，通常用横向扩散系数表示。在横向混合区内，对流和横向扩散混合是最重要的，有时纵向混合也不能忽略。

纵向扩散是指由于主流在横向和垂直方向上的流速分布不均匀而引起的在流动方向上的溶解态或颗粒态物质的分散混合，同样也可以通过公式大致估算出纵向离散系数。

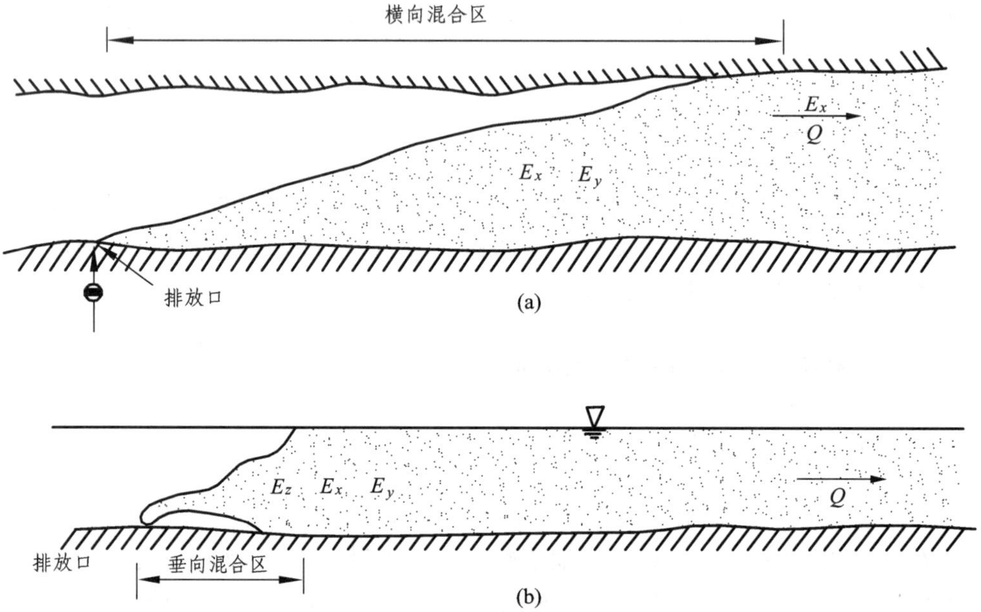

图 10-1　污染物在河流中的混合示意图

2. 海水中污染物的扩散规律

排放到海洋中的污水，一般是含有各种污染物的淡水，其密度比海水小，入海后一面与海水混合而稀释，一面在海面向四周扩展。污水层的厚度在排放口附近较深，然后逐渐减小，如图 10-2 所示。

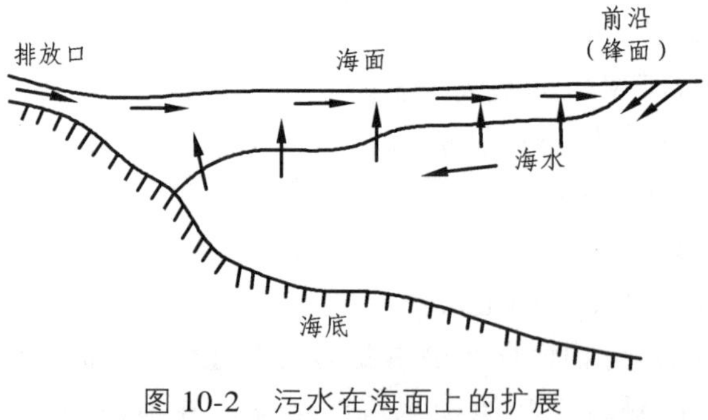

图 10-2　污水在海面上的扩展

（三）水质预测因子的筛选

水质预测因子的选择应根据对建设项目的工程分析和收纳水体的环境状况、

评价工作等级、当地环境管理的要求等进行筛选和确定。水质预测因子选取的数目应既能说明问题又不过多，一般应少于水环境现状调查的水质因子数目。

筛选出的水质预测因子，应能反映拟建项目废水排放对地表水体的主要影响和纳污水体受到污染影响的特征。建设期、运行期、服务期满后各阶段可以根据具体情况确定各自的水质预测因子，不同预测时期的水质预测参数彼此不一定相同。

根据上述原则，在水环境现状调查水质参数中选择拟预测水质参数。

对河流，可以按式（10.2）将水质参数排序后从中选取：

$$ISE = \frac{c_{pi}Q_{pi}}{(c_{si} - c_{hi})Q_{hi}} \tag{10.2}$$

式中：ISE——水质参数的排序指标；

c_{pi}——水污染物 i 排放浓度，mg/L；

Q_{pi}——含水污染物 i 的废水排放量，m^3/s；

c_{si}——水污染物 i 的地表水水质标准，mg/L；

c_{hi}——河流上游水质参数 i 的浓度，mg/L；

Q_{hi}——河流上游来水流量，m^3/s。

ISE 值是负值或者越大说明建设项目对河流中该项水质参数的影响越大。

为使评价具有一定的代表性，水质参数一般不应少于 8 个。

（四）地表水环境影响预测

1. 预测方法

预测地表水质变化的方法，一般有数学模式法、物理模型法、类比分析法和专业判断法。

（1）数学模式法：一般情况下数学模型法比较简单，应首先考虑。

（2）物理模型法：定量化程度高，再现性好。但需要有相应的试验条件和较多的基础数据，且制作模型要耗费大量的人力、物力和时间。在无法利用数学模式法预测，而评价级别较高，对预测结果要求较严时，应选用此法。

（3）类比分析法：属于定性或半定量预测。一般在评价工作级别较低，且评价时间较短，无法取得足够的参数、数据时，用类比求得数学模式中所需的若干参数、数据。

（4）专业判断法：定性反映建设项目的环境影响。当水环境影响问题较特殊，一般环评人员难以准确识别其环境影响特征或者无法利用常用方法进行环境影响预测，或者由于建设项目环境影响评价的时间无法满足采用上述其他方法进行环境影响预测等情况下，可选用此种方法。

2. 预测模式的运用

常用河流水质数学预测模式有河流稀释混合模式、河流一维稳态水质模式、Streeter-Phelps 模式、河流二维稳态水质模式、常规污染物瞬时点源排放水质预测模式和有毒有害污染物（密度≤1）瞬时点源排放预测模式等；湖泊（水库）水环境影响预测模式有湖泊（水库）水质箱模式、湖泊（水库）富营养化预测模型（磷负荷模型）；河口、海湾有潮汐河流一维水质预测模式和海湾二维水质预测模式。

现简单介绍常用河流水质模式及其选择见表 10-1，其他地表水预测模式查阅相关资料，在此不再赘述。

表 10-1　常用河流水质模式

河流及污染物特征	适用的水质模式
1. 持久性污染物（连续排放）	
完全混合河段	河流完全混合模式
横向混合过程段	（1）河流二维稳态混合模式（直角坐标系）
	（2）河流二维稳态累积流量模式（累积流量坐标）
沉降作用明显的河段	河流一维稳态模式，沉降作用近似为 $\frac{d\rho}{dt}=-K_3\rho$（$K_3$ 为沉降系数）
2. 非持久性污染物（连续排放）	
完全混合河段	河流一维稳态模式，一级动力学方程 $\frac{d\rho}{dt}=-K_1\rho$（$K_1$ 为降解系数）
横向混合过程段	（1）河流二维稳态混合衰减模式（直角坐标系）
	（2）河流二维稳态累积流量衰减模式（累积流量坐标）
沉降作用明显的河段	河流一维稳态模式，沉降作用近似为 $\frac{d\rho}{dt}=-(K_1+K_3)\rho$
3. 溶解氧	河流一维 DO-BOD 耦合模式（如 S-P 模式）
4. 瞬时源（或有限时段源）	
中、小型河流	河流一维稳态模式（流量定常-污染负荷变化）
大型河流	河流二维稳态模式

1）河流稀释混合模式与适用条件

$$c=(c_pQ_p+c_hQ_h)/(Q_p+Q_h) \qquad (10.3)$$

式中：c——污染物质量浓度（垂向平均浓度，断面平均浓度），mg/L；

c_p——污染物排放质量浓度，mg/L；

c_h——河流上游污染物质量浓度，mg/L；

Q_p——废水排放量，m^3/s；

Q_h——河流流量，m^3/s。

河流完全混合模式的适用条件：河流充分混合段，河流为恒定流动，废水连续稳定排放。

2）河流一维稳态模式与适用条件

$$c = c_0 \exp\left[-(K_1 + K_3)\frac{x}{86\,400\,u}\right] \text{或} \ c = c_0 \exp\left[\frac{-Kx}{86\,400\,u}\right] \qquad (10.4)$$

式中：c——计算断面的污染物浓度，mg/L；

c_0——计算初始点污染物浓度，mg/L；

K_1——耗氧系数，l/d；

K_3——沉降系数，l/d；

K——综合削减系数（一阶反应动力学速度）；

u——河流流速，m/s；

x——从计算初始点到下游计算断面的距离，m。

适用条件：河流充分混合段，非持久性污染物，河流为恒定流动，废水连续稳定排放。

对于持久性污染物，在沉降作用明显的河流中，可以采用综合削减系数 K 替代（K_1+K_3）来预测污染物浓度沿程变化。

3）河流二维稳态混合模式与适用条件

岸边排放：

$$c(x,y) = c_h + \frac{c_p Q_p}{H\sqrt{\pi M_y x u}}\left\{\exp\left(-\frac{uy^2}{4M_y x}\right) + \exp\left[-\frac{u(2B-y)^2}{4M_y x}\right]\right\} \qquad (10.5)$$

非岸边排放：

$$c(x,y) = c_h + \frac{c_p Q_p}{2H\sqrt{\pi M_y x u}}\left\{\exp\left(-\frac{uy^2}{4M_y x}\right) + \exp\left[-\frac{u(2a+y)^2}{4M_y x}\right] + \exp\left[-\frac{u(2B-2a-y)^2}{4M_y x}\right]\right\} \qquad (10.6)$$

式中：$c(x, y)$——(x, y) 点污染物垂向平均浓度，mg/L；

H——平均水深，m；

B——河流宽度，m；

a——排放口与岸边的距离，m；

M_y——横向混合系数，m^2/s；

x，y——坐标系的坐标，m。

适用条件：平直、断面形状规则河流混合过程段；持久性污染物；河流为恒定流动；连续稳定排放；对于非持久性污染物，需采用相应的衰减模式。

4）河流二维稳态混合累积流量模式与适用条件

$$c(x,q)=c_{\mathrm{h}}+\frac{c_{\mathrm{p}}Q_{\mathrm{p}}}{\sqrt{\pi M_{\mathrm{q}}x}}\left\{\exp\left(-\frac{q^2}{4M_{\mathrm{q}}x}\right)+\exp\left[-\frac{(2Q_{\mathrm{h}}-q)^2}{4M_{\mathrm{q}}x}\right]\right\} \tag{10.7}$$

$$q=Huy \tag{10.8}$$

$$M_{\mathrm{q}}=H^2uM_y \tag{10.9}$$

式中：c（x，q）——（x，q）处污染物垂向平均浓度，mg/L；

M_{q}——累积流量坐标系下的横向混合系数，$\mathrm{m^2/s}$；

x，q——累积流量坐标系的坐标，m。

适用条件：弯曲河流、断面形状不规则河流混合过程段；持久性污染物；河流为恒定流动；连续稳定排放；对于非持久性污染物，需要采用相应的衰减模式。

5）Streeter-Phelps（S-P）模式

$$c=c_0\exp\left(-K_1\frac{x}{86\,400u}\right) \tag{10.10}$$

$$D=\frac{K_1c_0}{K_2-K_1}\left[\exp\left(-K_1\frac{x}{86\,400u}\right)-\exp\left(-K_2\frac{x}{86\,400u}\right)\right]+D_0\exp\left(-K_2\frac{x}{86\,400u}\right) \tag{10.11}$$

$$x_{\mathrm{c}}=\frac{86\,400u}{K_2-K_1}\ln\left[\frac{K_2}{K_1}\left(1-\frac{D_0}{c_0}\cdot\frac{K_2-K_1}{K_1}\right)\right] \tag{10.12}$$

$$c_0=(c_{\mathrm{p}}Q_{\mathrm{p}}+c_{\mathrm{h}}Q_{\mathrm{h}})/(Q_{\mathrm{p}}+Q_{\mathrm{h}}) \tag{10.13}$$

$$D_0=(D_{\mathrm{p}}Q_{\mathrm{p}}+D_{\mathrm{h}}Q_{\mathrm{h}})/(Q_{\mathrm{p}}+Q_{\mathrm{h}}) \tag{10.14}$$

式中：D——亏氧量，即饱和溶解氧浓度与溶解氧浓度的差值，mg/L；

D_0——计算初始断面亏氧量，mg/L；

K_2——大气复氧系数，l/d；

x_{c}——最大氧亏点到计算初始点的距离，m；其他符号含义同前。

适用条件：河流充分混合段：污染物为耗氧性有机污染物；需要预测河流溶解氧状态；河流为恒定流动；污染物连续稳定排放。

（五）地表水环境影响评价

一般常采用标准指数法进行单项水质因子的评价。具体的评价方法见“地表水环境现状调查与评价”。

二、地下水环境影响预测与评价

（一）预测原则

（1）建设项目地下水环境影响预测应遵循《环境影响评价技术导则 总纲》中确定的原则进行。考虑到地下水环境污染的隐蔽性和难恢复性，还应遵循环境安全性原则，预测应为评价各方案的环境安全和环境保护措施的合理性提供依据。

（2）预测的范围、时段、内容和方法均应根据评价工作等级、工程特征与环境特征，结合当地环境功能和环保要求确定，应以拟建项目对地下水水质、水位、水量动态变化的影响及由此而产生的主要环境水文地质问题为重点。

（3）Ⅰ类建设项目，对工程可行性研究和评价中提出的不同选址（选线）方案、或多个排污方案等所引起的地下水环境质量变化应分别进行预测，同时给出污染物正常排放和事故排放两种工况的预测结果。

（4）Ⅱ类建设项目，应遵循保护地下水资源与环境的原则，对工程可行性研究中提出的不同选址方案、或不同开采方案等所引起的水位变化及其影响范围应分别进行预测。

（5）Ⅲ类建设项目，应同时满足Ⅰ类和Ⅱ类建设项目的要求。

（二）预测范围

（1）地下水环境影响预测的范围可与现状调查范围相同，但应包括保护目标和环境影响的敏感区域，必要时扩展至完整的水文地质单元，以及可能与建设项目所在的水文地质单元存在直接补排关系的区域。

（2）预测重点应包括以下内容：

① 已有、拟建和规划的地下水供水水源区；

② 主要污水排放口和固体废物堆放处的地下水下游区域；

③ 地下水环境影响的敏感区域（如重要湿地、与地下水相关的自然保护区和地质遗迹等）；

④ 可能出现环境水文地质问题的主要区域；

⑤ 其他需要重点保护的区域。

（三）预测时段

地下水环境影响预测时段应包括建设项目建设、生产运行和服务期满后三个阶段。

（四）预测因子

1. Ⅰ类建设项目

Ⅰ类建设项目预测因子应选取与拟建项目排放的污染物有关的特征因子，选取重点应包括以下几点。

（1）改、扩建项目已经排放的及将要排放的主要污染物。

（2）难降解、易生物蓄积、长期接触对人体和生物产生危害作用的污染物，应特别关注持久性有机污染物。

（3）国家或地方要求控制的污染物。

（4）反映地下水循环特征和水质成因类型的常规项目或超标项目。

2. Ⅱ类建设项目

Ⅱ类建设项目预测因子应选取水位及与水位变化所引发的环境水文地质问题相关的因子。

3. Ⅲ类建设项目

Ⅲ类建设项目应同时满足Ⅰ类和Ⅱ类建设项目的要求。

（五）预测方法

建设项目地下水环境影响预测方法包括数学模型法和类比预测法。其中，数学模型法包括数值法、解析法、均衡法、回归分析、趋势外推、时序分析等方法。

一级评价应采用数值法；二级评价中水文地质条件复杂时应采用数值法，水文地质条件简单时可采用解析法；三级评价可采用回归分析、趋势外推、时序分析或类比预测法。

采用数值法或解析法预测时，应先进行参数识别和模型验证。

（六）地下水环境影响评价

1. 评价原则

（1）评价应以地下水环境现状调查和地下水环境影响预测结果为依据，对建设项目不同选址（选线）方案、各实施阶段（建设、生产运行和服务期满后）不同排污方案及不同防渗措施下的地下水环境影响进行评价，并通过评价结果的对比，推荐地下水环境影响最小的方案。

（2）地下水环境影响评价采用的预测值未包括环境质量现状值时，应叠加环境质量现状值后再进行评价。

（3）Ⅰ类建设项目应重点评价建设项目污染源对地下水环境保护目标（包括已建成的在用、备用、应急水源地，在建和规划的水源地、生态环境脆弱区域和其他地下水环境敏感区域）的影响。评价因子与影响预测因子相同。

（4）Ⅱ类建设项目应重点依据地下水流场变化，评价地下水水位（水头）降低或升高诱发的环境水文地质问题的影响程度和范围。

2. 评价范围

地下水环境影响评价范围与环境影响预测范围相同。

3. 评价方法

（1）Ⅰ类建设项目的地下水水质影响评价，可采用标准指数法进行评价。同时可采用地下水环境现状评价方法。

（2）Ⅱ类建设项目评价其导致的环境水文地质问题时，可采用预测水位与现状调查水位相比较的方法进行评价，具体方法如下所示。

① 地下水位降落漏斗：对水位不能恢复、持续下降的疏干漏斗，采用中心水位降和水位下降速率进行评价。

② 土壤盐渍化、沼泽化、湿地退化、土地荒漠化、地面沉降、地裂缝、岩溶塌陷：根据地下水水位变化速率、变化幅度、水质及岩性等分析其发展的趋势。

4. 评价要求

1）Ⅰ类建设项目

Ⅰ类建设项目对地下水水质产生影响时，可采用以下判据评价水质能否满足地下水环境质量标准要求。

（1）以下情况应得出可以满足地下水环境质量标准要求的结论。

① 建设项目在各个不同生产阶段、除污染源附近小范围以外地区，均能达到地下水环境质量标准要求。

② 在建设项目实施的某个阶段，有个别水质因子在较大范围内出现超标，但采取环保措施后，可满足地下水环境质量标准要求。

（2）以下情况应作出不能满足地下水环境质量标准要求的结论。

① 改、扩建项目已经排放和将要排放的主要污染物在评价范围内的地下水中已经超标。

② 削减措施在技术上不可行，或在经济上明显不合理。

2）Ⅱ类建设项目

Ⅱ类建设项目对地下水流场或地下水水位（水头）影响时，应依据地下水资源补采平衡的原则，评价地下水开发利用的合理性及可能出现的环境水文地质问题的类型、性质及其影响的范围、特征和程度等。

3）Ⅲ类建设项目

Ⅲ类建设项目的环境影响评价应按照Ⅰ类和Ⅱ类建设项目进行。

任务二十二　地表水环境影响预测

任务描述

（1）计划在河边建一座工厂，该厂将以 2.83 m^3/s 的流量排放废水，废水中总固体（总可滤残渣和总不可滤残渣）浓度为 1250 mg/L，排放方式为连续恒定排放。该河流平均流速 V 为 0.457 m/s，平均河宽 W 为 13.72 m，平均水深 h 为 0.61 m，总固体浓度 c_h 为 300 mg/L，问该工厂废水排入河流后，总固体浓度是否超标（设标准为 500 mg/L）？

（2）需预测某一工厂投产后的废水中挥发酚对河水下游的影响。废水中的挥发酚浓度为 100 mg/L，废水的流量为 2.5 m^3/s，排放方式为连续稳定排放。河水的流量为 25 m^3/s，河水的流速为 1.6 m/s，河水中原不含挥发酚，且认为在排污断面上废水即与河水完全混合，问在排污口下游 2 km 处，挥发酚的浓度为多少 mg/L？（已知挥发酚的耗氧系数为 0.2/d）

实施方法及步骤

（1）根据案例中给出的已知条件，该厂附近的河流规模为小型，其废水中的污染物总固体为持久性污染物，可忽略混合过程段，废水的排放为连续恒定排放，河流为恒定流，因此可采用完全混合模式进行预测。

其中：Q_p=2.83 m^3/s，Q_h=0.457×13.72×0.61=3.82（m^3/s），

c_p=1250 mg/L，c_h=300 mg/L，

可得：$c=(c_pQ_p+c_hQ_h)/(Q_p+Q_h)=(2.83\times1250+3.82\times300)/(2.83+3.82)=704$（mg/L）。

由于该河流中总固体浓度的标准为 500 mg/L，因此该工厂的废水排入河流后，将会引起河流总固体浓度的超标。

（2）根据案例中给出的已知条件，该厂附件的河流规模为中型，其废水中的污染物挥发酚为非持久性污染物，废水在排污断面即与河水完全混合，废水为连

续稳定排放，河流为恒定流，因此可采用一维稳态模式进行预测。（不考虑污染物的沉降作用）

其中：Q_p=2.5 m³/s，Q_h=25 m³/s，c_p=100 mg/L，c_h=0 mg/L，

K_1=0.2/d，K_3=0，x=2 km=2000 m，u=3.6 m/s，

可得：$c_0=(c_pQ_p+c_hQ_h)/(Q_p+Q_h)=(2.5\times100+25\times0)/(2.5+25)=9.09$（mg/L），

$$c=c_0\exp\left[-(K_1+K_3)\frac{x}{86\,400u}\right]=9.09\times\exp\left[-(0.2+0)\frac{2000}{86\,400\times1.6}\right]=9.06\text{（mg/L）。}$$

经过计算，排污口下游 2 km 处，挥发酚的浓度为 9.06 mg/L。

项目十一　建设项目环境影响评价

学习目标

了解建设项目环境影响评价工作的程序；
熟悉建设项目环境影响评价的类型以及编制要点；
熟悉建设项目环境影响评价文件报批、审批的程序和时效；
熟悉建设项目环境影响评价文件的实施与后评价；
了解建设项目环境影响评价的法律责任；
熟悉各类环境质量评价图的绘制；
掌握建设项目环境影响评价报告书的编写技能。

基础知识

一、建设项目环境影响评价的程序

环境影响评价工作一般分为三个阶段：前期准备、调研和工作方案阶段，分析论证和预测评价阶段，环境影响评价文件编制阶段。

（一）前期准备、调研和工作方案阶段

环境影响评价的第一阶段，主要完成以下工作内容：接受环境影响评价委托后，首先要研究国家和地方有关环境保护的法律法规、政策、标准及相关规划等文件，确定环境影响评价的类型。在研究相关技术文件和其他有关文件的基础上，进行初步的工程分析，同时开展初步的环境状况调查及公众意见调查。结合初步工程分析结果和环境现状资料，可以识别建设项目的环境影响因素，筛选主要的环境影响评价因子，明确评价重点和环境保护目标，确定环境影响评价的范围、评价工作等级和评价标准，最后制定工作方案。

（二）分析论证和预测评价阶段

环境影响评价的第二个阶段，主要工作是进一步的工程分析，进行充分的环境现状调查、监测并开展环境质量现状评价，之后根据污染源强弱和环境现状资料进行建设项目的环境影响预测，评价建设项目的环境影响，并开展公众意见调查。

若建设项目需要进行多个厂址比选，则需要对各个厂址分别进行预测和评价，并从环境保护角度推荐最佳厂址方案；如果对原选厂址得出了否定的结论，则需要对新选厂址重新进行环境影响评价。

（三）环境影响评价文件编制阶段

环境影响评价第三阶段，其主要工作是汇总、分析第二阶段工作所得的各种资料、数据，根据建设项目的环境影响、法律法规和标准等的要求以及公众的意愿，提出减少环境污染和生态影响的环境管理措施和工程措施。从环境保护的角度确定项目建设的可行性，给出评价结论和提出进一步减缓水环境影响的建议，并最终完成环境影响报告书或报告表的编制。

环境影响评价工作程序可用图 11-1 表示。

二、建设项目环境影响评价文件的类型

根据《建设项目环境影响评价分类管理名录》的规定，以及建设项目对环境的影响程度，对建设项目的环境影响评价实施分类管理。建设单位应当按照下列规定组织编制环境影响评价文件。

（1）建设项目对环境可能造成重大影响的，应当编制环境影响报告书，对产生的环境影响进行全面、详细的评价。

（2）建设项目对环境可能造成轻度影响的，应当编制环境影响报告表，对产生的环境影响进行分析或者专项评价。

（3）建设项目对环境影响很小，不需要进行环境影响评价的，应当填报环境影响登记表。

需要指出的是：《环境影响评价技术导则　总纲》（HJ 2.1—2011）中所指环境影响评价文件包括建设项目环境影响报告书和建设项目环境影响评价报告表，不包括环境影响登记表。

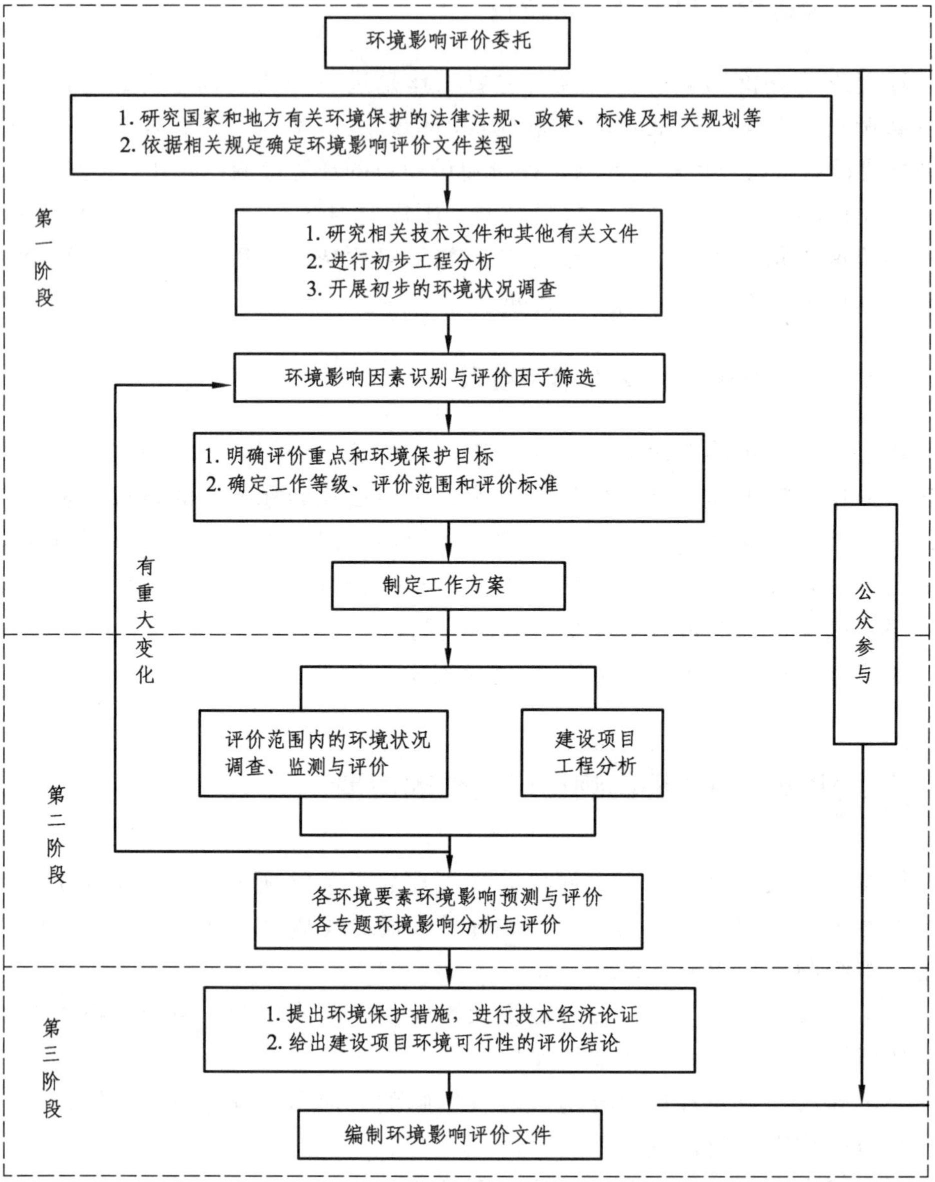

图 11-1　建设项目环境影响评价工作程序图

三、建设项目环境影响评价文件编制

（一）编制的总体要求

（1）环境影响评价文件应概括地反映环境影响评价的全部工作，环境现状调查应全面、深入，主要环境问题应阐述清楚，重点突出，论点应明确，环境保护措施应可行、有效，评价结论应明确。

（2）文字应简洁、准确，文本应规范，计量单位应标准化，数据可靠，资料应翔实，并尽量采用能反映需求信息的图表和照片。

（3）资料表述应清楚，利于阅读和审查，相关数据、应用模式需编入附录，并说明引用来源；所参考的主要文献应注意时效性，并列出目录。

（4）跨行业建设项目的环境影响评价，或评价内容较多时，其环境影响报告书中各专项评价根据需要可繁可简，必要时，其重点专业评价应另编专项评价分析报告，特殊技术问题另编专题技术报告。

（二）编制要点

环境影响评价文件是环境影响评价工作的基本成果，是环境影响评价承担单位向其委托单位——工程建设单位或其主管单位提交的工作文件。

经环境保护主管部门审查批准的环境影响报告书，是计划部门和建设项目主管部门审批建设项目可行性研究报告或设计任务书的重要依据，是领导部门对建设项目作出正确决策主要依据的技术文件之一，也是设计建设单位进行环境保护设计和管理的重要参考文件，并具有一定的指导意义，它对建设单位在工程竣工后进行环境管理有重要的指导作用。因此，必须认真编写环境影响评价文件。

1. 环境影响登记表

建设项目环境影响登记表主要包括项目内容及规模，原辅材料（包括名称、用量）及主要设施规格、数量（包括锅炉、发电机等），水及能源消耗，废水（工业废水、生活废水）排水量及排放去向，周围环境简况（可附图说明），生产工艺流程简述，与项目有关的老污染源情况，拟采取的防治措施（包括建设期、营运期及原有污染治理）等内容。

2. 环境影响报告表

建设项目环境影响报告表主要包括建设项目基本情况、建设项目所在地自然环境与社会环境简况、环境质量状况、评价适用标准、建设项目工程分析、项目主要污染物产生及预计排放情况、环境影响分析、建设项目拟采取的防治措施及预期治理效果、结论与建议等内容。

3. 环境影响报告书

建设项目环境影响报告书主要包括前言、总则、建设项目概况与工程分析、环境现状调查与评价、环境影响预测与评价、社会环境影响评价、环境风险评价、环境保护措施及其经济论证、技术论证、清洁生产分析和循环经济、污染物排放总量控制、环境影响经济损益分析、环境管理与环境监测、公众意见调查、方案比选、结论及建议、附录和附件等内容。

四、建设项目环境影响评价文件报批和审批

（一）建设项目环境影响评价文件报批

建设单位应在建设项目可行性研究阶段报批建设项目环境影响评价文件。但是，铁路、交通等建设项目，经有审批权的环境保护行政主管部门同意，可以在初步设计完成前报批环境影响评价文件（不含登记表）。

按照国家的有关规定，不需要进行可行性研究的建设项目，建设单位应当在建设项目开工前报批建设项目的环境影响评价文件；其中，需要办理营业执照的，建设单位应当在办理营业执照前报批建设项目环境影响评价文件（含登记表）。

（二）审批时限

建设项目的环境影响评价文件，由建设单位按照国务院的规定报有审批权的环境保护行政主管部门审批。建设项目有行业主管部门的，其环境影响报告书或环境影响报告表应当经行政主管部门预审后，报有审批权的环境保护行政主管部门审批。

海岸工程建设项目的环境影响报告书经海洋行政主管部门提出审核意见后，报环境保护行政主管部门审批。环境保护行政主管部门在批准环境影响报告书之前，必须征求海事、渔业行政主管部门和军队环境保护部门的意见。

审批部门应当自收到环境影响报告书之日起 60 d 内，收到环境影响报告表之日起 30 d 内，收到环境影响登记卡之日起 15 d 内，分别作出审批决定并书面通知建设单位。

预审、审核、审批建设项目环境影响评价文件，不得收取任何费用。

（三）重新报批和重新审核

建设项目的环境影响评价文件经批准后，建设项目的性质、规模、地点、采用的生产工艺或者防治污染、防止生态破坏的措施发生重大变动的，建设单位应当重新报批建设项目的环境影响评价文件。

建设项目的环境影响评价文件自批准之日起超过五年，方决定该项目开工建

设的，其环境影响评价文件应当报原审批部门重新审核；原审批部门应当自收到建设项目环境影响评价文件之日起 10 日内，将审核意见书面通知建设单位。逾期未通知的，视为审核同意。

（四）分级审批

（1）国务院环境保护行政主管部门负责审批下列建设项目的环境影响评价文件：

① 核设施、绝密工程等特殊性质的建设项目；

② 跨省、自治区、直辖市行政区的建设项目；

③ 由国务院审批的或者由国务院授权有关部门审批的建设项目。

以上规定以外的建设项目的环境影响评价文件的审批权限，由省、自治区、直辖市人民政府规定。建设项目可能造成跨行政区域的不良环境影响，有关环境保护行政主管部门对该项目的环境影响评价结论有争议的，其环境影响评价文件由共同的上一级环境保护行政主管部门审批。

（2）省级环境保护行政主管部门根据以下原则提出建设环境影响评价文件的分级审批或调整的建议：

① 建设项目环境影响评价文件的分级审批权限，原则上是按照建设项目的审批、核准和备案权限及建设项目对环境的影响性质和程度确定；

② 有色金属冶炼及矿山开发、钢铁加工、电石、铁合金、焦炭、垃圾焚烧及发电、制浆等对环境可能造成重大影响的建设项目环境影响评价文件由省级环境保护部门负责审批；

③ 化工、造纸、电镀、印染、酿造、味精、柠檬酸、酶制剂、酵母等污染较重的建设项目环境影响评价文件由省级或地市级环境保护部门负责审批；

④ 法律和法规关于建设项目环境影响评价文件分级审批管理另有规定的，按照有关规定执行。

五、建设项目环境影响评价文件的实施及后评价

（一）建设项目实施环境保护对策

建设项目建设过程中，建设单位应当同时实施环境影响报告书、环境影响评价报告表以及环境影响评价文件审批部门审批意见中提出的环境保护对策措施。

建设项目需要配套建设的环境保护设施，必须与主体工程同时设计、同时施工、同时投入使用。

建设项目的初步设计，应当按照环境保护设计规范的要求，编制环境保护篇章，并依据经批准的建设项目环境影响报告书或者环境影响报告表，在环境保护

篇章中落实防治环境污染和生态破坏的措施以及环境保护设施投资概算。

建设项目的主题工程完工后，需要进行试生产的，其配套建设的环境保护设施必须与主体工程同时投入试运行。

（二）建设项目环境影响后评价

在项目建设、运行过程中产生不符合经审批的环境影响评价文件的情形的，建设单位应当组织环境影响后评价，采取改进措施，并报原环境影响评价文件审批部门和建设项目审批部门备案；原环境影响评价文件审批部门也可以责成建设单位进行环境影响的后评价，采取改进措施。

六、建设项目环境影响评价的法律责任

（一）建设单位及其工作人员的法律责任

建设单位未依法报批建设项目环境影响评价文件，或者未依照相关规定重新报批或者报请重新审核环境影响评价文件，擅自开工建设的，由有权审批该项目环境影响评价文件的环境保护行政主管部门责令停止建设，限期补办手续；逾期不补办手续的，可以处以相应的罚款，对建设单位直接负责的主管人员和其他直接责任人员，依法给予行政处分。

建设项目环境影响评价文件未经批准或者未经原审批部门重新审核同意，建设单位擅自开工建设的，由有权审批该项目环境影响评价文件的环境保护行政主管部门责令停止建设，可以处以相应的罚款，对建设单位直接负责的主管人员和其他直接责任人员，依法给予行政处分。

海洋工程建设项目的建设单位有以上违法行为的，依照《中华人民共和国海洋环境保护法》的规定处罚。

（二）预审、审核、审核部门及其工作人员的法律责任

建设项目依法应当进行环境影响评价而未评价，或者环境影响评价文件未经依法批准，审批部门擅自批准该项目建设的，对直接负责的主管人员和其他直接责任人员，由上级机关或者监督监察机关依法给予行政处分；构成犯罪的，依法追究刑事责任。

负责预审、审核、审批建设项目环境影响评价文件的部门在审批中收取费用的，由其上级机关或者监察机关责令退还；情节严重的，对直接负责的主管人员和其他直接责任人员依法给予行政处分。

环境保护行政主管部门或者其他部门的工作人员徇私舞弊，滥用职权，玩忽职守，违法批准建设项目环境影响评价文件的，依法给予行政处分；构成犯罪的，依法追究刑事责任。

七、环境质量评价图的绘制

环境质量评价图是环境质量评价报告书中不可缺少的部分。环境质量评价制图的基本任务是：使用各种制图方法，形象地反映一切与环境质量有关的自然和社会条件（环境背景情况）、污染源和污染物、污染与环境质量，以及各种环境指标的时空分布等。通过制图，有助于查明环境质量在空间内分布的差异，找出规律，研究原因，发现趋势，对研究环境质量的形成和发展，进行环境区划、环境规划和制定环境保护措施具有实际意义。环境质量评价图具有直观、清晰、对比性强等特点，能起到文字起不到的作用，因此，它在水环境质量评价中愈来愈受到重视。

（一）环境质量评价图的分类

环境质量评价图是环境质量评价的基本表达方式和手段。环境质量评价图有各种类型，其分类如下。

按环境要素可分为：大气环境质量评价图、水环境（地表水、地下水、湖泊、水库）质量评价图、土壤环境质量评价图等。

按区域类型可分为：城市环境质量评价图、流域环境质量评价图、海域环境质量评价图、农业区域环境质量评价图、风景浏览区环境质量评价图、区域环境质量评价图。

按环境质量评价图的性质可分为：普通图、环境质量评价地图。

（二）环境质量评价地图

凡是以地理地图为底图的环境质量评价图统称为环境质量评价地图。它是环境质量评价所独有的图，专门为表示环境质量评价各参数的时空分布而设计。

环境质量评价地图包括以下几方面。

① 环境条件地图：包括自然条件和社会条件两个方面的内容。

② 环境污染现状地图：包括污染源分布图、污染物分布（或浓度分布）图、主要污染源和污染物评价图等。

③ 环境质量评价图：包括污染物污染指数图、单项环境质量评价图、环境质量综合评价图。

④ 环境质量影响地图：包括人和生物的影响。

⑤ 环境规划地图。

1. 符号法

用一定形状或颜色的符号表示环境现象的不同性质、特征等。各种专业符号如果不用符号的大小表示某种特征的数量关系，则应保持符号大小一致；有量值大小区别时，其符号大小或等级差别应做到既明显，又不过分悬殊，使整幅图美观、大方、匀称。凡中、小比例尺图，符号的定位应做到相对准确。凡大比例尺图，应按下列规定，做到准确定位。

（1）凡用各种几何图形（圆形、正方形、长方形、正三角形、菱形、正五边形、正六边形、星形等）定位时，以图形的中心作为实地中心位置。

（2）凡用宽底符号（烟囱、古塔、墓葬、石刻等）定位时，以底线中心位置表明实地位置。

（3）凡用线状符号（铁路、公路、管道、渠道等）定位时，以符号中心线表示实际位置。

（4）用其他不规则符号定位时，以中心点为实地位置。

如有标记号，则应标注在符号的右下角，如图 11-2 所示。

图 11-2　图形标记号

2. 定位图表法

定位图表法是在确定的地点或各地区中心用图表示该地点或该地区某些环境特征。此法适用于编制采样点上各种污染物浓度值或污染指数值、风向频率图、各区工业构成图等（见图 11-3）。

3. 类型图法

根据某些指标，对具有相同指标的区域用一种晕线或颜色表示，对具有不同指标的各个环境区域用不同晕线或颜色表示。此方法适用于编制土地利用现状、各种环境要素（如地形、土壤、植被等）类型图、河流水质图、交通噪声图、环境区划图等，如图 11-4 所示。

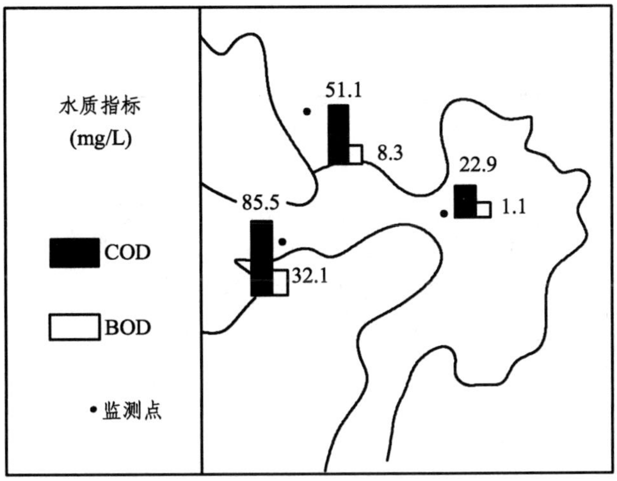

图 11-3　河流湖泊监测点上的水质污染

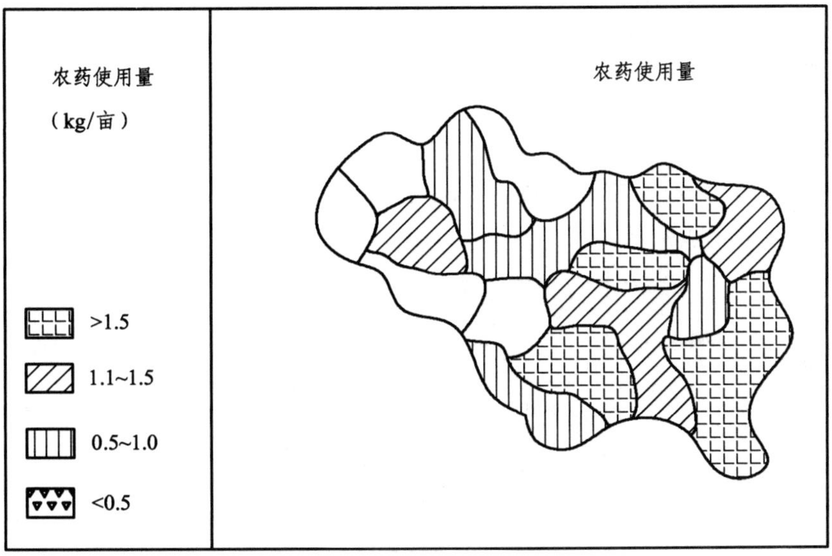

图 11-4　类型图

4. **等值线法**

利用一定的观测资料或调查资料，内插出等值线，用来表示某种属性在空间内的连续分布和渐变的环境现象。它是在环境质量评价制图中常用的方法，主要用于编制温度等值线图、各种污染物的等浓度线图（见图 11-5）或等指数线图。

（三）环境质量评价中的普通图

普通图不是环境质量评价所特有的，是各科学、各种技术中通用的。环境质量评价中的普通图主要是在分析各种资料数据时，为了便于说明数据之间的内在联系、相对关系而采用。

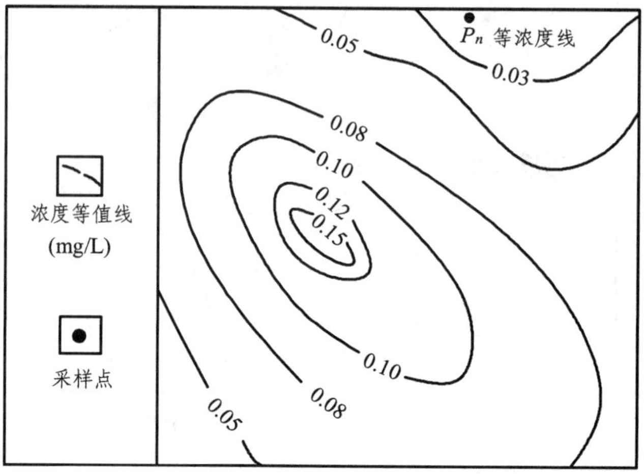

图 11-5　等浓度线图

1. **分配图表**

用于表示分量和总量的比例，有圆形的、方形的等，即百分比的图形表示法，如图 11-6、图 11-7 所示。

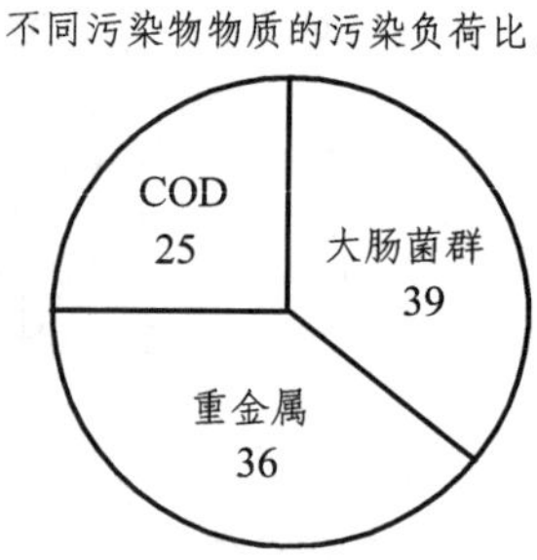

图 11-6　圆形分配图

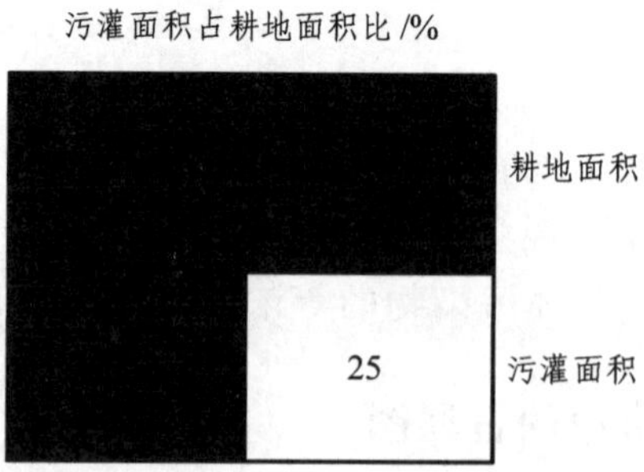

图 11-7　方形分配图

2. 时间变化图

常用曲线图表示各种污染物浓度、环境要素在时间轴上的变化，如日变化、季变化和年变化等（见图 11-8）。

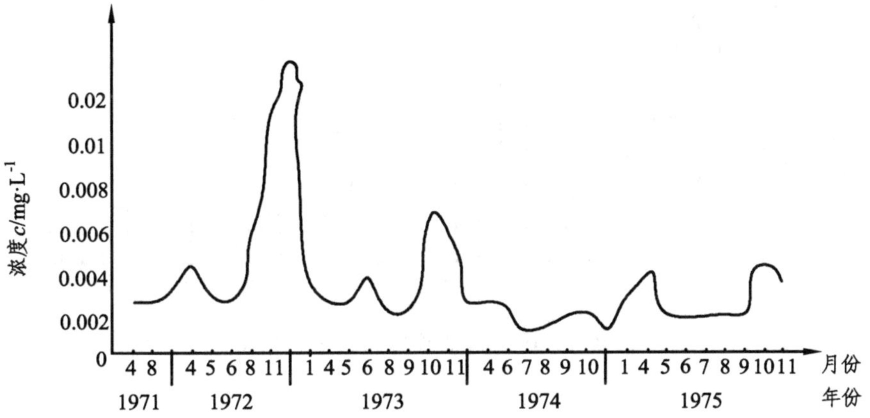

图 11-8　时间变化图

3. 相对频率图

污染物浓度测定值常在一个范围内变动，可用平均值法、某一保证频率下的取值法等来取该数值，再利用求出的数值绘制相对频率图（见图 11-9）。常用的相对频率图还有风向频率玫瑰图、风速频率玫瑰图等。

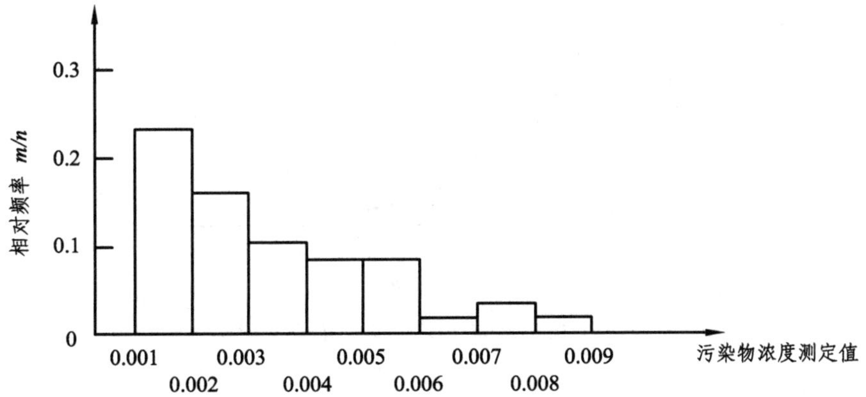

图 11-9　某污染物浓度的相对频率

4. 累积图

累积图是表示污染物在不同空间（地点、生物体内）的累积量，一般以累积量与时间的关系表示。在同一生物体内，各部位累积量可以用毒物累积图表示，如图 11-10 所示。

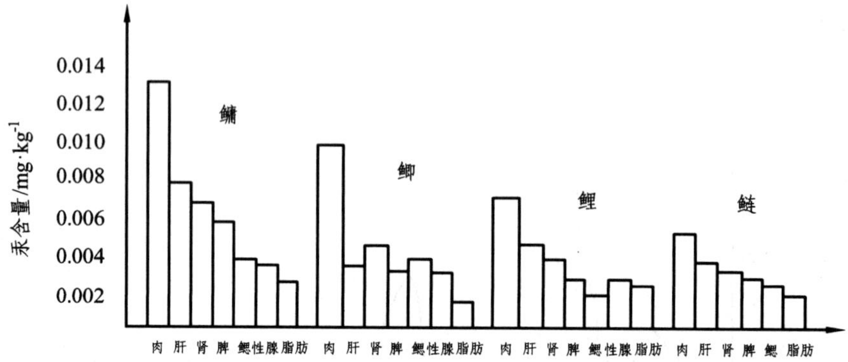

图 11-10　汞在各种鱼类中的含量

5. **过程线图**

过程线图表示某污染物在运动的进程中，其污染量（或浓度）随距离变化的关系，或污染量（或浓度）随时间的变化关系，在环境调查中，常需研究污染物的自净过程，如污染物从排出口随着水域距离增加的浓度变化规律（见图 11-11）。

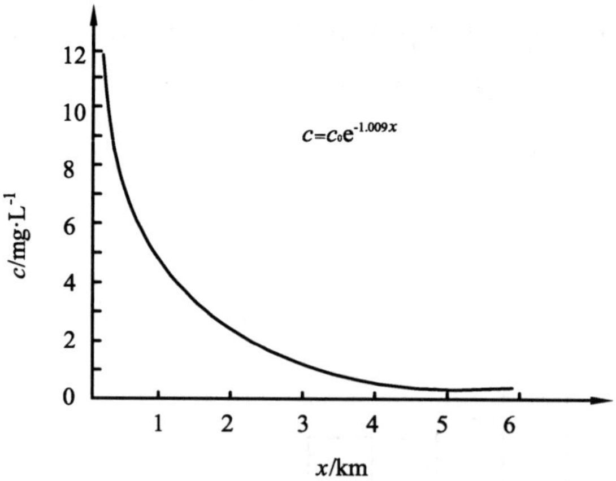

图 11-11　水域中某污染物浓度变化图

6. **相关图**

相关图是相关分析必绘的图，也是水环境质量评价中常绘的图，一般用来表示现象之间的相关联系，如污染物浓度与某些事物的相关关系、污染物含量与人体健康相关图、污染物浓度变化与环境要素间的相关图（见图 11-12）。

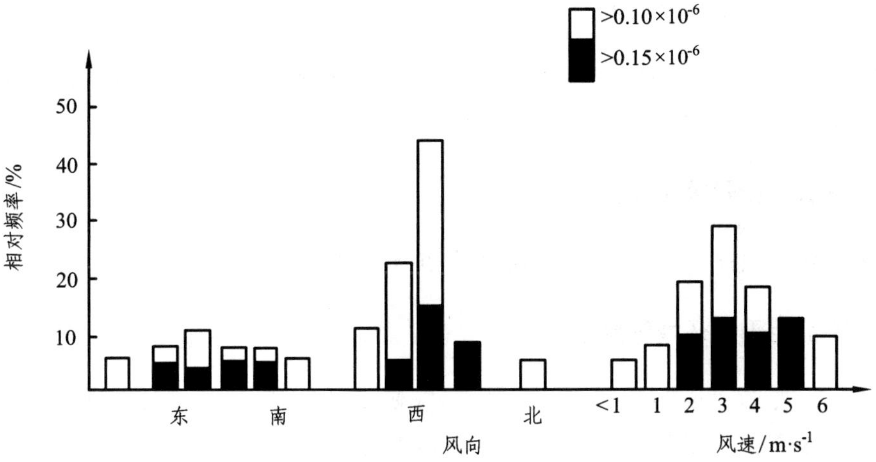

图 11-12　氧化剂高浓度出现频率与风向、风速之间关系

应该指出的是，图表的绘制是为了说明水环境质量评价服务的，它的取舍应以既说明问题又明确精练为原则，不应以追求图的多样性为目的。

任务二十三　编制水环境影响评价报告书

实施方法及步骤

一、前言

简要说明建设项目的特点、环境影响评价的工作过程、关注的主要环境问题及环境影响报告书的主要结论。

二、总则

1. 编制依据

编制依据必须包括建设项目应执行的相关法律法规、相关政策及规划、相关导则及技术规范、有关技术文件和工作文件，以及水环境影响报告书编制中引用的资料等。

2. 评价因子与评价标准

分列现状评价因子和预测评价因子，给出各评价因子所执行的水环境质量标准、排放标准、其他有关标准及具体限值。

3. 评价工作等级和评价重点

说明各专项评价工作等级，明确重点评价内容。

4. 评价范围及环境敏感区

以图、表形式说明评价范围和各环境要素的环境功能类别或级别，各环境要素环境敏感区和功能及其与建设项目的相对位置关系等。

5. 相关规划及环境功能区划

附图列表说明建设项目所在城镇、区域或流域发展总体规划、环境保护规划、生态保护规划、环境功能区划或保护区规划等。

三、建设项目概况与工程分析

采用图表及文字结合方式，概要说明建设项目的基本情况、组成、主要工艺路线、工程布置及与原有、在建工程的关系。

对建设项目的全部组成和施工期、运营期、服务期满后所有时段的全部性过程的水环境影响因素及其影响特征、程度、方式等进行分析与说明，突出重点；并从保护周围环境、景观及环境保护目标要求出发，分析总图及规划布置方案的合理性。

四、水环境现状调查与评价

根据当地水环境特征、建设项目特点和专项评价设置情况，从自然环境、社会环境、水环境质量和区域污染源等方面选择相应内容进行现状调查与评价。

五、水环境影响预测与评价

给出预测时段、预测内容、预测范围、预测方法及预测结果，并根据水环境质量标准或评价指标对建设项目的水环境影响进行评价。

六、社会环境影响评价

明确建设项目可能产生的社会环境影响，定量预测或定性描述社会环境影响评价因子的变化情况，提出降低影响的对策与措施。

七、水环境风险评价

根据建设项目环境风险识别、分析情况，给出环境风险评估后果、环境风险的可接受程度，从环境风险角度论证建设项目的可行性，提出具体可行的风险防范措施和应预案。

八、水环境保护措施及其经济、技术论证

明确建设项目拟采取的具体水环境保护措施。结合水环境影响评价结果，论证建设项目拟采取水环境保护措施的可行性，并按技术先进、适用、有效的原则，进行多方案比选，推荐最佳方案。

按工程实施不同时段，分别列出其水环境保护投资额，并分析其合理性。给出各项措施及投资估算一览表。

九、清洁生产分析和循环经济

量化分析建设项目清洁生产水平，提高资源利用率，优化废物处置途径，提出节能、降耗、提高清洁生产水平的改进措施与建议。

十、污染物排放总量控制

根据国家和地方总量控制要求、区域总量控制的实际情况和建设项目主要污

染物排放指标分析情况，提出污染物排放总量控制指标建议和满足指标要求的水环境保护措施。

十一、环境影响经济损益分析

根据建设项目水环境影响所造成的经济损失与效益分析结果，提出补偿措施与建议。

十二、水环境管理与水环境监测

根据建设项目环境影响情况，提出设计期、施工期、运营期的水环境管理及监测计划要求，包括水环境管理制度、结构、人员、监测点位、监测时间、监测频次、监测因子等。

十三、公众意见调查

给出采取的调查方式、调查对象、建设项目的水环境影响信息、拟采取的环境保护措施、公众对环境保护的主要意见、公众意见的采纳情况等。

十四、方案比选

建设项目的选址、选线和规模，应从是否与规划相协调、是否符合法规要求、是否满足环境功能区要求、是否影响环境敏感区或造成重大资源经济和社会文化损失等方面进行环境合理性论证。如要进行多个厂址或选线方案的优选时，应从各选址或选线方案的环境影响进行全面比较，从环境保护角度出发，提出选址、选线意见。

十五、结论及建议

水环境影响评价的结论是全部评价工作的结论，应在概括全部评价工作的基础上，简洁、准确、客观地总结建设项目实施过程各阶段的生产和生活活动与当地环境的关系，明确一般情况下和特定情况下的水环境影响，规定采取的环境保护措施，从环境保护的角度分析，得出建设项目是否可行的结论。

水环境影响评价结论一般应包括建设项目的建设概况、水环境现状与主要水环境问题、水环境影响预测与评价结论、建设项目建设的环境可行性、结论与建议等内容，可有针对性地选择其中的全部或部分内容进行编写。环境可行性结论应从与法规政策及相关规划一致性、清洁生产和污染物排放水平、水环境保护措施可靠性和合理性、达标排放稳定性、公众参与接受性等方面分析得出。

十六、附录和附件

将建设项目依据文件、评价标准和污染物排放总量批复文件、引用文献资料、原燃料品质等必要的有关文件、资料附在环境影响报告书后。

① 附件主要有建设项目建议书及其批复、评价大纲及其批复。

② 在图、表特别多的报告中可编制附图分册，一般情况下不另编附图分册。若缺少某图对理解报告书内容有较大困难时，该图应编入报告中，不入附图。

③ 参考文献应给出作者、文献名称、出版单位、版次、出版日期等。

参考文献

[1] 崔树军. 环境监测[M]. 北京：中国环境出版社，2014.

[2] 姚运先. 水环境监测[M]. 北京：化学工业出版社，2013.

[3] 张宝军. 水环境监测与评价[M]. 北京：高等教育出版社，2008.

[4] 汪葵，吴奇. 环境监测[M]. 上海：华东理工大学出版社，2013.

[5] 王鹏. 环境监测[M]. 北京：中国建筑工业出版社，2011.

[6] 姜洪文，陈淑刚. 化验室组织与管理[M]. 北京：化学工业出版社，2014.

[7] 环境保护部环境工程评估中心. 环境影响评价技术导则与标准[S]. 北京：中国环境出版社，2014.

[8] 环境保护部环境工程评估中心. 环境影响评价相关法律法规[S]. 北京：中国环境出版社，2014.

[9] 环境保护部环境工程评估中心. 环境影响评价技术方法[M]. 北京：中国环境出版社，2014.

[10] 环境保护部科技标准司. 环境影响评价技术导则　地下水环境（HJ 610—2011）[S]. 北京：中国环境出版社，2011.

[11] 环境保护部科技标准司. 环境影响评价技术导则　地表水环境（HJ/T 2.2—1993）[S]. 北京：中国环境出版社，2011.

[12] 环境保护部科技标准司. 环境影响评价技术导则　总纲（HJ 2.1—2011）[S]. 北京：中国环境出版社，2011.

[13] 中国环境监测总站. 地表水和污水监测技术规范（HJ/T 91—2002）[S]. 北京：中国环境出版社，2002.

[14] 刘晓冰. 环境影响评价[M]. 北京：中国环境出版社，2014.